“十三五”职业教育规划教材

建筑设备概论

（水暖空调部分）

主　编　王思文　侯　静
编　写　穆小丽　王宇鹤　王晓博　李丽春
主　审　鲍东杰

中国电力出版社
CHINA ELECTRIC POWER PRESS

内 容 提 要

本书为“十三五”职业教育规划教材。

本书共分六章，主要介绍建筑设备工程（水暖空调部分）中各系统的分类、组成及特点，常用材料和设备的类型、规格，主要的安装工艺，新版规范的解读及建筑设备施工图的识读等基本知识。具体内容包括专业基础知识、建筑内部给水系统、建筑消防系统、建筑内部排水系统、供热与燃气供应系统、通风与空调系统。本书注重培养学生的施工图识读能力，选取有代表性的施工图纸进行分析。

本书可作为高职高专院校土建类专业教材，也可作为岗位培训教材，还可作为从事相关行业的技术人员和管理人员的参考书。

图书在版编目（CIP）数据

建筑设备概论．水暖空调部分/王思文，侯静主编．—北京：中国电力出版社，2020.6

“十三五”职业教育规划教材

ISBN 978-7-5198-3312-1

Ⅰ．①建…　Ⅱ．①王…②侯…　Ⅲ．①房屋建筑设备—采暖设备—职业教育—教材②房屋建筑设备—空气调节设备—职业教育—教材　Ⅳ．①TU8

中国版本图书馆CIP数据核字（2020）第050102号

出版发行：中国电力出版社

地　　址：北京市东城区北京站西街19号（邮政编码100005）

网　　址：http://www.cepp.sgcc.com.cn

责任编辑：孙　静（010-63412542）　郑晓萌

责任校对：黄　蓓　李　楠

装帧设计：郝晓燕

责任印制：钱兴根

印　　刷：北京天宇星印刷厂

版　　次：2020年6月第一版

印　　次：2020年6月北京第一次印刷

开　　本：787毫米×1092毫米　16开本

印　　张：13.5

字　　数：330千字

定　　价：42.00元

前　言

本书为“十三五”职业教育规划教材，以高职高专院校土建类相关专业对建筑设备工程（水暖空调部分）的职业能力训练要求为出发点，兼顾岗位培训、社会服务的需要，按照项目教学的基本要求编写。

本书在编写过程中，注重对学生职业能力的培养，基于高职教育理论知识“够用为度”的原则，以识图能力训练为核心，加入大量施工图案例；课后配有习题，便于老师布置作业，也方便学生自学；注重国家标准、规范知识的应用，使学生形成良好的学习、工作习惯。

本书共分为六章，第一章专业基础知识，介绍了流体力学、传热学及工程热力学的相关基础知识，为后续学习专业知识打下基础。第二章建筑内部给水系统，介绍了给水系统的组成及给水方式、给水管材及辅助设备，以及室内给水管道的布置与敷设。第三章建筑消防系统，介绍了消火栓给水系统和自动喷水灭火系统，对上述两种常用系统的组成及设置场所进行了详细的论述，最后结合现代社会的发展，加入了其他常用火火设施内容，使学生更加全面的掌握消防知识。第四章建筑内部排水系统，介绍了排水系统的分类、体制及组成，排水管材及附件、卫生器具，排水系统的布置与敷设；加入了建筑给排水系统施工图识读案例内容，选取具有代表性的施工图，包含生活、消防给排水专业的图纸，进行了详细的解析。第五章供热与燃气供应系统，介绍了供热系统的形式及特点，详述了室内供热系统的末端设施、室内供热系统的管道及辅助设备、燃气供应系统；加入了室内供热工程施工图识读案例内容，选取具有垂直单管、垂直双管、低温热水地板辐射供热三套图纸进行详细解析。第六章通风与空调系统，介绍了通风与空调系统的管材、管件及部件、设备；同时，加入通风与空调系统施工图识读案例内容，增强了本书的实践性。

本书由王思文、侯静担任主编。其中第一章由内蒙古建筑职业技术学院王思文、王晓博编写，第二章由内蒙古建筑职业技术学院侯静、王宇鹤编写，第三章由内蒙古建筑职业技术学院侯静、王思文编写，第四章由内蒙古建筑职业技术学院侯静、王晓博编写，第五章由王思文、王宇鹤编写，第六章由内蒙古建筑职业技术学院穆小丽、李丽春编写。

本书由邢台职业技术学院鲍东杰审阅，提出许多宝贵意见，在此表示感谢！

限于编者水平，书中难免有不足之处，恳请读者批评指正。

编者
2020.5

目　录

第一章 专业基础知识

液体和气体因具有流动性，统称为流体。供热工程、建筑给水排水工程、通风除尘、空调工程及燃气输配等，都是以流体作为工作介质，通过流体的各种物理作用，对流体的流动有效地加以组织来实现的。流体力学主要研究在各种力的作用下，流体本身的静止状态和运动状态，以及流体和固体界壁间有相对运动时的相互作用和流动规律。

我国大部分地区属大陆性季风气候，四季明显，气温变化大，特别是北方严寒地区冬夏温差达到70℃，冬季室内外温差可达40～50℃。随着社会的发展，人们对建筑热环境的要求日益提高，各种先进的供热和空调设备被广泛地采用。传热学是研究在温差作用下热量传递规律的学科。工程热力学主要研究热能与机械能和其他能量之间相互转换的规律及其应用，通过对热力系统、热力平衡、热力状态、热力过程、热力循环和工质的分析研究，改进和完善热力发动机、制冷机和热泵的工作循环，提高热能利用率和热功转换效率。传热学与工程热力学共同组成热工学的理论基础。

因此，为了后续更好地理解和应用专业知识，学习和掌握基本的专业基础知识是很有必要的。本章就流体力学和热工学的基础知识进行讲述。

第一节 流体力学基础知识

一、流体的主要物理性质

（一）密度与重力密度

表征某一流体的惯性大小可用该流体的密度。对于均质流体，单位体积流体的质量称为流体密度，以符号 ρ 表示

$$\rho = \frac{m}{V} \tag{1-1}$$

式中 ρ——流体的密度，kg/m^3；

m——流体的质量，kg；

V——流体的体积，m^3。

密度对流体的影响主要体现在单位体积流体的惯性力和加速度的大小。低密度流体，如气体，惯性力小，达到相同加速度时需要的力小，因此，物体在空气中的运动比在液体（如水）中的运动要容易，同样提升相同容积的空气比水要容易得多。

在流体力学的应用中，大量出现密度 ρ 和重力加速度 g 的乘积 ρg，用符号 γ 表示，单位是 N/m^3，称为重力密度，它表征单位体积流体的重力，即

$$\gamma = \rho g \tag{1-2}$$

在计算中常用的流体密度和重力密度如下：

干空气在温度为290K，压强为760mmHg时的密度和重力密度

$$\rho_a = 1.2kg/m^3$$

$$\gamma_a = 11.77 N/m^3$$

水的密度和重力密度

$$\rho_{H_2O} = 1000 kg/m^3$$
$$\gamma_{H_2O} = 9807 N/m^3$$

汞的密度和重力密度

$$\rho_{Hg} = 13\ 595 kg/m^3$$
$$\gamma_{Hg} = 133\ 326 N/m^3$$

（二）流体的黏滞性

这是流体的一种固有物理属性。流体内部质点间或流层间因相对运动而产生内摩擦力（内力）以反抗相对运动的性质，称为黏滞性。在此过程中，产生了摩擦阻力，此内摩擦力称为黏滞力。在流体力学研究中，流体黏滞性十分重要。

空气和水是最典型并广泛存在的流体，水和空气的黏度随温度变化的规律是不一致的，水的黏滞性随温度升高而减小，空气的黏滞性随温度升高而增大。这是因为黏滞性是分子间吸引力和分子不规则热运动产生动量交换的结果。温度升高，分子间吸引力降低，动量增大；反之，温度降低，分子间吸引力增大，动量减小。对于液体，分子间吸引力是决定性因素，所以液体的黏滞性随温度升高而减小；对于气体，分子间热运动产生动量交换是决定性因素，所以气体的黏滞性随温度升高而增大。

（三）流体的压缩性和热胀性

流体受压，体积缩小，密度增大的性质，称为流体的压缩性。流体受热，体积膨胀，密度减小的性质，称为流体的热胀性。

液体的压缩性和热胀性都很小。压强每升高一个大气压，水的密度约增加 1/20 000。在温度较低时（10～20℃），温度每增加 1℃，水的密度减小约为 1.5/10 000；在温度较高时（90～100℃），水的密度减小也只有 7/10 000，这表明水的热胀性和压缩性是很小的，一般情况下可忽略不计。只有在某些特殊情况下，例如发生水击和热水供热等时，才需要考虑水的压缩性及热胀性。

气体与液体不同，具有显著的压缩性和热胀性。在温度不过低、压强不过高时，理想气体的密度、压强和温度三者之间的关系，服从理想气体状态方程式，即

$$\frac{p}{\rho} = RT \tag{1-3}$$

式中 p——气体的绝对压强，N/m^2；

T——气体的热力学温度，K；

ρ——气体的密度，kg/m^3；

R——气体常数，J/（kg・K），对于空气，$R=287$，对于其他气体，在标准状态下，$R=8314/n$，式中 n 为气体的分子量。

在等温情况下，压强与密度成正比，也就是说，压强增加，体积缩小，密度增大。根据这个关系，如果把一定量的气体压缩到它的密度增大一倍，则压强也要增加一倍。这一关系与实际气体的压强和密度的变化关系几乎是一致的。但是，气体有一个极限密度，对应的压强称极限压强。若压强超过极限压强，不管该压强有多大，气体再不能压缩得比极限密度更大了。

在定压情况下，温度与密度成反比，即温度升高，体积增大，密度减小；反之，温度降低，体积缩小，密度增大。这一规律对各种不同温度下的一切气体都是适用的。只有在温度降低到气体液化的程度，才有比较明显的误差。

在供热通风工程中，所遇到的大多数气体流动速度均较低（速度远小于声速），其密度变化不大（当速度为68m/s时，密度变化为1%；当速度为150m/s时，密度的变化也只有10%），可当作气体是不可压缩的。

在实际工程中，有些情况是需要考虑气体压缩性的，如燃气的远距离输送等。

二、流体的压强

压强可采用两种不同的基准来进行计算，因而有两种表示压强的方法，即绝对压强和相对压强。

（一）流体压强的表示方法

1. 绝对压强与相对压强

绝对压强：以毫无气体存在的绝对真空状态作为零点起算的压强，称为绝对压强。常以p'表示。当问题涉及流体本身的性质，例如采用气体状态方程进行计算时，必须采用绝对压强。在表示某地当地大气压强时也常用绝对压强值。

相对压强：以某地当地大气压强p_a为零点起算的压强，称为相对压强。常以符号p表示。在工程上，相对压强又称为表压。采用相对压强表示时，则大气压强值为零，即$p_a=0$。

相对压强、绝对压强和当地大气压强之间的关系是

$$p = p' - p_a \tag{1-4}$$

某一点的绝对压强只能是正值，不可能出现负值。但是，某一点的绝对压强可能大于大气压强，也可能小于大气压强，因此，相对压强可以是正值，也可以是负值。当相对压强为正值时，称该压强为正压；反之，为负值时，称为负压。

2. 真空压强

若流体某处的绝对压强小于大气压强，则该处处于真空状态，其真空程度一般用真空压强p_v表示，又称真空度（真空表读数），即

$$p_v = p_a - p' \tag{1-5}$$

也即

$$p_v = -p \tag{1-6}$$

为了正确区分上述三种压强，如图1-1所示，表示它们的相互关系。在实际工程中常用的压强计量基准为相对压强。因为在自然界中，任何物体均放置于大气中，引起固体和流体力学效应的只是相对压强的数值，而不是绝对压强的数值。此外，绝大部分测量压强的仪表，都是与大气相通的或者是处于大气压的环境中。因此工程技术中广泛采用相对压强。以后讨论中所提及的压强，如果没有特别说明，均为相对压强。

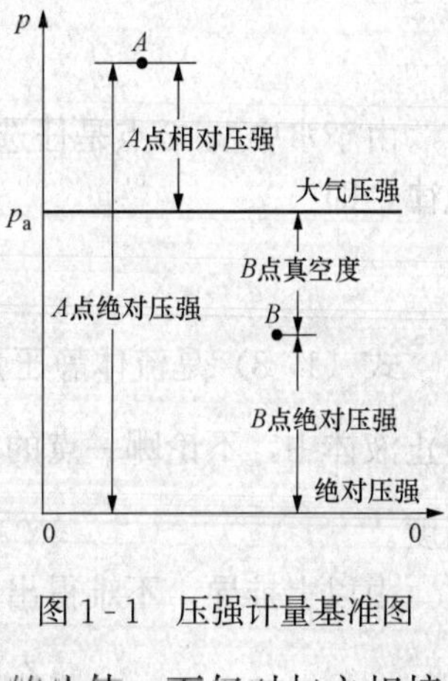

图1-1　压强计量基准图

（二）流体静压强

1. 流体静压强的概念

在设计水箱、挡水闸门、油罐等设备时，经常会遇到静止流体对固体壁面作用的总压力计算问题。事实上处于静止状态下的流体，不仅对与之相接触

的固体边壁有压力作用，而且在流体内部，相邻的流体之间也有压力作用。这种压力称为流体静压力。静止流体作用在单位面积上的流体静压力称流体静压强。

在国际单位制中，流体静压强 p 的单位是帕斯卡，简称帕（Pa），$1Pa=1N/m^2$；或巴(bar)，$1bar=10^5Pa$。在工程单位制中，流体静压强的单位为 kgf/cm^2。

2. 流体静压强的特性

流体静压强的第一个特性：流体静压强的方向只能是垂直指向作用面的，即与受压面的内法线方向一致，这就是流体静压强的第一个特性。

流体静压强的第二个特性：在静止或相对静止的流体中，任一点流体静压强的大小与作用面的方向无关，只与该点在静止或相对静止流体中的位置有关，即任一点各方向上的流体静压强大小均相等，如图 1-2 所示。

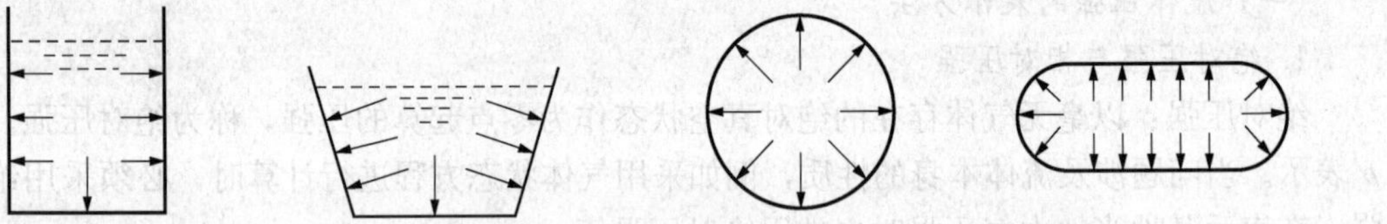

图 1-2 流体静压强方向

3. 流体静压强基本方程式

如图 1-3 所示，设水箱水面的压强为 p_0，水中 1、2 点到任选基准面 0—0 的高度为 Z_1、Z_2，压强为 p_1 及 p_2，将图 1-3 中的深度 h_1 和 h_2 分别用高度差 Z_0-Z_1 和 Z_0-Z_2 表示，水箱内水的重力密度为 γ，且处于静止状态，其机械能只具有势能。对于任意一点 1 所具有的势能包括两部分：一部分是位置势能 Z_1，即相对于 1 点到基准面 0—0 的高度，单位是 mH_2O；另一部分是压强势能 $\frac{p_1}{\gamma}$，单位是 mH_2O。事实上，在与 1 点同高的壁面上开一个孔，设置一个测管，则 1 点的流体会在测管中上升 $\frac{p_1}{\gamma}$ 的高度而与水箱内水位同高。可见，在 1 点压强 p_1 的作用下，1 点处的流体具有上升 $\frac{p_1}{\gamma}$ 高度的能力（势能）。对另一点 2，也如此，此处不再赘述。由于图 1-3 中 1、2 两点是任选的，故有

$$Z_1+\frac{p_1}{\gamma}=Z_2+\frac{p_2}{\gamma}=Z_0+\frac{p_0}{\gamma} \tag{1-7}$$

由于水中1、2 点是任选的，故可将上述关系式推广到整个液体，得出具有普遍意义的规律，即

$$Z+\frac{p}{\gamma}=C(常数) \tag{1-8}$$

式（1-8）是流体静压强基本方程式，体现了液体静压强的分布规律。它表示在同一种静止液体中，不论哪一点的 $Z+\frac{p}{\gamma}$ 总是一个常数 C。常数 C 等于自由液面至基准面 0—0 的高度。

由以上推导，不难得出

$$Z+\frac{p}{\gamma}=Z_0+\frac{p_0}{\gamma}，即\ p=p_0+\gamma(Z_0-Z)$$

由于 $Z_0-Z=h$，整理上式得

$$p=p_0+\gamma h \tag{1-9}$$

式（1-9）为流体静压强基本方程式的另一表达形式，它表示在静止液体中，压强随深度的变化规律。从式（1-9）的两个组成部分看出，压强的大小与容器的形状无关，因此，不论盛装液体的容器形状怎么复杂，只要知道液面压强 p_0 和该点在液面下的深度 h，就可以求得该点的压强。

三、与流体运动有关的基本概念

1. 元流

流体运动时，为研究方便，把流体中一微小面积形成的一股流束称为元流。

2. 总流

绝大多数情况下，用以输送流体的管道流动，其流场具有长形流动的几何形态，整个流动可以看作无数元流相加，这样的流动总体称为总流。元流与总流如图 1-4 所示。

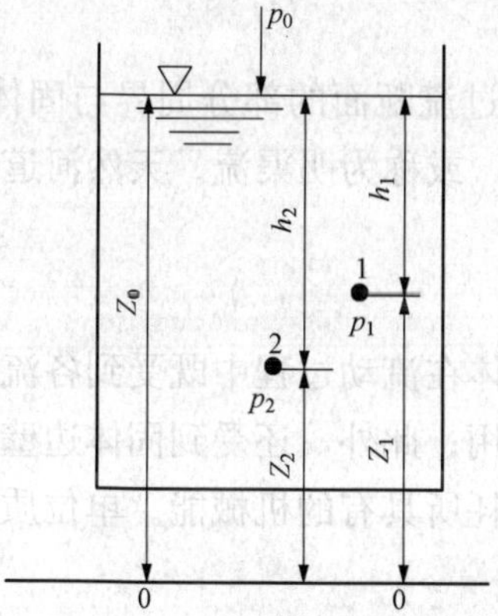

图 1-3　流体静压强分析图

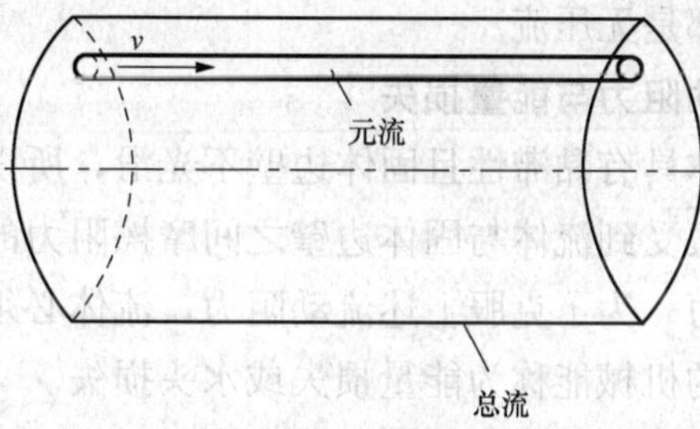

图 1-4　总流与元流

3. 过流断面与湿周

流体运动时，与流体的运动方向垂直的流体横断面称为过流断面，用符号 A 表示。如图 1-5 所示，过流断面可能是平面，也可能是曲面，形状有圆形、矩形、梯形等。

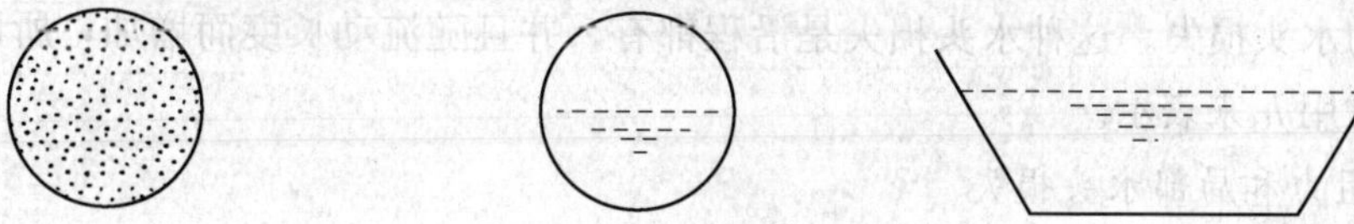

图 1-5　过流断面形式

在过流断面上，流动流体与壁面相接触的部分称为湿周，其长度用 x 表示，如图 1-6 所示。

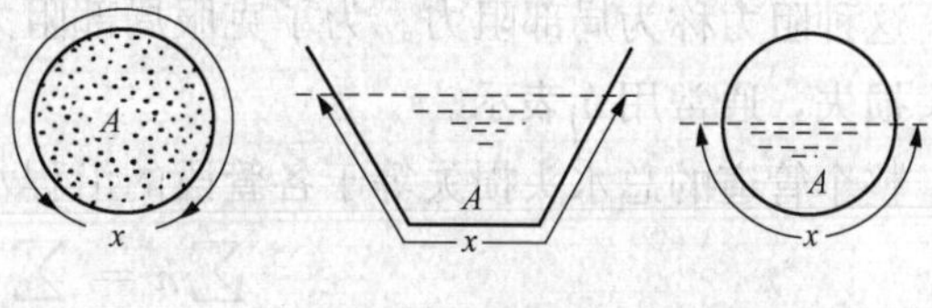

图 1-6　湿周说明

4. 流量

单位时间内通过某过流断面的流体量称为流量，通常用流体的体积、质量和重量来计量，分别称为体积流量 q_V(m^3/s)、质量流量 q_m(kg/s)、重量流量 G(N/s)。

5. 流速

在单位时间内流体移动所通过的距离称为流速。流体运动时，由于流体黏滞性的影响，过流断面上的流速不等且一般不易确定，为便于分析和计算，在实际工程中通常采用过流断面上各质点流速的平均值即平均流速。平均流速通过过流断面的流量应等于实际流速通过该断面的流量，这是确定平均流速的假定条件。

6. 有压流与无压流

(1) 有压流。流体在压差作用下流动，流体各个过流断面的整个周界都与固体壁相接触，没有自由表面，这种流体运动称为有压流或压力流，也称为管流。例如，室内给水在管道中的流动，空调工程中的空气在风道中的流动，供热工程中热水或蒸汽在管道中的流动等。

压力流有三个特点，即流体充满整个管道，不能形成自由表面，流体对管道壁有一定的压力。

(2) 无压流。流体在重力作用下流动，流体各个过流断面的部分周界与固体壁相接触，具有自由表面，这种流体的运动称为无压流或重力流，或称为明渠流。天然河道明渠、排水管中的水流都是无压流。

四、流动阻力与能量损失

因为流体具有黏滞性且固体边壁不光滑，所以流体在流动过程中既受到各流层间内摩擦力的作用，又受到流体与固体边壁之间摩擦阻力的作用；此外，还受到固体边壁形状的变化所带来的阻力。为了克服上述流动阻力，流体必须消耗所具有的机械能。单位质量的流体流动中所消耗的机械能称为能量损失或水头损失。

流动阻力和水头损失可分为沿程阻力和沿程水头损失、局部阻力和局部水头损失两种形式。

1. 沿程阻力和沿程水头损失

流体在固体边界平直的水道（如明渠）中流动时，所受到的摩擦力称为沿程阻力。单位质量的流体自一过流断面流至另一过流断面，为了克服沿程阻力所消耗的机械能称为这两过流断面之间的水头损失。这种水头损失是沿程都有，并且随流动长度而增加，所以称为沿程水头损失，常用 h_f 来表示。

2. 局部阻力和局部水头损失

流体的边界在局部地区发生急剧变化时，流体流速的大小和方向也会发生显著变化，主流甚至会脱离边壁形成旋涡，此时流体质点间产生剧烈的碰撞，从而对流体运动形成了阻力，这种阻力称为局部阻力。为了克服局部阻力，单位质量的流体所消耗的机械能称为局部水头损失，通常用 h_j 表示。

整个管道的总水头损失等于各管段的沿程水头损失与各局部水头损失分别叠加之和，即

$$\sum h = \sum h_f + \sum h_j \tag{1-10}$$

在给排水与供热工程中，确定管路系统中流体的水头损失是进行工程计算的重要内容之一，也是对工程中有关设备和管路中的管径进行选择的重要依据。

第二节　传热学及工程热力学基础知识

一、传热学基本知识

传热学是研究由温差引起的热量传递规律的科学。

凡是有温差的地方，就有热量自发地从高温物体传向低温物体，或从物体的高温部分传向低温部分。由于自然界和生产技术中几乎到处存在着温差，所以热量传递就成为自然界和生产技术中一种非常普遍的现象。热能在转移或传递过程中称为热量，也就是说，热量是热能伴随传递过程而存在的，是过程量。另外，要想将热能从低温物体转移给高温物体，则需要付出一定的代价，如制冷机可以将低温物体的热能转移给高温物体，但要消耗一定的电能或机械能。日常生活中利用热能的情况很多，如电热器，用电能转化为热能；供热锅炉房，用煤、燃气的化学能转化为热能等。

（一）热量传递的基本方式

热量传递有导热、热对流和热辐射三种基本方式。

1. 导热

把铁棍的一端放入火炉中，过不了多久，手拿的一端就会感到发热。这说明热量从铁棍的另一端传了过来。这种热量从物体的一部分传到另一部分，或从一个物体传到与它直接接触的另一个物体的传热方式叫导热。在冬季的采暖房间，热量从散热器的内壁传到外壁，如果手放在散热器上，热量从散热器传到手上，这些都是导热的结果。

物体各部分之间不发生相对位移时，依靠分子、原子及自由电子等微观粒子的热运动而产生的热量传递称为导热（或称热传导）。其特点是导热过程中物质各部分没有相对位移。所以，在重力场中，纯导热现象只能发生在较密实的固体中。在流体中将会由于温差引起的密度差而产生热对流，即非纯导热。

物体导热性能可通过导热系数 λ 来表示，单位是 W/（m·℃）。常用物质的导热系数值，见表 1-1。工程中常将导热系数小于 0.14W/（m·℃）的材料称作绝热保温材料。

表 1-1　常见材料的密度、导热系数及比热

材料名称		温度 t（℃）	密度 ρ（kg/m³）	导热系数 λ[W/（m·℃）]	比热容 c_p[kJ/（kg·℃）]
钢	0.5%C	20	7833	54	0.465
	1.5%C	20	7753	36	0.486
黄铜（30%Zn）		20	8522	109	0.385
泡沫混凝土		20	232	0.077	0.88
		20	627	0.29	1.59
钢筋混凝土		20	2400	1.54	0.84
碎石混凝土		20	2344	1.84	0.75
普通黏土砖		20	1800	0.81	0.88
红黏土砖		20	1668	0.43	0.75
水泥砂浆		20	1800	0.93	0.84
石灰砂浆		20	1600	0.81	0.84

续表

材料名称	温度 t（℃）	密度 ρ（kg/m³）	导热系数 λ[W/（m·℃）]	比热容 c_p[kJ/（kg·℃）]
黄土	20	880	0.94	1.17
砂土	12	1420	0.59	1.51
黏土	9.4	1850	1.41	1.84
水泥珍珠岩制品	20	200	0.058	0.75
	20	1023	0.35	1.38
玻璃棉	20	100	0.058	0.75
石膏板	20	1100	0.41	0.84
聚苯乙烯塑料	20	30	0.027	2.0
聚苯乙烯硬脂塑料	20	50	0.031	2.1
软木	20	230	0.057	1.84

导热的速度与材料的种类、厚度、内外表面的温差及传热面积有关。同样厚度的加气混凝土砖比普通黏土砖外墙的保温效果好，外墙的面积大，房间的保温效果就差。由表 1-1 可知，用作保温材料的物质均是较松软、空隙率较高的材料。这些材料如果受潮，其保温性能会大大下降，如干砖的导热系数为 0.35W/（m·℃），水的导热系数为 0.6W/（m·℃），而湿砖的导热系数可达到 1.0W/（m·℃）。所以，对建筑物或管道、设备的隔热层，都应采取防潮措施。

一般情况下，金属的导热系数最大，其次是固体、液体，而气体的导热系数最小，如空气的导热系数仅为 0.02～0.04W/（m·℃）。

2. 热对流

热对流是指由于流体的宏观运动，从而使流体各部分之间发生相对位移、冷热流体相互掺混所引起的热量传递过程。传热学中常将热对流简称为对流。对流是流体所特有的一种传热方式，仅能发生在流体中，而且由于流体中的分子同时在进行着不规则的热运动，因而对流必然伴随有热现象。工程上将流体流过一个物体表面时的热量传递过程，称为对流换热，以区别于一般意义上的对流。

表面传热系数的大小与换热过程中的许多因素有关。它不仅取决于流体的物性（λ、μ、ρ、c_p等）及换热表面的形状、大小与布置，而且还与流速有密切的关系。表 1-2 给出了几种对流换热过程的表面传热系数的大致范围。在传热学的学习中，掌握典型条件下表面传热系数的数量级是很有必要的。由表可见，就介质而言，水的对流换热比空气强烈；就换热方式而言，有相变的优于无相变的，强制对流高于自然对流。例如，空气自然对流换热的传热系数为 1～10 的量级，而水的强制对流的传热系数量级则是“成千上万”。

表 1-2　几种对流换热过程的表面传热系数的大致范围

过程	h/[W/（m²·K）]	过程	h/[W/（m²·K）]	过程	h/[W/（m²·K）]
自然对流：		强制对流：		水的相变换热：	
空气	1～10	气体	20～100	沸腾	2500～35 000
水	200～1000	高压水蒸气	500～3500	蒸汽凝结	5000～25 000
		水	1000～15 000		

就引起流动的原因而论，对流换热可区分为自然对流与强制对流两大类。自然对流是由于流体冷、热各部分的密度不同而引起的，散热器片表面附近受热空气的向上流动就是一个例子。如果流体的流动是由于水泵、风机或其他压差作用所造成的，则称为强制对流。冷油器、冷凝器等管内冷却水的流动都由水泵驱动，它们都属于强制对流。另外，工程上还常遇到液体在热表面上沸腾及蒸汽在冷表面上凝结的对流换热问题，分别称为沸腾换热及凝结换热，它们是伴随有相变的对流换热。

3. 热辐射

冬季有采暖的房间中，人站在散热器附近会觉得比站在其他地方暖和，如果在散热器与人之间挡上一块板，就不会有热的感觉，这说明热量不全是靠物体接触或空气流动传到人身上的。物体表面通过电磁波来传递热量的过程称为热辐射，物体间靠热辐射进行的热量传递称为辐射换热。与导热、对流不同，辐射传热不需要固体或流体等中间媒介物，热辐射是靠电磁波（包括红外线和一部分可见光在内的热射线）传送热量的，因而在气体和真空中都能进行。太阳和地球之间大部分是真空，太阳的热就是靠热射线以热辐射的方式传到地球上的。

（二）传热过程

导热、对流和热辐射是传热的三种基本方式，实际工程中的传热，往往是这几种方式同时存在，要想确定各种传热方式传递热量的多少是很困难的，因此，人们所研究的是这三种基本方式同时起作用时总的传热量。

热量从温度较高的流体经过固体壁面传递给另一侧温度较低流体的过程，称为总传热过程，简称传热过程。工程上大多数设备的热传递过程都属于这种情况，如锅炉中水冷壁、省煤器和空气预热器的传热；供热散热设备的传热及管道的散热。热水管道散热过程如图 1-7 所示。

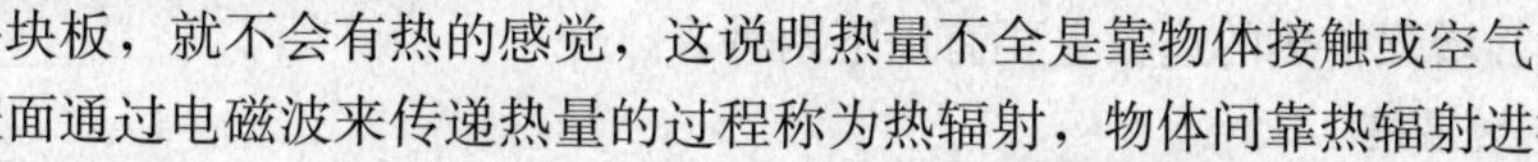

图 1-7 热水管道散热过程

由此可见，传热过程实际上是导热、对流和热辐射三种基本方式共同存在的复杂换热过程，传热过程中，当两种流体间的温差一定时，传热面越大，传递的热流量就越多。在同样的传热面上，两种流体的温差越大，传递的热流量也越多。平壁传热过程的热流量可用式（1-11）计算

$$Q = KA(t_n - t_w) \tag{1-11}$$

式中 Q——通过平壁总的传热量，W；

A——平壁的传热面积，m^2；

t_n——室内流体的温度，℃；

t_w——室外流体的温度，℃；

K——平壁的传热系数，W/（m^2·℃）。

传热系数 K 的物理意义是，当平壁两侧的流体温差为 1℃时，从一侧通过 $1m^2$ 壁面传到另一侧的热量。影响 K 值的因素很多，对于房屋外墙，墙体材料密度大、结构密实、空隙小、导热能力强，传热系数 K 值较大；墙表面附近的空气流速大，对流传热能力强，K 值

大。墙体与外界物体的热辐射与导热、对流不同，导热、对流的传热是单方向从高温物体传到低温物体，而热辐射则是相互的，一方面墙体吸收外界各种物体放出的热辐射，另一方面墙体随时都向空间辐射放热。

（三）传热的增强

在热量传递过程的技术领域中，常常需要强化热量传递以缩小设备的尺寸，提高热效率；或者使受热元件得到有效的冷却，保证设备安全运行。例如，通过在散热器表面加装肋片增强传热；通过研发新型材料散热设备增强传热；锅炉过热器出口水蒸气温度不够高，要求设法提高它的出口温度，这些都要求相关设备增加热流量。有时为了安全起见，必须降低传热面的温度。增强传热的途径主要有以下两种：

1. 加大传热温差

增加传热的驱动力的温度，降低冷流体的温度或提高热流体温度可加大传热温差。

2. 减小传热面的总热阻

（1）减小导热热阻，其中包括减小换热面本身的热阻和表面污垢的热阻。

（2）减小对流传热热阻，如在表面传热系数小的一侧加装肋片，并注意使肋基接触良好；适当增加流体流速，采用小管径以增加流体的扰动和混合，破坏边界层等。

（3）增加辐射面的发射率和温度来增强热辐射，如涂镀选择性涂层或选用发射率大的材料等。

（四）传热的削弱

增强传热的反面是削弱传热。工程上使用最广泛的方法是在管道和设备上覆盖保温隔热材料，使总热阻大大增加，从而削弱传热。

二、工程热力学基础知识

工程热力学主要是研究热能与机械能相互转换规律的一门科学。其内容主要有热力学第一定律和热力学第二定律，常用工质、状态参数及热力系统、水蒸气、湿空气性质等。

（一）工质

人类在生产或日常生活中，经常需要各种形式的能量来满足不同的需求。各种形式能量的转换或转移，通常都要借助于一种携带热能的工作物质来完成，这种工作物质简称为工质。工程上常使用的工质种类很多，有气态的、液态的和固态的。在热力工程中，一般采用液态或气态物质作为工质，如空气、水、水蒸气、湿空气、烟气和制冷剂等，主要是由于其具有良好的流动性，而且其膨胀能力大，热力性质稳定。

（二）状态及其基本状态参数

在热力设备中，热能与机械能之间的相互转换或热能的转移，需要通过工质吸热或放热、膨胀或压缩等变化来实现，即能量交换的根本原因在于工质的热力状况存在差异。例如，锅炉中燃料燃烧生成的高温烟气能将汽包中的水加热成为高温热水，就是由于高温烟气与水之间存在温度差异而完成了热量的转移。在这些过程中，工质温度、压力等物理特性的数值发生了变化，也就是说，工质的客观物理状况发生了变化。工质在某瞬间的宏观物理状况，或表现的热力性质总状况，称为热力状态，简称为状态；描述工质热力状态的各物理量，称为工质的状态参数，简称为状态参数。

工质的状态是由工质的状态参数所描述的。工质的状态发生变化时，其状态参数也相应地发生变化，状态参数是状态的函数。工质的状态发生变化时，初、终状态参数的变化值，仅与初、终状态有关，而与状态发生的途径无关。

在热力学中，为了研究需要而采用的状态参数有温度（t、T）、压力（p）、比体积（v）或密度（ρ）、内能（u）、焓（h）、熵（s）等。其中压力、温度、比体积是可以用仪器、仪表直接或间接测量出来的状态参数，称为基本状态参数；只能由基本状态参数，通过相关计算公式间接计算获得的状态参数，如内能、焓、熵等称为导出状态参数。

（三）热力系统

在热力学中分析一个现象或过程时，常将研究的对象用一些边界与周围有关的其他物体相分隔，这种人为分离出来的研究对象称为热力学系统，简称热力系统。热力系统以外的其他有关物体统称为外界或环境。热力系统与外界的分界面就是边界。边界可以是真实的，如图 1-8 所示，取气体工质为热力系统时，汽缸内壁和活塞内壁可以认为是真实存在的界面；也可以是虚构的，如图 1-9 所示，进口截面和出口截面可以认为是虚构的界面；可以是固定的，也可以是变化的，如图 1-8 所示，活塞内壁的截面是移动的。热力系统与外界之间的一切相互作用（物质交换、热和功的传递）都通过边界来完成。

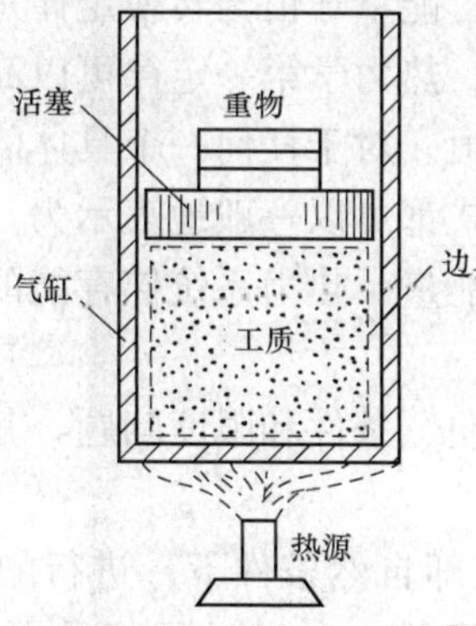

图 1-8 闭口热力系统

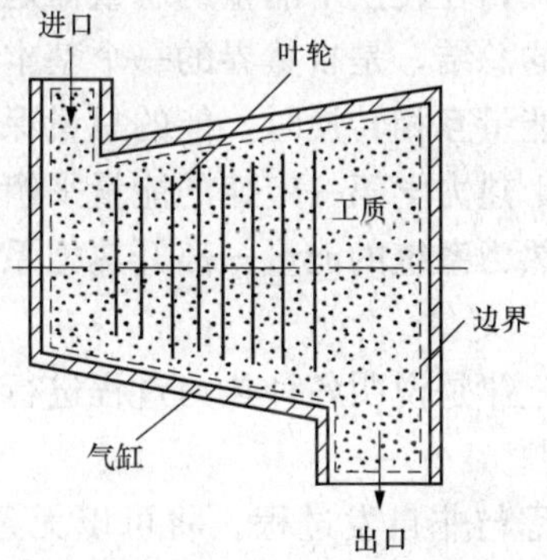

图 1-9 开口热力系统

按热力系统与外界进行物质和能量交换的情况，可将热力系统进行如下分类：

（1）闭口热力系统。热力系统与外界无物质交换，或者说没有物质穿过边界。闭口热力系统简称为闭口系统，也可称为封闭热力系统。如图 1-8 所示，取边界内的全部工质为热力系统时即为闭口热力系统。

（2）开口热力系统。热力系统与外界有物质交换，或者说有物质穿过边界。开口热力系统简称为开口系统。如图 1-9 所示，取边界内的工质为热力系统时即为开口热力系统。

（3）绝热热力系统。热力系统与外界无热量交换。在工程研究中，对许多虽有热量交换，但热量相对于通过边界的其他能量可忽略其数量时，也常作为绝热热力系统来对待，如流体流过阀门等。绝热热力系统简称为绝热系统。

（4）孤立热力系统。热力系统与外界既无能量交换也无物质交换。孤立热力系统的一切相互作用都发生在系统内部。显然，孤立热力系统一定是绝热热力系统、闭口热力系统，但绝热热力系统、闭口热力系统却不一定是孤立热力系统。孤立热力系统简称为孤立系统。

正确选择热力系统是对问题进行热力学分析的前提，热力系统的选取主要取决于所提出的研究任务和所采用的分析方法。例如，常规空调子系统可以视为由冷却水、制冷机、空气处理器和空调对象四个子系统组成。冷却水系统主要由冷却塔和冷却水泵组成，制冷机系统主要由制冷主机组成，空气处理器系统则主要由空气处理机组和冷却水泵组成，空调对象系统主要由送、回风管道和末端送风装置组成。分析造成空调系统能量利用率低的根本原因，要把每个子系统分别组成热力系统进行分析；要研究如何提高火力发电厂的热效率，那就应该将与之相关的蒸汽锅炉、蒸汽轮机、水泵、冷凝器、回热加热器等都包括进热力系统才能进行分析；要研究该电厂对环境的污染，那么整个电厂，包括它的煤场、水源及周围的大气都应该包括在热力系统中。

（四）热力学第一定律和第二定律

1. 热力学第一定律

热力学第一定律是热力学中的重要定律之一，是热工计算的基础，它确定了热能与其他形式能量相互转换时在数量上的关系，从能的数量方面说明了能的本质。热力学第一定律不仅是研究热力学的主要依据之一，也是分析计算能量转换的基本方程。

热力学第一定律的实质是能量守恒与转换定律。能量守恒与转换定律的核心内容就是：自然界中一切物质都具有能量，能量既不可能被创造，也不可能被消灭，而只能从一种形式转变为另一种形式，在转换中能量的总量恒定不变。能量守恒与转换定律是人类对长期实践经验和科学实验的总结，是自然界的一个基本规律。热力学第一定律可以简单地表述为在热能与其他形式的能量互相转换时，能的总量保持守恒。对于任何一个具体的热力系统所经历的任何热力过程，热力学第一定律的能量平衡方程式都可以一般地表示为

进入热力系统的能量－离开热力系统的能量＝热力系统储存能的变化

2. 热力学第二定律

热力学第二定律是说明各种热力过程进行的方向、条件和限度问题，其中最根本的是热力过程的方向问题。

(1) 自发过程与非自发过程。将可以无条件（即自然条件下）进行的过程称为自发过程，将不能无条件进行的过程称为非自发过程。显然，自发过程都是不可逆过程。但必须指出，自发过程的不可逆性并不是说自发过程的逆过程不能进行。自发过程的逆过程是可能实现的，但必须有另外的补偿过程同时进行。例如，要使热量由低温物体传向高温物体，可以通过制冷机消耗一定的机械能来实现，这一消耗机械能的过程就是补偿过程，所消耗的机械能转变为热能，这是一个自发过程。又如，热能转变为机械能是非自发过程，但可通过热机来实现，热机使一部分热量转变为功，另一部分热量从热源流向冷源，后者是自发过程，它使前者得到了补偿。由此可知，非自发过程进行的必要条件是要有一个自发过程进行补偿。

(2) 热力学第二定律的表述。针对各种具体过程，热力学第二定律可有不同的表述形式。由于各种表述方式所阐明的是同一个客观规律，所以它们是彼此等效的。这里只介绍两种经典说法。

1) 克劳修斯（Clausius）表述。不可能把热量从低温物体传向高温物体而不引起其他变化。这种说法指出了传热过程的方向性，是从热量传递过程来表达热力学第二定律的。它说明，热量从低温物体传至高温物体是非自发过程，要使之实现，必须花费一定的代价，即需要通过制冷机或热泵装置消耗功量进行补偿来实现。

2) 开尔文-普朗克（Kelvin-Plank）表述。不可能制造只从一个热源取得热量使之完全变为机械功而不引起其他变化的循环发动机。这种说法也可以简化为“第二类永动机是不

能制成的”。这种说法是从热功转换过程来表达热力学第二定律的。它说明，从热源取得的热量不能全部变成机械能，因为这是非自发过程，但若伴随以自发过程作为补偿，那么热能变成机械能的过程就能实现。

上述两种说法是根据不同类型的过程所做出的特殊表述，热力学第二定律还有很多不同的说法，通过论证，可以证明其实质都是一致的。

（五）水蒸气

水蒸气是热力工程中常用的工质之一。水蒸气不同于理想气体，是一种刚刚离开液态而又比较接近液态的实际气体。而且它在工作过程中常发生相态变化，分子之间的作用力及分子本身占有的容积不能忽略。

1. 汽化

物质由液态变为气态的过程称为汽化，并有蒸发与沸腾两种方式。

（1）蒸发。它是在液体表面进行的汽化过程。蒸发可在任何温度下进行，但液体的温度越高，蒸发越快。蒸发可分两种情况：一种是靠消耗自身的内能汽化的自然蒸发（表现为液体温度的下降）；另一种是获取外界供给能量来蒸发。

（2）沸腾。在一定条件下，当液体被加热到某一温度时，在液体内部和表面同时进行的剧烈汽化现象，称为沸腾。工业上所用的水蒸气都是用沸腾的方式来生产。实验证明，液体在沸腾时，虽然对它继续加热，但液体的温度仍保持不变，而且液体与蒸汽的温度相同。液体沸腾时的温度称为沸点（或饱和温度）。

工程上，把1kg饱和水完全变成同温度干饱和水蒸气所需的热量称为该温度下的汽化潜热，简称汽化热，以 r 表示（单位 kJ/kg），则

$$r = h_2 - h_1 \tag{1-12}$$

式中 h_1——饱和水的焓值，kJ/kg；

h_2——饱和水蒸气的焓值，kJ/kg。

2. 凝结

物质由气态变为液态的过程称为凝结（也叫液化）。液体的沸点温度也就是蒸汽的凝结温度，蒸汽凝结过程与汽化过程相反，并在凝结时放出热量。蒸汽供热系统就是用蒸汽凝结放热来向房间内供热的。

1kg蒸汽转变成同温度的液体的过程所放出的热量称为凝结热。凝结热和汽化热数值相等。

物质在不发生相变，而温度增加或减少时所吸收或释放的热量称为显热。

3. 饱和状态

当液体在有限的密闭空间内汽化时，液体表面有分子脱离液面逸入空间，且液体的温度越高，进入液面上部空间的分子越多。随着液面上空单位容积内蒸汽分子数（密度）的增大，撞回液体的分子就越多。当液体上空单位容积内蒸汽分子数（密度）达到一定程度时，在单位时间内逸出液面的分子数目将与回到液体的分子数目相等，即表面汽化速度与液化速度相等。这种汽液两相处于动态平衡的状态，称为饱和状态。

饱和状态下的水和蒸汽分别称为饱和水和饱和蒸汽。饱和蒸汽的压力称为饱和压力，用 p_s 表示。此状态下的温度称为饱和温度，用 t_s 表示。饱和压力与饱和温度之间是一一对应关系，且饱和压力随饱和温度的升高而升高。

（六）湿空气

1. 湿空气的组成

完全不含水蒸气的空气称为干空气。干空气的组成和成分通常是一定的，可以当作一种“单一气体”。湿空气则是干空气和水蒸气的混合物。大气中总是含有一些水蒸气，其含量一般情况下变化都比较小。在通常的大气环境中，水蒸气的分压力只有 0.003～0.004MPa，但随着季节、气候、湿源等各种条件的变化，湿空气的干湿程度也会发生变化，进而对人体舒适度、产品质量等产生直接影响。在一些场合（如烘干、供热通风、室内调温调湿及冷却塔等设备）中作为工作介质的湿空气，其水蒸气含量的多少具有特殊作用。因此，有必要对湿空气的热力性质、参数的确定及湿空气的工程应用计算等做专门的研究。

2. 未饱和空气与饱和空气

根据理想气体的分压力定律，湿空气的总压力等于干空气的分压力 p_a 和水蒸气的分压力 p_v 之和。如果湿空气来自大气环境，则其压力即为大气压力 p_b，即有

$$p_b = p_a + p_v \tag{1-13}$$

因而湿空气中水蒸气的含量高低就表现为其分压力的高低。

在不同的温度和压力下水蒸气有过热与饱和之分。由于湿空气中水蒸气的含量不同（表现为分压力的高低）及温度不同，或者处于过热状态，或者处于饱和状态，因而湿空气有未饱和与饱和之分。在一定的温度和压力下，当湿空气中的水蒸气达到饱和时，即在该温度和压力下湿空气已经不能再容纳过多的水蒸气，称此时的湿空气为饱和湿空气。饱和湿空气由干空气和饱和水蒸气组成，若在该状态下再向其加入水蒸气，则部分水蒸气将凝结为水滴从中析出。由干空气和过热水蒸气组成的湿空气就是未饱和湿空气。

3. 相对湿度和含湿量

在某一温度下，温空气中水蒸气分压力的大小反映了水蒸气含量的多少，但为了方便湿空气热力过程的分析计算，有必要引入两个反映湿空气成分的参数，即相对湿度和含湿量。

（1）相对湿度（φ）。湿空气中水蒸气的分压力 p_v 与同一温度、同样总压力的饱和湿空气中水蒸气分压力 p_t 的比值称为相对湿度，以 φ 表示，即有

$$\varphi = \frac{p_v}{p_t} \tag{1-14}$$

φ 值介于 0 和 1 之间。φ 越小表示湿空气离饱和湿空气越远，即湿空气越干燥，吸取水蒸气的能力越强，当 $\varphi=0$ 时即为干空气；反之，φ 越大，空气越潮湿，吸取水蒸气的能力也越差，当 $\varphi=1$ 时即为饱和湿空气。所以，不论温度如何，φ 值的大小直接反映了湿空气的吸湿能力。同时，它也反映出湿空气中水蒸气的含量接近饱和的程度，故 φ 又称为饱和度。

（2）含湿量（d）。以湿空气为工作介质的某些过程，如干燥、吸湿等过程中，干空气作为载热体或载湿体，它的质量或质量流量是恒定的，发生变化的只是湿空气中水蒸气的质量。因此，湿空气的一些状态参数，如湿空气的含湿量、气体常数、比体积、比热容等，都是以单位质量干空气为基准的，这样可方便计算。定义 1kg 干空气所带有的水蒸气的质量为含湿量，以 d 表示，即

$$d = \frac{m_v}{m_a} \tag{1-15}$$

式中 m_v——湿空气中水蒸气的质量，kg；

m_a——湿空气中干空气的质量，kg。

4. 湿球温度

湿空气的相对湿度 φ 和含湿量 d 的简便测量通常采用干（湿）球温度计进行。干球温度计即普通温度计，其测出的是湿空气的真实温度 t。湿球温度计是在普通温度计的感温球上包裹事先浸在水中的湿纱布，当大量的未饱和空气流吹过暴露在空气中的湿纱布表面时，起初湿纱布中的水分温度与主体湿空气的温度相同，由于湿空气未饱和，湿纱布中的水分汽化，通过气膜向空气流扩散，汽化需要的热量来自水分本身，因此水分温度下降。但当水分温度低于湿空气的温度时热量将由空气传给湿纱布中的水分，传热速率随着两者温差的增大而提高，直到空气向湿纱布单位时间传递的热量等于单位时间内湿纱布表面水分汽化时所需的热量，即达到平衡。此时，湿纱布中的水温保持恒定不变，湿球温度计指示的正是平衡时湿纱布中水分的温度。由于该温度取决于周围湿空气的温度 t 和含湿量 d，故称为湿空气的湿球温度，以 t_w 表示。湿空气的 d 越小，湿纱布中的水分汽化越快，汽化所需热量越大，湿球温度越低；相反，若湿空气已经达到饱和，则湿球温度与干球温度相等。

5. 露点温度

未饱和湿空气还可以继续容纳水蒸气，因而可以持续向其加入水蒸气，直至饱和。未饱和湿空气也可通过另一途径达到饱和，如果湿空气内水蒸气的含量保持一定，即分压力 p_v 不变，逐渐降低温度，气体的状态点将沿着定压冷却线与饱和蒸汽线相交于一点，此时也达到了饱和状态，继续冷却就会结露。此点的温度即为对应于 p_v 的饱和温度，称为露点温度，用 t_s 表示。

由此可见，露点温度是指在一定的分压力 p_v 下（指不与水和湿物料接触的情况），未饱和空气冷却达到饱和湿空气即将结出露珠时的温度，可用湿度计或露点仪测量。达到露点温度后继续冷却，部分水蒸气就会凝结成水滴析出，在湿空气中的水蒸气状态将沿着饱和蒸汽线变化。这时湿空气的温度降低，水蒸气的含量（分压力）也随之降低，即为析湿过程。

习 题

一、选择题（1～7 为单选；8～10 为多选）

1. 下列各式能够准确表达密度和重力密度关系的是（　　）。

A. $\gamma=\rho/g$　　B. $\gamma=\rho g^2$　　C. $\gamma=\rho g$

2. 以毫无气体存在的绝对真空状态作为零点起算的压强，称为（　　）。

A. 绝对压强　　B. 相对压强　　C. 真空压强

3. 流体流经一定管径的直管时，由于流体内摩擦力而产生的阻力，阻力的大小与路程长度成正比。上述定义描述的是哪种阻力？（　　）

A. 局部阻力　　B. 沿程阻力　　C. 阀门阻力

4. 下列不能增强传热途径的是？（　　）

A. 加大传热温差　　B. 减少传热面总热阻　　C. 减弱流体的扰动

5. 下列不是导出状态参数的是（　　）。

A. 焓　　B. 内能　　C. 比体积

6. 热力系统与外界既无能量交换也无物质交换的是（　　）。

A. 孤立系统　　B. 开口系统　　C. 绝热系统

7. 热力学第一定律主要表述的是热力过程的（ ）。

A. 方向　B. 数量　C. 限度

8. 流体受压，体积缩小，密度增大的性质，称为流体的（ ）；流体受热，体积膨胀，密度减小的性质，称为流体的（ ）。

A. 热胀性　B. 压缩性　C. 黏滞性

9. 下列单位可以作为流量单位的是（ ）。

A. m^3/s　B. kg/s　C. N/s

10. 湿空气的总压力等于（ ）和（ ）之和。

A. 干空气的分压力　B. 相对湿度　C. 水蒸气的分压力

二、简答题

1. 什么是流体的压缩性及热胀性？它们对流体的密度有何影响？

2. 简要描述绝对压强、相对压强、真空压强三者之间的关系。

3. 写出流体静压强基本方程式的两种表达方式，并说明各项含义。

4. 按热力系统与外界进行物质和能量交换的情况，可将热力系统分成几类？简要进行表述。

5. 简述未饱和空气与饱和空气的定义。

6. 简述热量传递的三种基本方式及定义。

第二章　建筑内部给水系统

第一节　给水系统的分类

建筑内部给水系统，也称室内给水系统，是建筑给水排水的重要内容。建筑内部给水系统是根据用户对用水量、水压和水质的要求，将水由市政给水管网或自备水源给水管网引入室内，经配水管网送至生活、生产和消防用水设备的水供应系统。

建筑内部给水系统包含建筑物内的所有给水设施，按用途基本上可分为生活给水系统、生产给水系统和消防给水系统三类。

一、生活给水系统

供给人们饮用、烹饪、盥洗、淋浴、冲洗卫生器具等生活用水的给水系统，称为生活给水系统。生活给水系统中与人体直接接触或饮用、淋浴等水的水质必须达到国家标准中关于饮用水的水质要求，即《生活饮用水卫生标准》（GB 5749—2006）；而其他如洗涤、冲洗卫生器具的生活用水，可以用非饮用水水质标准的水，但为节省投资、便于管理，通常也将符合饮用水水质标准的水用于洗涤或冲洗卫生器具。

二、生产给水系统

供给生产设备冷却、原料加工、洗涤及各类产品制造过程中所需的生产用水的给水系统，称为生产给水系统。由于生产用水对水质、水量、水压及安全方面的要求不同，因此生产给水系统种类繁多，差异很大。

三、消防给水系统

为扑灭建筑物所发生的火灾需专门设置可靠的给水系统以供给各类消防设备用水，这一系统称为消防给水系统。消防用水对水质要求不高，但必须按照《建筑设计防火规范（2018年版）》（GB 50016—2014）的要求，保证有足够的水量与水压。

此外，根据供水用途的不同和系统功能的差异，有时将上述三种基本给水系统再划分，例如：①生活给水系统：饮用水系统、杂用水（中水）系统等。②生产给水系统：直流给水系统、循环给水系统、复用水给水系统、软化水给水系统、纯水给水系统等。③消防给水系统：消火栓给水系统、自动喷水灭火给水系统。这部分将在第三章详细讲述。

第二节　给水系统的组成及给水方式

一、建筑内部给水系统的组成

通常情况下，建筑内部给水系统由水源、引入管、水表节点、建筑内水平干管、立管和支管、配水装置与附件、升压和储水设备，以及给水局部处理设施等组成，如图 2-1 所示。需注意的是，图 2-1 中所示的生活给水与消防给水共用一根管道，但现行规范已经明确规定其各自需要独立的管道系统。

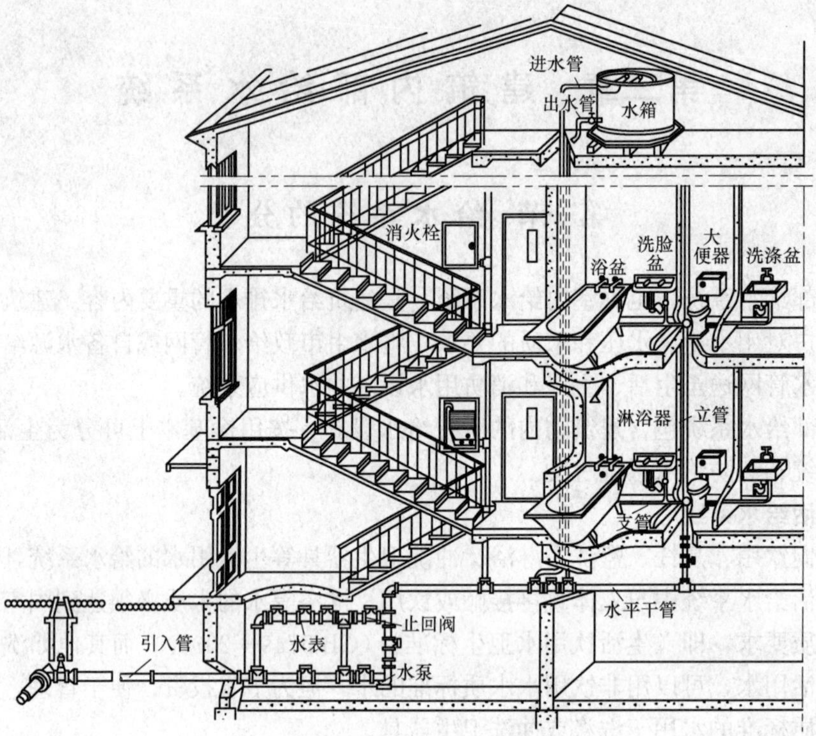

图 2-1 建筑内部给水系统

1. 引入管

引入管又称进户管，是室外给水接户管与建筑内部给水干管相连接的管段。对于一个建筑群体，如一个工厂、住宅小区等，引入管指总进水管。引入管一般埋地敷设，穿越建筑物外墙或基础。

2. 水表节点

水表节点是安装在引入管上的水表及其前后设置的阀门和泄水装置的总称，如图 2-2 所示。阀门用以关闭管网，以便修理和拆换水表；泄水装置用以检修时放空管网中的水，以便检测水表精度及测定进户点压力值；水表用以计量建筑用水量。水表节点形式多样，选择时应考虑用户用水要求及所选择的水表型号等因素。

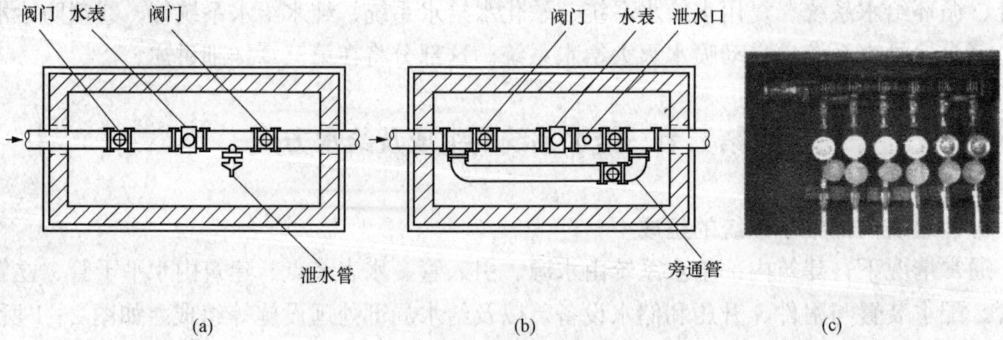

图 2-2 水表节点

(a) 无旁通管的水表节点；(b) 有旁通管的水表节点；(c) 井内水表

3. 管道系统

管道系统是指建筑内部的给水干管、立管、支管等。

4. 给水附件

给水附件是指管路上的闸阀、止回阀等各式阀类及各式配水龙头、仪表等。

5. 升（减）压和储水设备

当室外给水管网压力不足或建筑内部对安全供水、水压稳定有要求时，需设置各种附属设备，如水箱、水池、水泵、气压装置等升压和储水设备，以保证室内给水管网的水压要求。当某些部位水压太高时，则需要设置减压设备。

6. 室内消防设施

按照建筑物的防火要求及规定必须设置消防给水时，一般应设消火栓消防设备。有特殊要求时，应另专门装设自动喷水灭火或水泵灭火设备等。

7. 给水局部处理设施

当有些建筑对给水水质要求很高，超出《生活饮用水卫生标准》（GB 5749—2006）的规定或其他原因造成水质不能满足要求时，需要设置一些设备、构筑物进行给水深度处理，如游泳池、冷却塔循环水处理设备等。

二、建筑内部给水方式的分类

根据服务水头（市政管同所能提供的水头）与建筑物所需水头之间的关系，建筑内部给水方式可分为直接给水方式，设水箱的给水方式，设储水池、水泵的给水方式，设储水池、水泵、水箱的联合给水方式，气压给水方式，分区给水方式，分质给水方式。

1. 直接给水方式

直接给水方式是由室外给水管网直接供水，即建筑物内部只设有给水管道系统，不设升压和储水设备，室内给水管道系统与室外给水管网直接相连，利用室外给水管网压力直接向室内给水系统供水，如图2-3所示。这种给水方式的优点是，给水系统简单，投资少，安装维修方便，充分利用室外给水管网水压，供水较为安全可靠。缺点是，系统内部无储备水量，当室外给水管网停水时，室内系统立即断水。因此，直接给水方式适用于室外给水管网水量和水压充足、能够全天保证室内用户用水要求的地区。

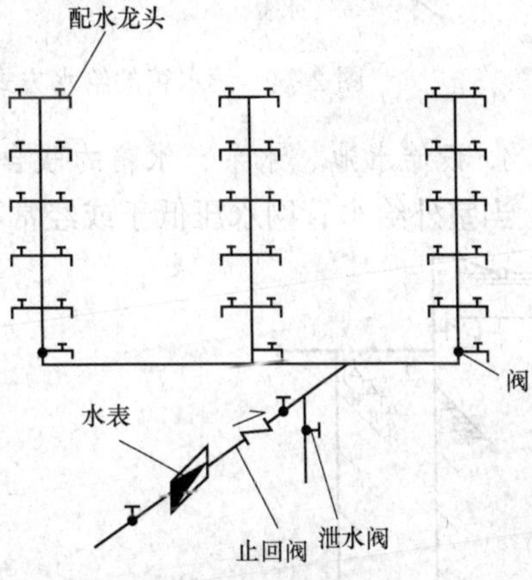

图 2-3　直接给水方式

2. 设水箱的给水方式

设水箱的给水方式宜在室外给水管网供水压力周期性不足时采用。如图2-4所示，建筑物内部设有管道系统和高位水箱，且室内给水系统与室外给水管网直接连接。低峰用水时，可利用室外给水管网的水压直接供水并向水箱进水，水箱储备水量。高峰用水时，室外管网水压不足，则由水箱向建筑内部给水系统供水。当室外给水管网水压偏高或不稳定时，为保证建筑内部给水系统的良好工况或满足稳压供水的要求，也可采用设水箱的给水方式。

这种供水方式适用于多层建筑，建筑物下面几层由室外给水管网直接供水，建筑物上面几层则靠屋顶水箱调节水量和水压，由水箱供水。为了防止水箱中的水回流至室外管网，在引入管上要设置止回阀；也可以设计为室外给水管网直接将水输入水箱，由水箱向建筑内部给水系统供水。这种系统增加了建筑物的结构荷载，并给建筑物的立面处理带来一定困难，水箱若设计不当、管理不当会造成水质的二次污染。

3. 设储水池、水泵的给水方式

当室外给水管网的水压大部分时间满足不了建筑内部给水管网所需的水压时，宜采用设储水池、水泵的给水方式，即利用水泵进行加压后向室内给水系统供水。对建筑立面及建筑外观要求比较高、不便在上部设置水箱的建筑，也可采用设储水池、水泵的供水方式。此系统中增设了储水池，采用水泵与室外给水管网间接连接的方式，如图 2-5 所示。

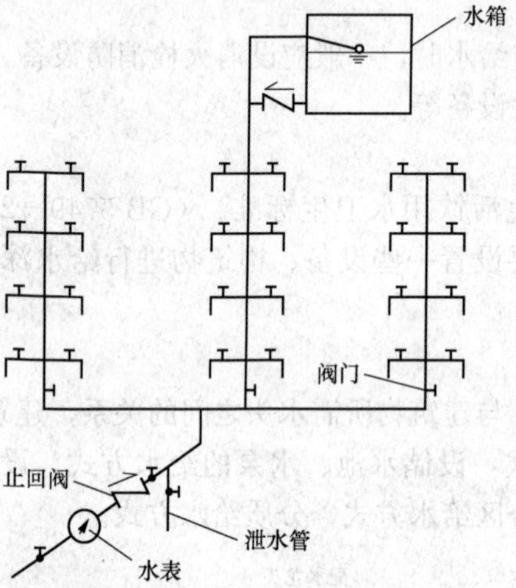

图 2-4　设水箱的给水方式

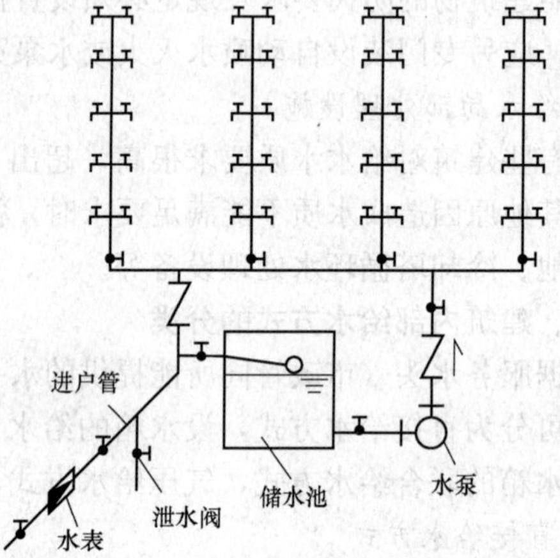

图 2-5　设水泵的给水方式

4. 设储水池、水泵、水箱的联合给水方式

当室外给水管网水压低于或经常不能满足建筑内部给水管网所需的水压，室内用水不均匀且不允许直接从室外给水管网抽水时，可采用设储水池、水泵、水箱的联合给水方式，如图 2-6 所示。这一方式利用水泵将水池中的水提升至高位水箱，用高位水箱储存调节水量并向用户供水。水箱内设水位继电器来控制水泵的开停，这样既可以减小水箱的容积，又能使水泵出水量稳定，高效运行。为利用市政管网压力，下部几层往往由室外给水管网直接供水。这种给水方式的优点是，储水池和水箱可以储备一定的水量，一旦停水停电，可延时供水，供水可靠，水压稳定；缺点是，水泵噪声大，安装、维护较麻烦，投资大，水池占地且防污染、防渗漏要求高。

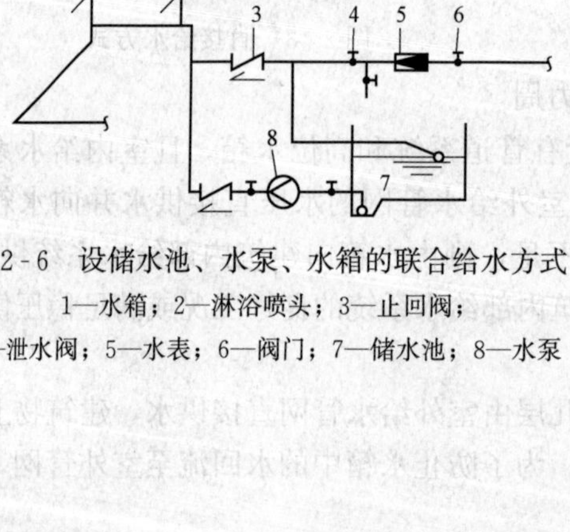

图 2-6　设储水池、水泵、水箱的联合给水方式

1—水箱；2—淋浴喷头；3—止回阀；4—泄水阀；5—水表；6—阀门；7—储水池；8—水泵

5. 气压给水方式

气压给水方式即在给水系统中设置气压给水设备，利用该设备中气压水罐内气体的可压缩性，升压供水。气压水罐的作用相当于高位水箱，但其位置可根据需要设置在高处或低处。当室外给水管网的压力低于或经常不能满足建筑内部给水管网所需的水压，室内用水不均匀且不宜设置高位水箱时，宜采用气压给水方式，如图 2-7 所示。与设储水池、水泵、水箱的联合供水方式比较，气压给水方式的主要优点有：气压给水设备便于搬迁和隐蔽，灵活性大；气压水罐可以设置于任何高度，施工安装方便，运行可靠，维护和管理方便；气压水罐是密闭装置，因此水质不易被污染；气压水罐具有一定的清除水锤的作用。但气压给水方式也有一些不足之处：气压水罐的调节能力较小，水泵启动频繁；变压式气压给水设备的压力变化幅度较大，对给水附件的寿命产生一定的影响。

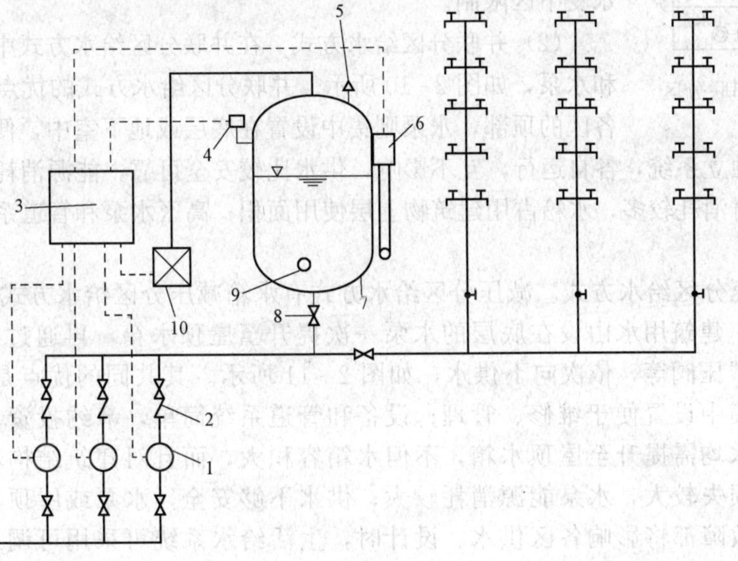

图 2-7 气压给水方式

1—水泵；2—止回阀；3—控制器；4—压力信号；5—安全阀；6—液位信号器；7—气压水罐；8—阀门；9—排气阀；10—补气装置

6. 分区给水方式

分区给水方式一般适用于高层建筑，高层建筑内所需的水压比较大，而一般卫生器具给水配件承受的最大工作压力是 0.6MPa，因此，高层建筑宜采用竖向分区供水方式，以避免用水器具处产生过大的静水压力，造成管道及附件漏水和损坏、低层出流量大，产生噪声等现象。

图 2-8 所示为分区给水方式，室外给水管网水压线以下的楼层为低区，由室外给水管网直接供水，高区或上面几个区由水泵和水箱联合供水。给水系统竖向分区压力值主要取决于材料设备的承压能力、建筑物的使用要求和维修管理能力等因素。

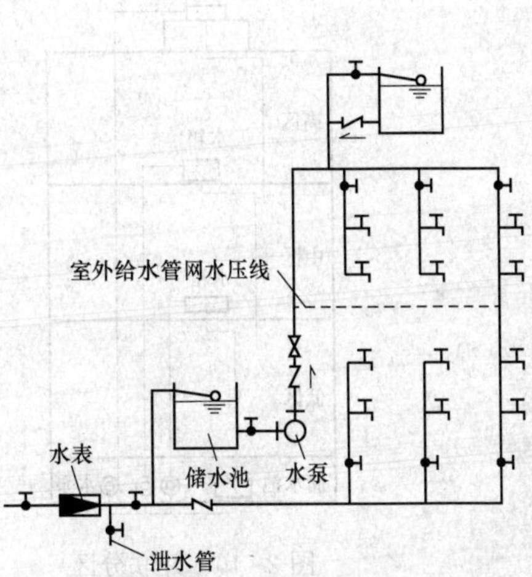

图 2-8 分区给水方式

分区给水方式有串联分区、并联分区和减压分区。高度不超过 100m 的建筑，宜采用垂直分区并联给水或减压分区给水方式；高度超过 100m 的建筑，宜采用垂直串联给水方式。

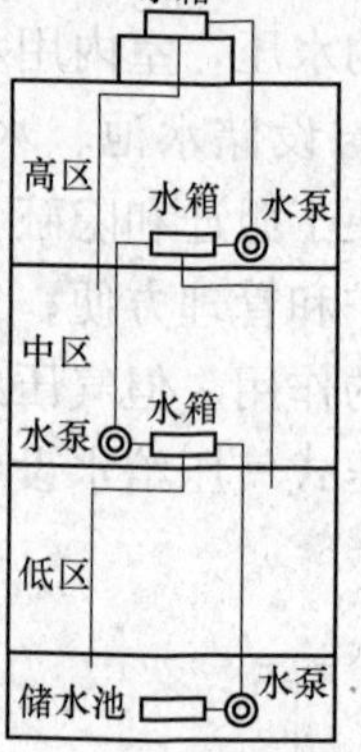

图 2-9　串联分区

（1）串联分区给水方式。在串联分区给水方式中，各区都设有水泵和水箱，每区的水泵从水箱中抽水送到上一区的水箱中，再由水箱向各层供水，如图 2-9 所示。水泵和水箱设置在设备层里。串联分区给水方式的优点是：各区的水泵扬程和流量稳定；按照实际需要来设计，所以水泵的工作效率较高，能耗较低，管道的总需求量较少，节约投资。其缺点是：设备层（技术层）的要求高；每区都有水泵、水箱，水泵噪声大，水箱要考虑防漏水；水泵分散设置，不便于集中管理；下层水箱容积大，结构负荷大；造价高；工作不可靠，上区用水受下区限制。

（2）并联分区给水方式。在并联分区给水方式中，分区设置水箱和水泵，如图 2-10 所示。并联分区给水方式的优点是：水箱设置在各区的顶部，水泵则集中设置在底层或地下室中，便于集中管理和维护；各区为独立系统，各自运行，互不影响，供水比较安全可靠，能源消耗相对比较少。其缺点是：管材消耗较多，水箱占用建筑物上层使用面积；高区水泵和管道系统的承压能力要求比较高。

（3）减压分区给水方式。减压分区给水方式有水箱减压分区给水方式和减压阀减压分区给水方式。建筑用水由设在底层的水泵一次提升至屋顶水箱，再通过各区减压装置如减压水箱、减压阀等，依次向下供水，如图 2-11 所示。其共同的优点是：水泵数量少，占地少，且集中设置便于维修、管理；设备和管道系统简单，节约投资。其共同的缺点是：各区用水均需提升至屋顶水箱，不但水箱容积大，而且对建筑结构和抗震不利，下区供水压力损失较大，水泵能源消耗较大；供水不够安全，水泵或屋顶水箱输水管、出水管的局部故障都将影响各区供水。设计时，生活给水系统可采用可调式减压阀，消防系统可采用比例式减压阀。

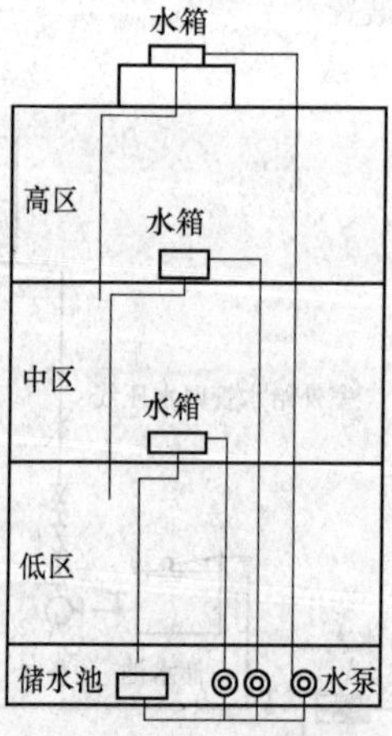

图 2-10　并联分区

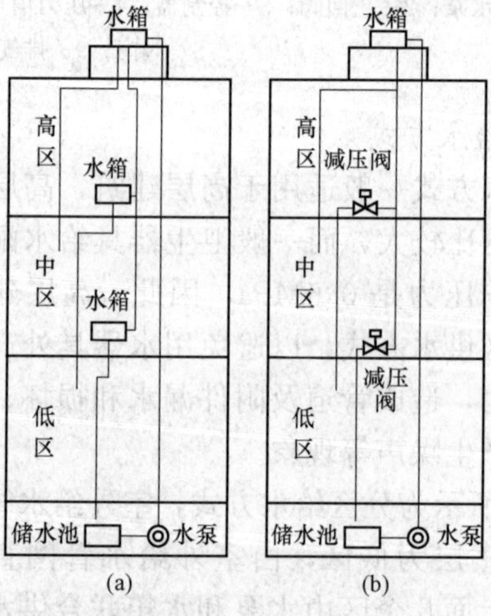

图 2-11　减压分区给水方式

（a）水箱减压分区；（b）减压阀减压分区

7. 分质给水方式

分质给水方式即根据不同用途所需的不同水质分别设置独立的给水系统，如图2-12所示。饮用水给水系统提供饮用、烹饪等生活用水，其水质符合《生活饮用水卫生标准》(GB 5749—2006) 的要求。杂用水给水系统所供水的水质较差，仅符合《城市污水再生利用　城市杂用水水质》(GB/T 18920—2002) 的要求，只能用于冲洗便器、绿化、洗车、扫除等。近年来为确保水质，有些国家还采用了饮用水与盥洗、沐浴等生活用水分设两个独立管网的分质给水方式：生活用水先进入屋顶水箱，空气隔断后，再经管网供给各用水点，以防回流污染；饮用水则根据需要，经深度处理达到直接饮用要求后，再行输配。

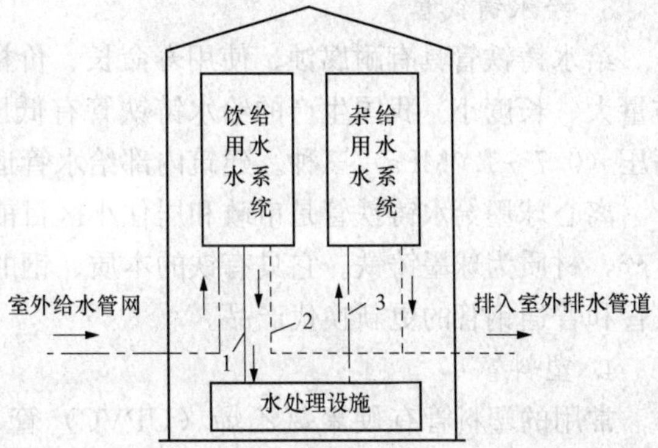

图2-12　分质给水方式

1—生活废水；2—生活污水；3—杂用水

第三节　给水管材、附件和水表

给水系统是由管道、管件、附件及设备仪表共同连接而成的，管材、附件和设备仪表的选用对工程质量、工程造价和使用安全都会产生直接的影响。因此，要熟悉各种管材，正确选用各种附件和设备仪表，以达到适用、经济、安全和美观的目的。

一、给水管材的种类

根据制造工艺和材质的不同，管材有很多种。按材质的不同，管材可分为黑色金属管（钢管、铸铁管），有色金属管（铜管、铝管），非金属管（混凝土管、钢筋混凝土管、塑料管），复合管（钢塑管、铝塑管）等。下面重点介绍建筑给水中所用的主要管材品种。

1. 钢管

钢管按制造方法可分为焊接钢管和无缝钢管两种。

焊接钢管又称为有缝钢管，按表面处理的不同可分为普通焊接钢管（黑铁管）和镀锌焊接钢管（白铁管）。其中，镀锌焊接钢管强度高、抗震性能好，曾是我国生活饮用水给水系统采用的主要管材，但因其内壁易生锈、结垢，滋生细菌、微生物等有害杂质，造成自来水在输送途中被二次污染，故我国从2000年6月1日起在城镇新建住宅生活给水系统中禁用镀锌焊接钢管。目前，镀锌焊接钢管主要用于煤气管道、消防给水管道、卫生器具排水支管及生产设备的非腐蚀排水支管。

无缝钢管强度大，品种和规格较多，广泛用于压力较高的工业管道工程。在民用安装工程中，无缝钢管一般用于供热主干管道和煤气主干管道等，给水排水工程使用较少。

2. 铜管

铜管是指用工业纯铜经拉制、挤制或轧制成型的无缝有色金属管，又称紫铜管。铜管耐高温、延展性好、承压能力强、化学性质稳定、线性膨胀系数小且光亮美观，是很好的给水管材。由于铜管管材价格较高，因此多用于宾馆、酒店等较高级的建筑之中。

3. 给水铸铁管

给水铸铁管具有耐腐蚀、使用寿命长、价格低等优点，适于埋地敷设。其缺点是性脆、质量大、长度小。我国生产的给水铸铁管有低压（0～0.5MPa）、普压（0.5～0.7MPa）和高压（0.7～1.0MPa）三种。建筑内部给水管道一般采用普压给水铸铁管。

离心球墨给水铸铁管是市政和居住小区目前常采用的新型给水管材，其用离心铸造工艺生产，材质为球墨铸铁。它具有铁的本质、钢的性能，强度高，韧性好，耐腐蚀，是传统铸铁管和普通钢管的更新换代产品。

4. 塑料管

常用的塑料管有硬聚氯乙烯（UPVC）管、高密度聚乙烯（HDPE）管、交联聚乙烯（PE-X）管、无规共聚聚丙烯（PP-R）管、聚丁烯（PB）管、丙烯腈-丁二烯-苯乙烯（ABS）管等。它们的化学性能稳定，耐腐蚀；管壁光滑，水头损失小；质量轻，容易切制，加工安装方便，还可制造成各种颜色。但其强度较低，膨胀系数较大，易受温度影响。塑料管的性能见表2-1。

表2-1　塑料管的性能

品种	优点	缺点
UPVC	耐腐蚀，易于粘合，价廉，质地坚硬	高温下有添加剂渗出，我国现已不再用于给水系统，在排水系统中使用较多
HDPE	耐腐蚀，韧性好，质量轻，可挠性和抗冲性能好	耐热性和抗蠕变能力较差，机械连接件大
PE-X	低温韧性好，耐高温，抗蠕变性能好	没有热塑性能，不能热熔连接，只能采用金属管件机械连接，长期使用易发生漏水，不能回收重复利用
PP-R	耐腐蚀，耐高温，强度高，安装方便可靠，使用寿命长，是目前采用较多的给水管材。属绿色建材，可用于纯净饮用水管道系统。在规定的长期连接工作压力下，管道输送的水温可达到95℃。采用热熔连接，安装方便可靠，并可通过优质铜嵌件与金属管及用水器连接	耐低温冲击性能差
PB	耐温性能好，耐冲击，低蠕变，高柔韧性	原材料价格高
ABS	强度大，耐冲击	耐紫外线差，粘接固化时间较长

5. 复合管

（1）钢塑复合管。在钢管内壁或外壁或内外壁衬（涂）一定厚度的塑料层复合而成的管材，包括衬塑复合钢管、涂塑复合钢管和外覆塑复合钢管。钢塑复合管兼备了金属管材的强度高、耐高压、能承受较强的外来冲击力和塑料管材的耐腐蚀、不结垢、导热系数低、流体阻力小等优点，因此用途非常广泛，适用于石油和天然气输送管、饮水管、排水管等各种领域；但需在工厂预制，不宜在施工现场切割。

（2）铝塑复合管。铝塑复合管以焊接铝管为中间层，内外层均为聚乙烯塑料、耐热聚乙烯或交联聚乙烯塑料，采用热熔胶，通过挤塑成型方法复合成一体的管材。该管材的优点是：质量轻，耐热、耐压强度好，耐腐蚀性能强，输送流体阻力小，接口少，安装方便等；广泛用于民用建筑室内冷热水、空调水、供热及室内煤气、天然气管道系统。

二、给水管材的规格

无缝钢管、铜管、不锈钢管及其管件的规格通常用符号“D”或“ϕ”表示外径，其后附外径尺寸和壁厚。例如，外径为 108mm 的无缝钢管，壁厚为 5mm，用 $D108\times5$ 或 $\phi108\times5$ 表示。

焊接钢管、铸铁管及其管件的规格通常用符号“DN”表示其公称直径，如 DN15、DN25 等。公称直径是一种标准化直径，又叫名义直径，它既不是内径，也不是外径。

钢筋混凝土管、陶土管、耐酸陶瓷管、缸瓦管的管径以内径 d 表示。

塑料管及其管件的规格通常用符号“D_e”表示外径，其后附外径尺寸和壁厚。例如，外径是 16mm、壁厚是 3mm 的 PB 管，表示为 $D_e16\times3$。在实际工程中常将壁厚省去，$D_e16\times3$ 也可表示为 D_e16。

三、给水管材的连接

1. 管材的常用连接方法

（1）螺纹连接。螺纹连接也称丝扣连接，是利用配件进行连接。管道配件是指在管道系统中起连接、变径、转向、分支等作用的零件，又称管件。连接配件的形式及其应用如图 2-13 所示。配件用可锻铸铁制成，其抗蚀性及机械强度均较大，分镀锌和不镀锌两种，选用时管件应与管材一致。螺纹连接多用于明装管道。

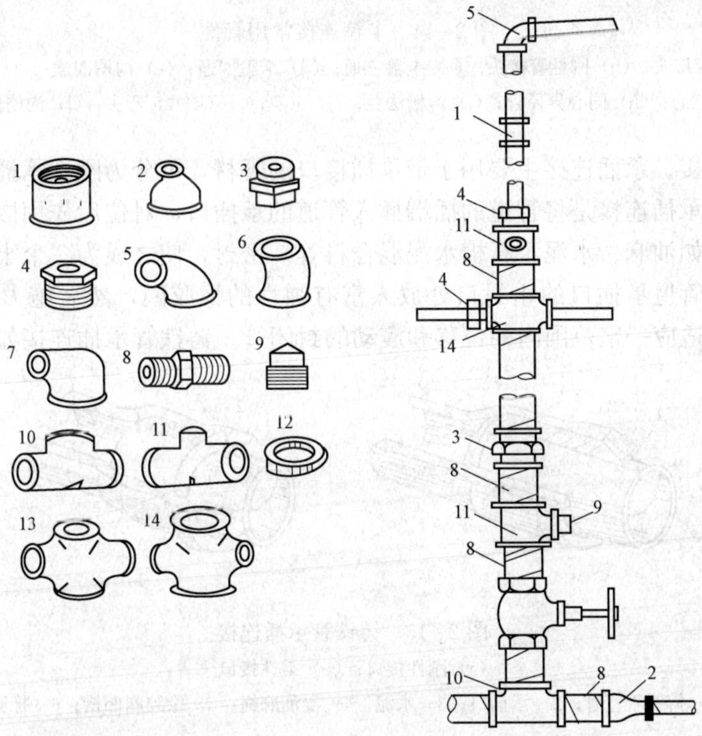

图 2-13　钢管螺纹连接配件及连接方法

1—管箍；2—异径管箍；3—活接头；4—补心；5—90°弯头；6—45°弯头；7—异径弯头；8—外丝；9—堵头；10—等径三通；11—异径三通；12—根母；13—等径四通；14—异径四通

（2）焊接。焊接后的管道接头紧密、不漏水，施工迅速，不需要配件，但无法像螺纹连接那样方便拆卸。焊接只能用于非镀锌钢管，因为镀锌钢管焊接时，锌层遭到破坏会加速锈蚀。焊接多用于暗装管道。

（3）法兰连接。一般在管径大于 DN50 的管道上，将法兰盘焊接或用螺纹连接在管端，再以螺栓固定。法兰连接的特点是拆卸方便、严密性好、强度高、耗材多、造价高，常用于闸阀、止回阀、水泵、水表等连接处，以及需要经常拆卸、检修的管段。

（4）卡箍连接。对于较大管径，用丝扣连接较困难且不允许焊接时，一般采用卡箍连接。连接时两管口端应平整无缝隙，沟槽应均匀，卡紧螺栓后，管道应平直，卡箍的安装方式应一致。卡箍连接常用管件如图 2-14 所示。

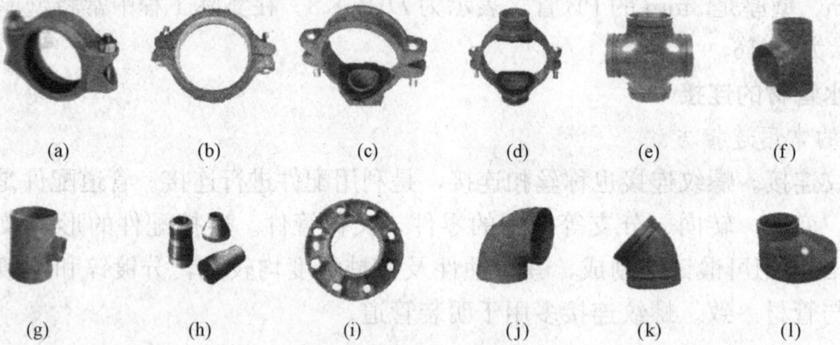

图 2-14　卡箍连接常用管件

（a）挠性管接头；（b）刚性管接头；（c）卡箍三通；（d）卡箍四通；（e）沟槽四通；（f）沟槽三通；（g）异径三通；（h）同心异径管；（i）沟槽法兰；（j）90°弯头；（k）45°弯头；（l）沟槽偏心异径管

（5）承插连接。承插连接主要用于带承插接口的管材，可分为刚性承插连接和柔性承插连接两种。刚性承插连接是将管道的插端插入管道的承插口，对位后先用嵌缝材料嵌缝，然后用密封材料（如油麻、水泥、石棉水泥混合料等）密封，使之成为一个牢固的封闭管。柔性承插连接是在管道承插口的止封口处放入富有弹性的橡胶圈，然后施力将管道的插端插入，形成一个能适应一定范围内的位移和震动的封闭管。铸铁管承插连接如图 2-15 所示。

图 2-15　铸铁管承插连接

（a）刚性接口；（b）柔性接口

1—铸铁管直管；2—承插口；3—水泥；4—浸油麻绳；5—橡胶圈凹槽；6—橡胶

2. 不同管材的连接方法

（1）钢管的连接方法有螺纹连接、焊接、法兰连接和卡箍连接。焊接钢管的连接，管径小于或等于 32mm，应采用螺纹连接；管径大于 32mm，应采用焊接。管径小于或等于 100mm 的镀锌钢管应采用螺纹连接，套丝扣时破坏的镀锌层表面及外露螺纹部分应做防腐处理；管径大于 100mm 的镀锌钢管应采用法兰或卡套式专用管件连接，镀锌钢管与法兰的焊接处应二次镀锌。无缝钢管管壁较薄一般不采用螺纹连接，而采用焊接。

(2) 铜管连接可采用专用接头或焊接，当管径小于 22mm 时宜采用承插或套管焊接，承插口应迎介质流向安装；当管径大于或等于 22mm 时宜采用对口焊接。

(3) 铸铁管由于焊接、套丝、煨弯等加工困难，因此它采用承插连接（水泥捻口或橡胶圈接口）及法兰连接两种形式。

(4) 给水塑料管和复合管可以采用螺纹连接（其配件为注塑制品）、承插连接（橡胶圈接口）、粘接接口、热熔连接、专用管件连接及法兰连接等形式。塑料管和复合管与金属管件、阀门等应使用专用管件连接，不得在塑料管上套丝。

四、管道附件

管道附件是给水管网系统中起调节水量、水压，控制水流方向和通断水流等各类装置的总称。管道附件可分为配水附件、控制附件和其他附件三类。

1. 配水附件

配水附件是指为各类卫生器具或受水器分配或调节水流的各式水龙头（或阀件）。其出水口应符合下列规定：出水口不得被任何液体或杂质所淹没；出水口高出承接用水容器溢流边缘的最小空气间隙，不得小于出水口直径的 2.5 倍。水龙头是“水嘴”的通俗称谓，是使用最为频繁的管道附件，其应满足节水、耐用、通断灵活、美观等要求。为节约用水，我国现推广使用陶瓷阀芯水龙头。如图 2-16 所示为各式水龙头。

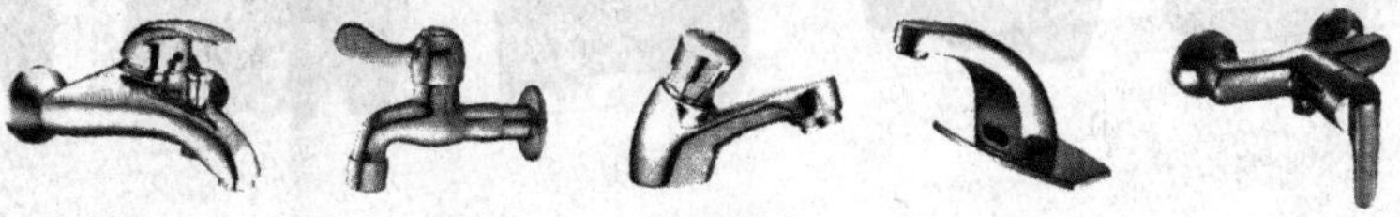

(a) (b) (c) (d) (e)

图 2-16 各式水龙头

(a) 抬启式；(b) 扳手式；(c) 延时自闭式；(d) 自动控制式；(e) 冷热混合式

(1) 延时自闭式水龙头。该水龙头主要用于酒店及商场等公共场所的洗手间，使用时将按钮下压，每次开启持续一定时间后，靠水的压力及弹簧的增压来自动关闭水流。

(2) 自动控制式水龙头。该水龙头根据光电效应、电容效应、电磁感应等原理自动控制自身的启闭，常用于建筑装饰标准较高的盥洗、淋浴、饮水等的水流控制。

(3) 冷热混合式水龙头。该水龙头通过控制冷水与热水流量来调节水温，作用相当于两个水龙头。冷热混合式水龙头一般安装在洗脸盆、浴盆等卫生器具上，使用时，手柄上下移动可控制流量，左右偏转可调节水温。

2. 控制附件

控制附件是指用于调节水量、水压，关断水流，控制水流方向和水位的各式阀门。控制附件应满足性能稳定、操作方便、便于自动控制、精度高等要求。

(1) 闸阀。闸阀是关闭件（闸板）由阀杆带动，沿阀座做升降运动的阀门，一般用于 DN≥70mm 的管道。闸阀具有流体阻力小、开闭所需外力较小、介质的流向不受限制等优点；但闸阀的外形尺寸和开启高度都较大，安装所需空间较大，水中有杂质落入阀座后，阀不能关闭严密，关闭过程中密封面间的相对摩擦容易引起擦伤现象。一般在水流阻力要求较小时采用闸阀，如图 2-17 (a) 所示。

图 2-17　常见控制附件

（a）闸阀；（b）截止阀；（c）蝶阀；（d）止回阀；（e）浮球阀；（f）比例式减压阀；
（g）可调式减压阀；（h）安全阀；（i）球阀；（j）多功能阀；（k）泄压阀；（l）紧急关闭阀

（2）截止阀。截止阀是关闭件（阀瓣）由阀杆带动，沿阀座轴线做升降运动的阀门，一般用于 DN≤200mm 的管道。截止阀具有开启高度小、关闭严密、在开闭过程中密封面的摩擦力比闸阀小、耐磨等优点；但截止阀的水头损失较大，开闭力矩较大，结构长度较长。当需要调节流量、水压时，宜采用截止阀，如图 2-17（b）所示。

（3）蝶阀。蝶阀是启闭件（蝶板）绕固定轴旋转的阀门，如图 2-17（c）所示。蝶阀具有操作力矩小、开闭时间短、安装空间小、质量轻等优点；其主要缺点是蝶板占据一定的过水断面，增大水头损失，且易挂积杂物和纤维。

（4）止回阀。止回阀是启闭件（阀瓣或阀芯）依靠介质作用力自动阻止介质逆流的阀门，如图 2-17（d）所示。在水流停止流动时，阀瓣或阀芯应能在重力或弹簧力的作用下自行关闭。止回阀应能在管网最小压力或水箱最低水位时自动开启。该阀一般安装在直接从城镇给水管网接入小区或建筑物的引入管、密闭的水加热器或用水设备的进水管、水泵出水管、进出水管合用一条管道的水箱（塔、池）的出水管段上。

（5）浮球阀。该阀广泛用于水箱、水池、水塔的进水管路中，通过浮球的调节作用来维持水位，如图 2-17（e）所示。当充水到既定水位时，浮球随水位浮起，关闭进水口，防止流溢；当水位下降时，浮球下落，进水口开启。为保障进水的可靠性，一般采用两个浮球阀并联安装，在浮球阀前应安装检修用的阀门。

(6) 减压阀。当给水管网的压力高于配水点允许的最高使用压力时，应设置减压阀，如图 2-17 (f)、(g) 所示。给水系统中常用的减压阀有比例式减压阀和可调式减压阀两种，比例式减压阀用于阀后压力允许波动的场合，应垂直安装，减压比不宜大于 3∶1；可调式减压阀用于阀后压力要求稳定的场合，应水平安装，阀前与阀后的最大压差不宜大于 0.4MPa。当在供水保证率要求高、停水会引起重大经济损失的给水管道上设置减压阀时，宜采用两个减压阀，并联设置，不得设置旁通管。

(7) 安全阀。该阀可以防止系统内部压力超过预定的安全值，如图 2-17 (h) 所示。它不需要借助任何外力，利用介质本身的力量即可排出额定数量的流体；当压力恢复正常时，阀门再行关闭并阻止介质继续流出。安全阀的泄流量很小，主要用于释放压力容器因超温引起的超压。

(8) 球阀。球阀是启闭件（球体）绕垂直于通路的轴线旋转的阀门，如图 2-17 (i) 所示。其在管路中切断、分配和改变介质的流动方向，适用于安装空间小的场所。球阀具有连体阻力小、结构简单、体积小、质量轻、开闭迅速等优点，但容易产生水击。

(9) 多功能阀。该阀兼有电动阀、止回阀和水锤消除器的功能，一般装在口径较大水泵的出水管路的水平管段上，如图 2-17 (j) 所示。

(10) 泄压阀。该阀与水泵配套使用，主要安装在供水系统的泄水旁路上，可保证供水系统的水压不超过设定值，确保供水管路、阀门及其他设备的安全。当给水管网存在短时超压情况，且短时超压会引起使用不安全时，应设置泄水阀，如图 2-17 (k) 所示。泄压阀的泄流量大，应连接管道排入非生活用水水池；若直接排放，可排入集水井或排水沟。

(11) 紧急关闭阀。该阀用于居住小区中消防用水与生活用水并联的供水系统中，如图 2-17 (l) 所示。当消防用水时，阀门自动紧急关闭，切断生活用水，保证消防用水；当消防用水结束时，阀门自动打开，恢复生活供水。

3. 其他附件

在给水系统中经常需要安装一些保障系统正常运行、延长设备使用寿命和改善系统工作性能的附件，如管道过滤器、倒流防止器、水锤消除器、排气阀、可曲挠橡胶接头等，如图 2-18 所示。

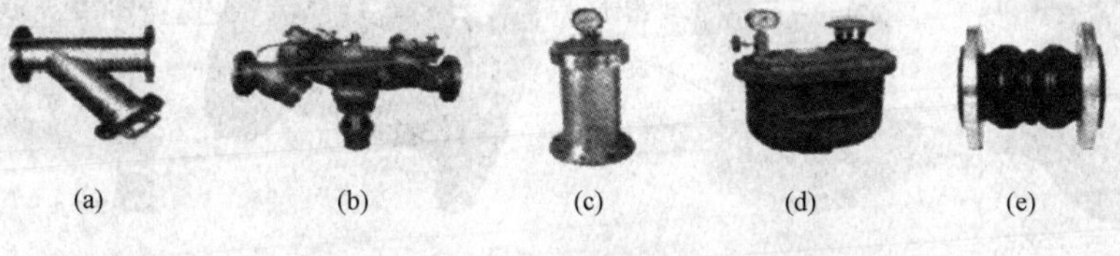

图 2-18 给水系统常用的其他附件

(a) 管道过滤器；(b) 倒流防止器；(c) 水锤消除器；(d) 排气阀；(e) 可曲挠橡胶接头

(1) 管道过滤器。管道过滤器安装在水泵吸水管、水加热器进水管、换热装置的循环冷却水进水管上，以及进水总表、住宅进户水表、减压阀、自动水位控制阀、温度调节阀等仪表、阀件前，用于除去液体中少量固体颗粒，可以使设备免受杂质的冲刷、磨损、淤积和堵塞，保证设备正常运行。

(2) 倒流防止器。倒流防止器由进口止回阀、自动泄水阀和出口止回阀组成。阀前水压不小于0.12MPa才能保证水正常流动。当管道出现倒流防止器出口端压力高于进口端压力时，只要止回阀无渗漏，自动泄水阀就不会打开泄水，管道中的水也不会出现倒流；当两个止回阀中有一个发生渗漏时，自动泄水阀就会泄水，防止倒流的产生。

（3）水锤消除器。水锤消除器用于在高层建筑物内消除因阀门或水泵快速开、闭所引起的管路中压力骤然升高的水锤危害，即减少水锤压力对管路及设备的破坏。水锤消除器可安装在水平、垂直甚至倾斜的管路中。

（4）排气阀。排气阀用来排除积聚在管中的空气，以提高管线的使用效率。自动排气阀一般设置在间歇性使用的给水管网末端和最高点、自动补气式气压给水系统配水管网的最高点、给水管网有明显起伏且可能积聚空气的管段的峰点。

（5）可曲挠橡胶接头。可曲挠橡胶接头由织物增强的橡胶件与活接头或金属法兰组成。其作用是隔振和降噪吸声，以及便于附件的安装和拆卸。住宅建筑的每户给水支管宜装设一个家用可曲挠橡胶接头，以克服因静水压力过高、水流速度过大而引起管道接近共振所产生的颤动和噪声。在减压阀前或后宜装设可曲挠橡胶接头，以利于减压阀的安装和拆卸。

五、水表

水表是一种计量用户用水量的仪表。其计量用水量的原理是当管径一定时，通过水表的流量与水流速度成正比。建筑物的引入管、住宅的入户管及公用建筑物内需计量水量的水管上均应设置水表。水表应装设在观察方便、不冻结、不被任何液体及杂质淹没和不易受损坏的地方。水表不能单独安装，水表前、后及旁通管上应分别装设检修阀门。在水表的供水方向上有时还应装设止回阀，在水表及其后阀门之间应装设泄水装置。

1. 水表的类型

建筑给水系统中广泛应用的是流速式水表。按叶轮构造的不同，流速式水表可分为旋翼式水表和螺翼式水表，如图2-19所示。旋翼式水表的叶轮轴与水流方向垂直，水流阻力大，计量范围小，多为小口径水表，宜用于测量较小水流的水量。螺翼式水表的叶轮轴与水流方向平行，水流阻力小，多为大口径水表，宜用于测量较大水流的水量。

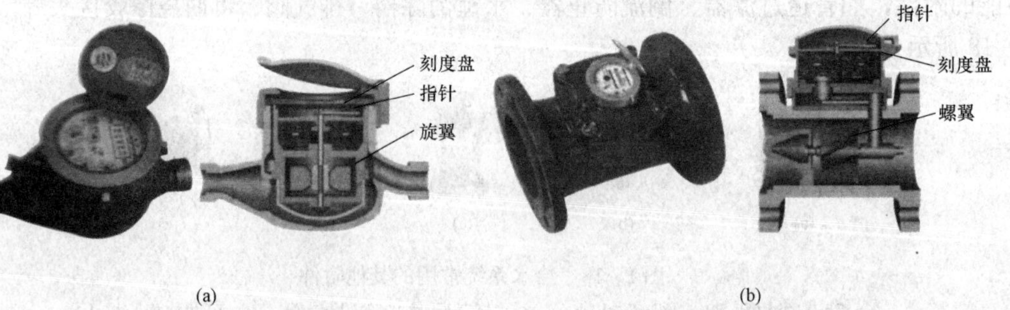

图2-19 流速式水表

（a）旋翼式水表；（b）螺翼式水表

按计数机件所处状态的不同，流速式水表又可分为湿式水表和干式水表。湿式水表的计数器浸没于水中，在刻度盘上装有一块厚玻璃（或钢化玻璃）用以承受水压。湿式水表具有机构简单、计量较准确、不易漏水等优点；但如果水质浊度高，将降低水表精度，产生磨损而缩短水表寿命。因此，湿式水表宜用在水中不含杂质的管道上。干式水表的计数机件用金属圆盘与水隔开，其构造相对复杂些。确定水表类型时，应当考虑的因素有水温、工作压力、水量大小及其变化幅度、计量范围、管径、工作时间、单向或正逆向流动、水质等。当管径 DN≤50mm 时，应采用旋翼式水表；当管径 DN＞50mm 时，应采用螺翼式水表；当流量变化幅度很大时，应采用复式水表（复式水表是旋翼式和螺翼式的组合形式）。

此外，水表按水流方向的不同，还可分为立式水表和水平式水表；按适用介质温度的不同，可分为冷水表和热水表。随着现代技术的发展，出现了许多新型水表，如远传式水表、IC 卡智能水表等。

2. 远传式水表和 IC 智能水表

远传式水表与普通水表相比增加了一套信号发送系统，分户远传水表仍安装在户内，如图 2-20 所示。各户信号线路均接至楼宇的流量集中积算仪上，各户使用的水量均显示在流量集中积算仪上，并累计流量。自动抄表系统可免去逐户抄表，节省了大量的人力、物力，且大大提高了计量水量的准确性。

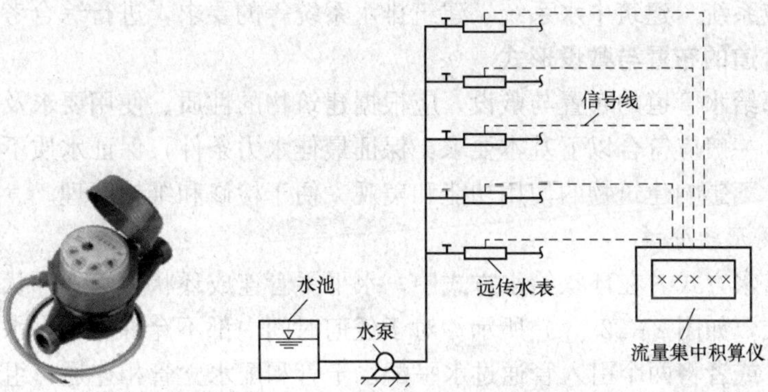

图 2-20 远传式水表

图 2-21 所示为 IC 卡智能水表，由流量传感器、电控板和电磁阀三部分组成，以 IC 卡为载体传递数据。用户把预购的水量数据存于表中，系统按预定的程序自动从用户费用中扣除水费，并显示剩余水量、累计用水量等。当剩余水量为零时，自动关闭电磁阀，停止供水。这种水表的特点和优越性是将传统的先用水、后交费的用水方式改变为先预付水费、后限额用水的方式，使供水部门可提前收回资金、减少拖欠水费的损失；将传统的人工进户抄表、结算水费的方式改变为自动计费、主动交费的方式，减轻了供水部门工作人员的劳动强度，提高了工作效率；用户无须接待抄表人员，减少计量纠纷，还能提示人们节约用水，保护和利用好水资源。

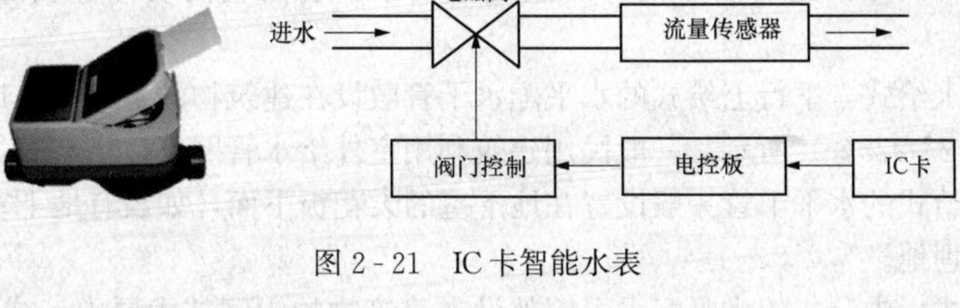

图 2-21 IC 卡智能水表

3. 水表的性能参数

（1）流通能力。指水流通过水表产生 10kPa 水头损失时的流量值。

（2）特性流量。指水流通过水表产生 100kPa 水头损失时的流量值，此值为水表特性指标。

（3）最大流量。指只允许水表在短时间内承受的上限流量值。

（4）额定流量。指水表可以长时间正常运转的上限流量值。

（5）最小流量。指水表能够开始准确指示的流量值，是水表正常运转的下限值。

（6）灵敏度。指水表能够开始连续指示的流量。

第四节　室内给水管道的布置与敷设

在进行给水管道的布置与敷设时，必须深入了解该建筑物的结构设计情况、使用功能，以及其他建筑设备（电气、供热、空调、通风、燃气、通信等）的设计方案，兼顾消防给水系统、热水供应系统、建筑中水系统、建筑排水系统等的要求，进行综合考虑。

一、给水管道的布置与敷设形式

建筑物内部给水管道的布置与敷设，应根据建筑物的性质、使用要求及用水设备的位置等因素来确定，一般应符合以下基本要求：保证最佳水力条件，保证水质不被污染、安全供水和方便使用，不影响建筑物的使用功能和美观，便于检修和维护管理。

1. 根据管网形状分类

（1）环状给水方式。在环状给水方式中，水平干管连成环状为水平环状式，立管连成环状为垂直环状式，如图 2-22（a）所示。对于任何时间内都不允许间断供水的建筑和设备应采用环状管网，或者将两个引入管通过水平配水干管和配水立管相连通，组成贯通环状，双向供水，以确保某段管道出现问题时仍能正常供水。一般大型公共建筑、高层建筑及有特殊要求的设备，多采用环状管网。消防管网均采用环状管网。

（2）枝状给水方式。枝状给水方式是单向给水，干管和立管没有连成环状，如图 2-22（b）、（c）所示。因此当某段管道出现事故时，后面的系统无法正常供水。但枝状管网节省管材、造价低，所以对短时间断供水影响不大的建筑，可采用枝状管网，如一般普通住宅建筑，其内部给水管网多采用枝状管网。

2. 根据水平干管的敷设位置分类

（1）上行下给式。上行下给式的水平配水干管敷设在建筑物的上部，一般设在房室吊顶内、顶层天花板下，自上向下供水，如图 2-22（b）所示。当采用屋顶水箱给水方式或下行布置有困难时，采用这种方式。上行下给式的缺点是，因水平配水干管的管径较大，且设置在上方，故维修困难，施工要求高，一旦发生漏水，墙面室内装修都会受到破坏，影响较大。

（2）下行上给式。下行上给式的水平配水干管敷设在建筑物的下部，通过下面的干管向上供水，如图 2-22（c）所示。一般民用建筑利用室外给水管网直接供水时，大都采用这种方式。下行上给式的水平干管一般设置在地下室的天花板下面，如没有地下室，可以设置在地沟里或直接埋地。

（3）中分式。中分式的水平配水干管敷设在建筑物的中间技术层内，或某层的吊顶内，向上、下两个方向供水。该方式适用于屋顶有其他用途的建筑，如露天茶座、舞厅等，或有中间技术层的建筑。中分式的管道布置在中间技术层内，便于安装、维修，但需要增加中间技术层的层高。

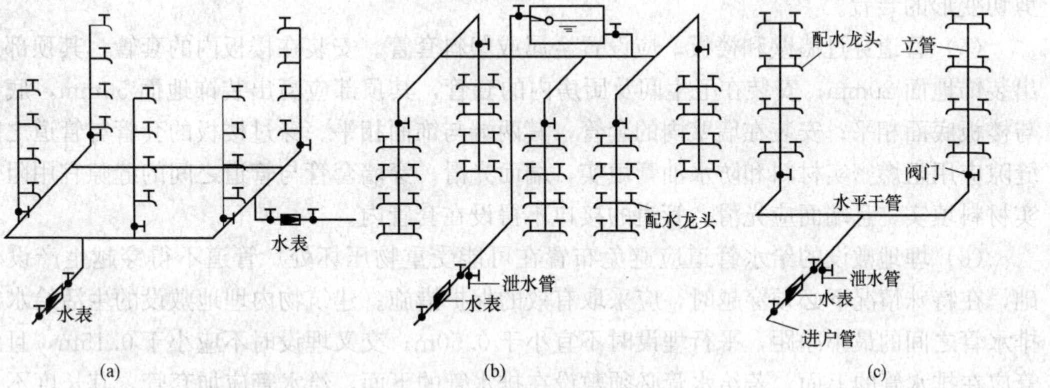

图 2-22 给水管道的布置与敷设形式

(a) 环状供水；(b) 上行下给式；(c) 下行上给式

3. 根据管道是否隐蔽分类

(1) 明装。明装是指管道沿墙、梁、柱或沿天花板下等处暴露安装。明装管道造价低，安装、维修管理方便；但是管道表面容易积灰、结露等，影响环境卫生和房间美观。一般民用建筑、生产车间及建筑标准不高的公共建筑等可采用明装，如普通民用住宅、办公楼、教学楼等。

(2) 暗装。暗装是指管道隐蔽敷设。管道敷设在管沟、管槽、管井、专用的设备层内，或敷设在地下室的顶板下、房间的吊顶中。暗装管道卫生条件好、房间美观；但是造价高，施工要求高，一旦发生问题，维修管理不便。暗装适用于建筑标准比较高的宾馆、高层建筑，以及生产工艺对室内洁净无尘要求比较高的情况，如电子元件车间，特殊药品、食品生产车间等。

无论是明装还是暗装，都应避免管道穿越梁、柱，更不能在梁或柱上凿孔。给水水平干管宜敷设在地下室的技术层、吊顶或管沟内；立管和支管可设在管道井或管槽内。暗装在顶棚或管槽内的管道应在阀门处留有检修门。为了便于管道的安装和检修，管沟内的管道应尽量作单层布置。当采取双层或多层布置时，一般将管径较小、阀门较多的管道放在上层。管沟应有与管道相同的坡度和防水、排水设施。

二、给水管道布置与敷设的一般规定

(1) 给水管道与其他管道和建筑结构的最小净距应满足安装操作需要，且不宜小于0.3m。室内冷、热水管上、下平行敷设时，冷水管应在热水管下方。卫生器具的冷水连接管，应在热水连接管的右侧。生活给水管道不宜与输送易燃、可燃或有害的液体或气体的管道同管廊（沟）敷设。

(2) 室内给水管道不应穿越变配电房、电梯机房、通信机房、大中型计算机房、计算机网络中心、音像库房等遇水会损坏设备和引发事故的房间，并应避免在生产设备、配电柜上方通过。室内给水管道的布置，不得妨碍生产操作、交通运输和建筑物的使用。室内给水管道不得布置在遇水会引起燃烧、爆炸的原料、产品和设备的上面。

（3）给水管道不得敷设在烟道、风道、电梯井内、排水沟内。给水管道不宜穿越橱窗、壁柜。给水管道不得穿过大便槽和小便槽，且立管离大、小便槽端部不得小于0.5m。

（4）给水管道不宜穿越伸缩缝、沉降缝、变形缝。如必须穿越，应设置补偿管道伸缩和剪切变形的装置。

（5）管道穿过墙壁和楼板，应设置金属或塑料套管。安装在楼板内的套管，其顶部应高出装饰地面20mm；安装在卫生间及厨房内的套管，其顶部应高出装饰地面50mm，底部应与楼板底面相平；安装在墙壁内的套管，其两端与饰面相平。穿过楼板的套管与管道之间的缝隙应用阻燃密实材料和防水油膏填实，端面光滑。穿墙套管与管道之间的缝隙宜用阻燃密实材料填实，且端面应光滑。管道的接口不得设在套管内。

（6）埋地敷设的给水管道应避免布置在可能受重物压坏处。管道不得穿越生产设备基础，在特殊情况下必须穿越时，应采取有效的保护措施。建筑物内埋地敷设的生活给水管与排水管之间的最小净距，平行埋设时不宜小于0.50m；交叉埋设时不应小于0.15m，且给水管应在排水管的上面。若给水管必须敷设在排水管的下面，给水管应加套管，其长度不小于排水管管径的3倍。

（7）塑料给水管道在室内宜暗装。明装时立管应布置在不易受撞击处，如不能避免，应在管外加保护措施。塑料给水管道不得布置在灶台上边缘；明装的塑料给水立管距灶台边缘不得小于0.4m，距燃气热水器边缘不宜小于0.2m。达不到此要求时，应有保护措施。塑料给水管道不得与水加热器或热水炉直接连接，应有不小于0.4m的金属管段过渡。

（8）给水管道暗设时，应符合下列要求：不得直接敷设在建筑物结构层内；干管和立管应敷设在吊顶、管井、管窿内，支管宜敷设在楼（地）面的垫层内或沿墙敷设在管槽内；敷设在垫层或墙体管槽内的给水支管的外径不宜大于25mm；敷设在垫层或墙体管槽内的给水管管材宜采用塑料、金属与塑料复合管材或耐腐蚀的金属管材；敷设在垫层或墙体管槽内的管材，不得有卡套式或卡环式接口，柔性管材宜采用分水器向各卫生器具配水，中途不得有连接配件，两端接口应明露。

（9）给水管道穿越下列部位或接管时，应设置防水套管：穿越地下室或地下构筑物的外墙处；穿越屋面处（有可靠的防水措施时，可不设套管）；穿越钢筋混凝土水池（箱）的壁板或底板连接管道时。对有严格防水要求的建筑物，必须采用柔性防水套管。

（10）在室外明装的给水管道，应避免受阳光直接照射，在结冻地区应做保温层，保温层的外壳应密封防渗。明设的给水立管穿越楼板时，应采取防水措施。

（11）需要泄空的给水管道，其横管宜设有0.002～0.005的坡度坡向泄水装置。

（12）室内给水管道上的各种阀门，宜装设在便于检修和便于操作的位置。

（13）管道及管道支墩（座），严禁铺设在冻土和未经处理的松土上。

（14）给水管道应避免穿越人防地下室，必须穿越时应按《人民防空地下室设计规范》（GB 50038—2005）的要求设置防护阀门等措施。

三、室内给水管道的布置与敷设

室内给水管道安装的一般程序是：安装准备—预留孔洞—预制加工—引入管安装—干管安装—立管安装—支管安装—管道试压—管道防护—管道冲洗消毒。安装的原则为：先地下后地上，先大管后小管，先主管后支管。管道安装时若遇到管道交叉，应按照小管让大管，支管让主管，给水管让排水管，冷水管让热水管，阀件少的管道让阀件多的管道。

1. 引入管

给水管道穿越建筑物基础有两种情况：一种是从建筑物的浅基础下通过；另外一种是穿过承重墙或基础，其敷设方法分别如图 2-23（a）和（b）所示，这两种情况都必须保证引入管不因建筑物沉降而受破坏，为此在管道穿过基础墙壁部分需要预留孔洞或预埋钢套管。预留孔洞的尺寸或钢套管的直径应比引入管直径大 100～200mm，引入管管顶距预留孔洞顶或钢套管顶应大于 100mm。预留孔洞与管道间的空隙应用黏土填实，两端用 1∶2 水泥砂浆封口；预留套管，砌分压拱或设置过梁的措施，套管与管道间的空隙用阻燃密实材料填实且端面光滑。在地下水位高的地区，引入管穿过地下室外墙或基础时，应采取防水措施。室外埋地引入管的覆土深度，应根据土壤冰冻深度、车辆荷载、管道材质及管道交叉等因素确定，管顶最小覆土深度不得小于土壤冰冻线以下 0.15m，行车道下的管线覆土深度不宜小于 0.70m。建筑内埋地管无活荷载和冰冻影响时，其管顶离地面不宜小于 0.3m。每条引入管上均应设水表和阀门，必要时还要有泄水装置。引入管应有不小于 0.003 的坡度，坡向室外给水管网或阀门井、水表井，以便检修时排放存水。给水引入管与排水排出管的水平净距不小于 1.0m。

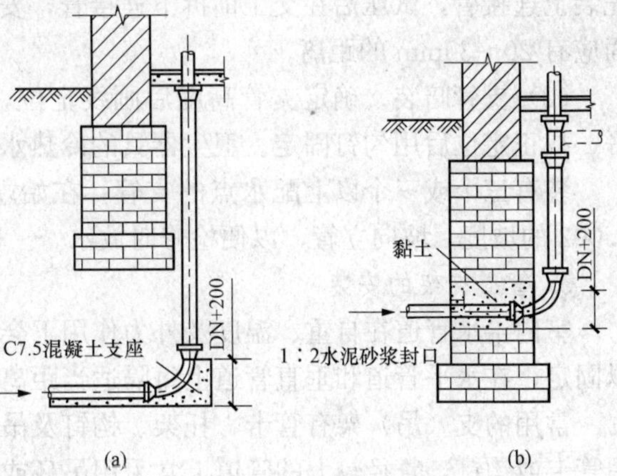

图 2-23 引入管进入建筑物

(a) 从浅基础下通过；(b) 穿过承重墙或基础

2. 干管

安装干管时，首先应按照设计要求确定管道位置、标高、管径、坡度等。管道应在预制后、安装前按设计要求做好防腐处理，检查并贯通各预留孔洞，总进水口端头应封闭堵严以备试压用。如进行埋地干管安装，需开挖管沟至设计要求。

把预制完的管道运输到安装部位并按编号依次排开，从进水方向依次安装。按施工图纸的坐标、标高找好管道位置和坡度，以及各预留管口的方向和中心线，将管段接口连接，找平、找直后，将管道固定，管道连接中应随时做好封堵。管道的拐弯和始端处应支承顶牢，防止连接时轴向移动。

3. 立管

（1）立管明装。每层每趟立管从上至下统一吊线安装卡件，高度一致；竖井内立管安装时其卡件宜设置型钢卡架，将预制好的立管按编号分层排开，顺序安装，对好调直时的印记。校核预留甩口的高度、方向是否正确。支管甩口处均应设临时丝堵。立管阀门安装朝向应便于操作和修理，安装完后用线坠吊直找正，配合土建堵好楼板洞。

（2）立管暗装。安装在腔内的立管应在结构施工中预留管槽。立管安装后吊直找正，校核预留甩口的高度、方向是否正确，确认无误后进行防腐处理并用卡件固定牢固。支管的甩口应明露并设临时丝堵。管道安装完毕应及时进行水压试验，试压合格后进行隐蔽工程检查，通过隐蔽工程验收后应配合土建填堵管槽。

(3) 立管管卡的安装。当层高小于或等于 5m 时，每层需安装一个管卡，距地面 1.5～1.8m；层高大于 5m 时，每层不少于两个管卡，应均匀安装。成排管道或同一房间的管卡和阀门安装高度应保持一致。给水立管在始端均应装设阀门和活接头。

4. 支管

(1) 支管明装。将预制好的支管从立管或横干管甩口依次逐段进行安装，有阀门应将阀门盖卸下再安装，根据管道长度设置临时固定卡，核定不同卫生器具的冷热水预留口高度、位置是否正确，找平、找正后栽支管卡，去掉临时固定卡，上好临时丝堵。支管如装有水表先装上连接管，试压后在交工前拆下连接管，安装水表。支管明装沿墙敷设时，管外壁距墙面应有 20～30mm 的距离。

(2) 支管暗装。确定支管高度后画线定位，剔出管槽，将预制好的支管敷在槽内，找平、找正定位后用勾钉固定。卫生器具的冷热水预留口要设在明处，并设丝堵。

装有三个或三个以上配水点的支管，在始端均应装设阀门和活接头。支管应有不小于 0.002 的坡度，坡向立管，以便检修时放水。

5. 管道支架的安装

室内给水管道在自重、温度及外力作用下会产生变形及位移，为此，须将管道的位置予以固定，在水平管道和垂直管道上每隔适当距离装设支（吊）架。

常用的支（吊）架有管卡、托架、钩钉及吊环等（见图 2-24）。管径较小的管道上常采用管卡或钩钉，管径较大的管道上常采用吊环或托架。

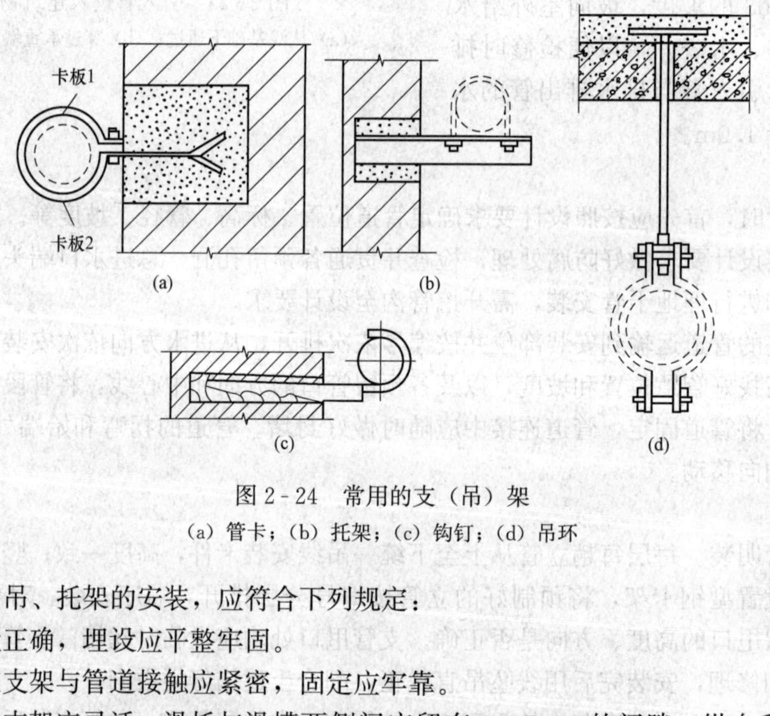

图 2-24 常用的支（吊）架

(a) 管卡；(b) 托架；(c) 钩钉；(d) 吊环

管道支、吊、托架的安装，应符合下列规定：

(1) 位置正确，埋设应平整牢固。

(2) 固定支架与管道接触应紧密，固定应牢靠。

(3) 滑动支架应灵活，滑托与滑槽两侧间应留有 3～5mm 的间隙，纵向移动量应符合设计要求。

(4) 无热伸长管道的吊架、吊杆应垂直安装。

(5) 有热伸长管道的吊架、吊杆应向热膨胀的反方向偏移。

(6) 固定在建筑结构上的管道支、吊架不得影响结构的安全。

钢管水平安装支架间距不应大于表 2-2 的规定。

表 2-2 钢管管道支架的最大间距

公称直径（mm）		15	20	25	32	40	50	70	80	100	125	150	200	250	300
支架的最大间距（m）	保温管	2	2.5	2.5	2.5	3	3	4	4	4.5	6	7	7	8	8.5
	不保温管	2.5	3	3.5	4	4.5	5	6	6	6.5	7	8	9.5	11	12

四、给水管道的防护、水压试验及冲洗消毒

1. 防腐

无论是明装的管道还是暗装的管道，除镀锌钢管、给水塑料管外，都必须做防腐处理。管道防腐最常用的是刷油法，具体做法是在管道表面除锈后，在外壁涂刷防腐涂料。管道外壁所做的防腐层数，应根据防腐要求确定。

2. 防冻

当管道及其配件布置在有可能结冻的房间、地下室及管井、管沟等处时，为了保证使用安全，应当采取保温措施。常用的保温措施有以下两种：一种是管道外包棉毡（岩棉、超细玻璃棉、玻璃纤维和矿渣棉毡）等做保温层，保温层外再包玻璃丝保护层；另一种是管道用保温瓦做保温层，外包玻璃丝布保护层，表面刷调和漆。保温瓦一般由泡沫混凝土、硅藻土、水泥蛭石、泡沫塑料、岩棉、超细玻璃棉、玻璃纤维、矿渣棉和水泥膨胀珍珠岩等制成。

3. 防结露

若房间（如厨房、洗衣房和某些生产车间等）的环境温度较高、空气湿度较大，或管道内的水温低于室内温度，则管道和设备表面可能会产生凝结水，这会引起管道和设备的腐蚀，因此必须采取防结露措施，其做法一般与保温措施相同。防结露保冷层的计算和构造，可按《设备及管道绝热技术通则》(GB/T 4272—2008) 执行。

4. 防漏

如果管道布置不当，或者是管材质量和敷设施工质量低劣，就可能造成管道漏水，这不仅浪费水量、影响正常供水，严重时还会损坏建筑，特别是湿陷性黄土地区，埋地管漏水将会造成土壤湿陷，影响建筑基础的稳固性。因此，避免将管道布置在易受外力损坏的位置，或采取必要且有效的保护措施，免其直接承受外力。在湿陷性黄土地区，可将埋地管道敷设在防水性能良好的检漏管沟内，一旦漏水，水可沿管沟排至检漏井内，便于及时发现和检修（管径较小的管道也可敷设在检漏套管内）。

5. 防振

若管道中的水流速度过大，则关闭水龙头、阀门时易出现水击现象，引起管道、附件的振动，这不仅会损坏管道、附件，造成漏水，还会产生噪声。为防止管道损坏和噪声污染，在设计时应控制管道的水流速度，尽量减少使用电磁阀或速闭型阀门、龙头。住宅建筑进户支管阀门后，应装设一个家用可曲挠橡胶接头进行隔振，并可在管道支架、吊架内衬垫减振材料，以减小噪声的扩散。

6. 水压试验

给水管道安装完成确认无误后，必须进行系统水压试验。室内给水管道试验压力为工作

压力的 1.5 倍，但不得小于 0.6MPa。

检验方法：金属及复合管给水管道系统在试验压力下观测 10min，压力降不应大于 0.02MPa，然后降到工作压力进行检查，应不渗不漏；塑料管给水系统应在试验压力下稳压 1h，压力降不得超过 0.05MPa，然后在工作压力的 1.15 倍状态下稳压 2h，压力降不得超过 0.03MPa，同时检查各连接处不得渗漏。

7. 管道冲洗消毒

生活给水系统管道试压合格后，应将管道系统内存水放空，在交付使用前必须对管道进行冲洗和消毒，并经有关部门取样检验，符合《生活饮用水卫生标准》（GB 5749—2006）方可使用。

冲洗方法应根据对管道的使用要求、管道内表面污染程度确定。饮用水管道在使用前用每升水中含 20～30mg 游离氯的水灌满管道进行消毒，水在管道中停留 24h 以上。消毒完成后再用饮用水冲洗、送检。冲洗顺序：应先室外，后室内；先地下，后地上；室内部分的冲洗应按干管、立管、支管的顺序进行。

第五节　给水升压和储水设备

一、水泵

水泵是给水系统中的主要升压设备。在建筑内部给水系统中，一般采用离心式水泵，它具有结构简单、体积小、效率高、流量和扬程在一定范围内可调等优点。选择水泵时，应以节能为原则，使水泵在给水系统中大部分时间保持高效运行。当采用设水泵、水箱的给水方式时，通常水泵直接向水箱输水，水泵的出水量、扬程几乎不变，选用恒速泵即可；对于无水量调节设备的给水系统，在电源可靠的条件下，可选用装有自动调速装置的离心式水泵。

水泵型号应根据水泵装置所需的流量和扬程来确定。对生活给水，一般按建筑物的重要性设置备用泵一台；对小型民用建筑允许短时间停水的，可不设置备用泵；对生产及消防给水，水泵的备用台数应按生产工艺要求及相关防火规定来确定。

1. 水泵管路的设置

（1）管路的敷设。吸水管路和压水管路是泵房的重要组成部分，正确设计、合理布置与安装对于保证水泵的安全运行、节省投资和减少电耗起重要的作用。

为保证水泵正常运行，对于吸水管路的基本要求是不漏气、不积气、不吸气。但在实际管路布置及施工时往往忽视了某些局部的做法，会导致水泵不能正常运行。如图 2-25 所示为水泵吸水管的安装。对于压水管路的基本要求是耐高压、不漏水、供水安全、安装及检修方便。

（2）管路附件的装设。每台水泵的出水管上应装设压力表、止回阀和阀门。符合多功能阀安装条件的出水管，可用多功能阀取代止回阀和阀门，必要时应设置水锤消除装置。自灌式吸水的水泵吸水管上应装设阀门，并宜装设管道过滤器。吸入式水泵的吸水管上应安装真空表，出水管可能滞留空气的管段上方应设排气阀。水泵直接从室外给水管网吸水时，应在吸水管上装设阀门和压力表，并应绕水泵设旁通管，旁通管上应装设阀门和止回阀。

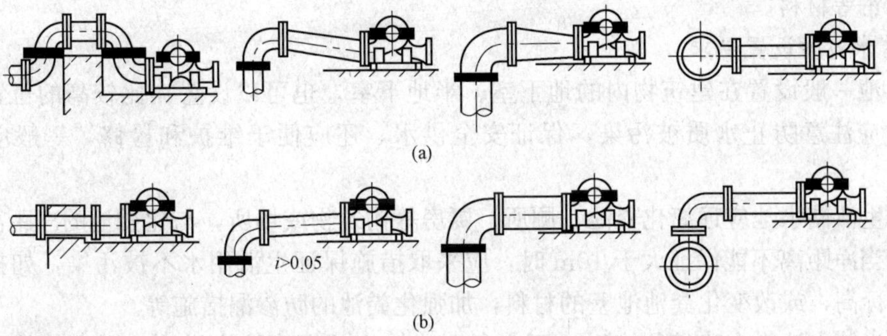

图 2-25　水泵吸水管的安装

(a) 不正确；(b) 正确

水泵吸水管上的阀门平时常开，仅在检修时关闭，因此宜选用手动阀。出水管上的阀门启闭比较频繁，因此应选用电动阀门、液动阀门或气动阀门。

2. 水泵的安装

建筑物的水泵间应光线充足，净高不小于3.2m，通风良好，干燥不冻结，并有排水措施。为保证安装检修方便，水泵之间、水泵与墙壁之间应留有足够的距离。水泵机组的基础侧边之间，以及基础侧边至墙壁的距离不得小于0.7m。对于电动机功率不大于20kW或吸水口直径不大于100mm的小型水泵，两台同型号的水泵机组可共用一个基础，基础的一侧与墙壁之间可不留通道。不留通道的机组凸出部分与墙壁之间的净距及相邻基础的凸出部分的净距，不得小于0.2m。水泵机组的基础端边之间和至墙壁的距离不得小于1.0m。电动机端边至墙壁的距离还应保证能抽出电动机转子。水泵机组的基础至少应高出地面0.1m。

为减小水泵运行时振动所产生的噪声，在水泵及其吸水管、出水管上均应设隔振装置。通常在水泵机组的基础下设橡胶弹簧减振器（弹性吊架）或橡胶隔振垫，在吸水管、出水管上装设可曲挠橡胶接头等装置，如图2-26所示。

二、储水池与吸水井

储水池是储存和调节水量的构筑物。存在以下情况之一时，应设置储水池，使水泵从储水池中抽水：水源不可靠，水量或水压不能满足室内用水要求，又不允许间断供水；水源不能满足最大小时供水量，但设置其他设备不可能或不经济；水源为定时供水；根据防火规范的规定必须设置消防水池；市政管理部门不允许水泵直接从城市给水管网抽水。

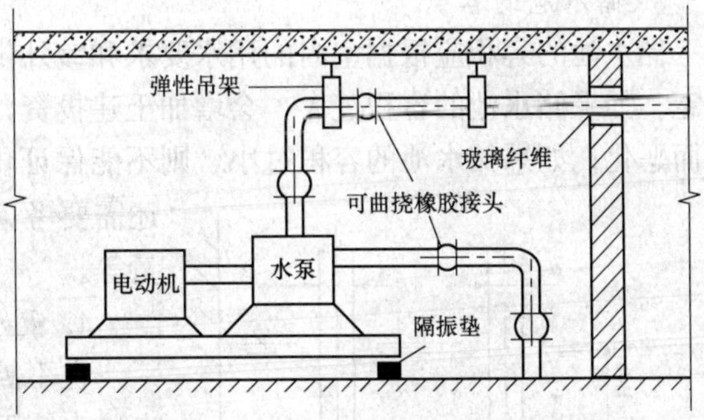

图 2-26　水泵隔振安装结构示意图

1. 储水池的类型

储水池可设置成生活用水储水池、生产用水储水池、消防用水储水池，或者是生活与生产、生活与消防、生产与消防、生产与消防及生活合用的储水池。其形状有圆形、方形、矩形及根据实地情况所制的异形。储水池一般采用钢筋混凝土结构，小型储水池也可采用金属、玻璃钢等材料。

2. 储水池的设置要求

储水池一般设置在建筑物内的地下室、半地下室，也可以设置在比较高的位置。设置储水池时应注意防止水质被污染，保证安全供水，还应便于维护和检修，一般应注意以下几点：

（1）生活储水池应远离化粪池、厕所、厨房等构筑物或场所，与化粪池的净距离不应小于 10m。当净距离不能保证大于 10m 时，应采取措施保证生活用水不被污染，如提高生活储水池的标高，或改变化粪池池壁的材料，加强化粪池的防渗漏措施等。

（2）当储水池设在建筑物内时，不应利用建筑物的本体结构作为生活水池的池壁和池底，以防产生裂缝污染水质。

（3）储水池的进水管和出水管应布置在相对位置，以保证池水能循环，避免水流短路而使水质恶化；当水池比较大时，应设置导流墙（板）等，以保证不出现滞水区。

（4）储水池宜分成两格，能独立工作和分别泄空，以便于水池的清洗和事故时检修，且两池间应设置连通管，并在连通管上设置阀门。

（5）水池应设置进水管、出水管、溢流管、泄水管、水位指示装置、通风换气装置、检修人孔等。溢流管的管径应比进水管大一级，溢水喇叭口的上缘应高出最高水位 30～50mm，溢流管上不得安装阀门。泄水管的管径按 2h 内池内存水全部泄空进行计算，但最小管径不得小于 100mm。溢流管、泄水管不得与污水管直接连接，排入排水系统时应有防止回流污染的措施。溢流管、通气管等的末端应加设防虫网罩。

（6）储水池宜设吸水坑，吸水坑的深度不宜小于 1m，池底应有不小于 0.005 的坡度坡向吸水坑。

（7）储水池设在室内时，池顶板距建筑顶板底的高度应满足检修人员出入的需要，一般不宜小于 1.5m。

（8）当生活饮用水水池（箱）内的储水 48h 内不能得到更新时，应设置水消毒处理装置。

3. 储水池的容积

储水池的容积应根据室内的用水要求和室外供水的可靠性（水池进水管的供水能力）来确定。如果储水池的容积过大，会增加土建投资，而且水质也会因水在储水池中滞留时间过长而恶化；如果储水池的容积过小，则不能保证供水的安全可靠。确定储水池的有效容积，还需要考虑调节水量、消防水量和生产事故备用水量等。

4. 吸水井

在不需要设置储水池，但又不允许水泵直接从城市给水管网中抽水时，可设置吸水井或吸水罐。吸水井设于地面下，可设置在建筑物的内部，也可设置在室外。吸水井的尺寸应满足吸水管的布置、安装、检修，以及保证水泵正常工作的要求。吸水井的有效容积不得小于最大一台水泵 3min 的出水量。吸水井中吸水管的布置如图 2-27 所示。

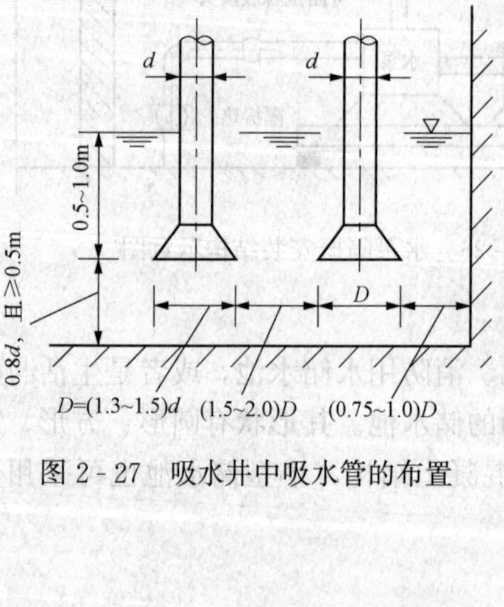

图 2-27 吸水井中吸水管的布置

三、水箱

水箱起稳压储存水量的作用，有时也起增压或减压的作用。有下列情况时，宜设置给水水箱：城市给水管网的水压周期性或经常性不能满足室内用水要求；室内给水管网对水压的稳定性要求比较高或需要恒压供水；需要储存事故水量、消防水量；高层建筑供水系统竖向分区。

1. 水箱的类型

按不同用途，水箱可分为高位水箱、减压水箱、冲洗水箱、断流水箱等多种类型，其形状多为矩形和圆形，制作材料有钢板、钢筋混凝土、不锈钢、玻璃钢和塑料等。目前，玻璃钢水箱用得较多，因为玻璃钢水箱质量轻、强度高、耐腐蚀、安装维修方便、可现场组装。钢筋混凝土水箱造价低，适用于大型水箱，但质量大，管道连接处理不好容易漏水。

2. 水箱的设计要求

为保证给水系统的安全可靠，防止水质二次污染，给水水箱的设计一般应符合以下要求：

（1）当水箱的容量超过 $50m^3$ 时，宜设计成两个或分成两格。

（2）水箱的有效水深不小于 0.7m，也不宜大于 2.5m。

（3）水箱的进、出水管应相对和分别设置。

（4）水箱的箱底应有不小于 0.005 的坡度坡向水箱的泄水管口。

（5）检修人孔盖应密闭加锁，而且应高出水箱顶板面 100mm 以上。检修人孔的尺寸应满足检修人员和箱内配件等的进出要求，一般检修人孔的直径不小于 700mm。检修人孔的顶面至建筑物顶板的距离，不宜小于 1.5m，以方便检修人员进出。

（6）水箱应布置在便于维护管理、通风和采光良好、不受污染、有利于管道布置的位置，水箱间的温度应不低于 5℃。

3. 水箱的配管、附件

水箱的配管、附件有进水管、出水管、溢流管、泄水管、通气管、水位信号管、检修人孔等，如图 2-28 所示。

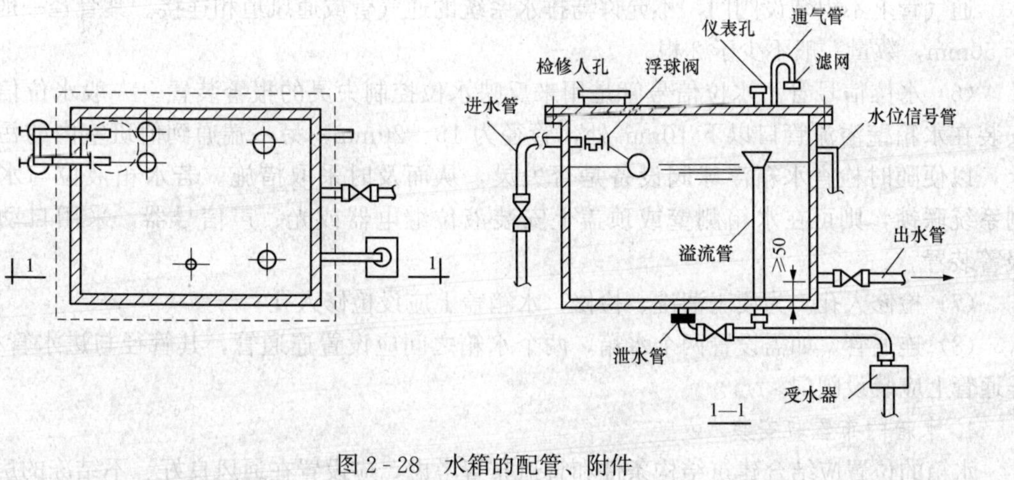

图 2-28 水箱的配管、附件

（1）进水管。水箱进水管一般由水箱侧壁接入，为防止溢流，进水管上应装设水力自动控制阀，如浮球阀或液压水位控制阀，其数量一般不少于两个，以保证其中一个发生故障时，其余仍能正常工作。浮球阀应尽量同步开启和关闭。在每个浮球阀前的进水管上应设置阀门，以便检修，浮球阀应设置在检修人孔的下方，便于检查浮球阀的工作状况。

进水管应在水池（箱）的溢流水位以上接入，进水管口的最低点高出溢流边缘的高度应等于进水管的管径，但最小不应小于 25mm，最大不大于 150mm。进水管的中心到水箱顶应有 150～200mm 的距离，进水管的管径按水泵流量或室内管网设计秒流量计算。

（2）出水管。出水管一般从水箱侧壁接出，管口下缘距离水箱底不应小于 50mm，若从水池底部接出，则出水管管顶入水口到水箱底的距离也不应小于 50mm，以防沉淀物进入配水管网，其管径按室内管网设计秒流量确定；水箱出水管的管口应低于水箱最低水位，以防止在水箱最低水位、管网用水量达到设计秒流量时造成供水量不足，同时也可以防止在低水位时空气进入给水管网；为防止水流短路，出水管、进水管应分设在水箱两侧。

（3）溢流管。当水箱进水管控制失灵或水泵控制失灵时，多余的水可从溢流管中流出，以避免水箱溢水。溢流管的管口应高出设计最高水位 50mm，管径应比进水管的管径大 1～2 级；溢流管上不允许装设阀门；溢流管不得与排水系统的管道直接连接；溢流管出口处应装设网罩，防止小动物进入。

（4）泄水管。水箱清洗或检修时，水箱中的水通过泄水管泄空。泄水管从水箱底部最低处接出，泄水管上装设阀门，平时关闭，泄水时开启。泄水管阀门后的管段可以与溢流管相连接，但不得与排水系统的管道直接连接。如无特殊要求，泄水管的管径可以比进水管的管径缩小 1～2 级，但一般不小于 50mm。

（5）通气管。生活给水系统中的水箱为防止水质污染，水箱盖板、检修人孔等都应封闭，为保证水箱内空气流通，需设置通气管，防止水变质。通气管从水箱盖上接出，伸至室外或水箱间，但不得伸入有有害气体的地方。通气管的末端应装设滤网，而且管口应朝下设置。

通气管上不得装设阀门，不允许与排水系统的通气管或通风道相连接。其管径一般应大于 50mm，数量一般不少于 2 根。

（6）水位信号管。水位信号管是用来反映水位控制失灵的报警装置。一般水位信号管安装在水箱壁溢流管口以下 10mm 处，管径为 15～20mm，另一端通到值班室内的污水盆上，以便随时检查水箱浮球阀设备是否失灵，从而及时采取措施。若水箱液位与水泵控制系统联锁，则可在水箱侧壁或顶盖上安装液位继电器或光、声信号器，采用自动水位报警装置。

（7）检修人孔。为便于清洗、检修，水箱盖上应设检修人孔。

（8）连通管。如需设置两个水箱，两个水箱之间应设置连通管，其管径与进水管相同。连通管上应装设阀门。

4. 水箱的布置与安装

水箱的位置应结合建筑结构条件和管道布置考虑，应设置在通风良好、不结冻的房间内（室内最低温度一般不得低于 5℃），尽可能使管线简短，同时应有较好的采光和防蚊蝇条件。为防止结冻或阳光照射使水温上升而加速余氯的挥发，露天设置的水箱应采取保温措施。

水箱间的净高不得低于 2.2m，并应满足布置要求。水箱间的承重结构应为非燃烧材料。高位水箱的箱壁与水箱间的墙壁及其他水箱间的净距与储水池的布置要求相同。当敷设有管道时，水箱底与水箱间地面板的净距不宜小于 0.8m，以便安装管道和进行检修。水箱的设置高度（以底板面计）应满足最高层用户的用水水压要求；如达不到要求，宜在其入户管上设置管道泵进行增压。

为保证供水安全，对于大型公共建筑和高层建筑，宜设置两个水箱。水箱的有效容积为水箱最高水位至水箱最低水位之间的容积。若水箱仅作为水量调节之用，则其有效容积即为调节容积；若水箱兼有储备消防和生产事故用水量的作用，则其容积应以调节水量、消防备用水量、生活备用水量和生产事故备用水量四部分水量之和来确定。安装金属水箱时，用槽钢（工字钢）梁或钢筋混凝土支墩支承；为防止水箱底与支承接触面发生腐蚀，应在它们之间垫以橡胶板或塑料板等绝缘材料。

四、气压给水设备

气压给水设备是给水系统中的一种利用密封储罐内空气的可压缩性进行储存、调节和压送水量的装置，其作用相当于高位水箱或水塔，可在不宜设置水塔或高位水箱的场所采用。

1. 气压给水设备的基本组成及工作原理

气压给水设备主要由密闭罐、水泵、空气压缩机、控制器材等组成。其工作原理为：水泵与密闭罐相连接，当水泵工作，水被送至给水管网的同时，多余的水将进入气压水罐，在此段过程中，水室扩大并将罐内的气体压缩，随着气室的缩小，罐内的压力升高。当压力升至最高工作压力 p_2 时，水泵停转，并利用罐内被压缩气体的压力将罐内储存的水送入给水管网，在此段过程中，水室缩小，气室扩大，罐内压力也随之下降。当压力降至最低工作压力 p_1 时，水泵重新启动，如此周而复始，不断运行。

2. 气压给水设备的类型

(1) 按压力稳定情况，气压给水设备可分为变压式气压给水设备和定压式气压给水设备。

1) 变压式气压给水设备。气压水罐内的空气容积随供水的工况而变，给水系统在变压状态下工作。当用户对水压没有特殊要求时，一般常用变压式气压给水设备。图 2-29 所示为单罐变压式气压给水设备。

2) 定压式气压给水设备。当用户要求水压稳定时，可在变压式气压给水设备的供水管上安装调节阀，使阀后的水压处于要求范围内，管网在恒压下工作。图 2-30 所示为定压

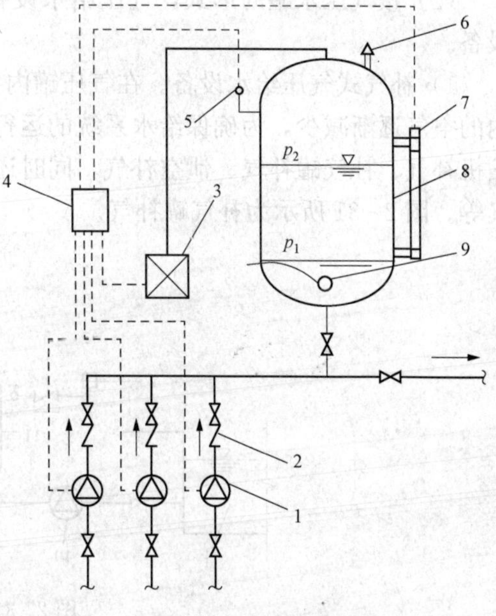

图 2-29 单罐变压式气压给水设备

1—水泵；2—止回阀；3—补气装置；4—控制器；5—压力信号器；6—安全阀；7—液位信号器；8—气压水罐；9—排气阀

式气压给水设备。

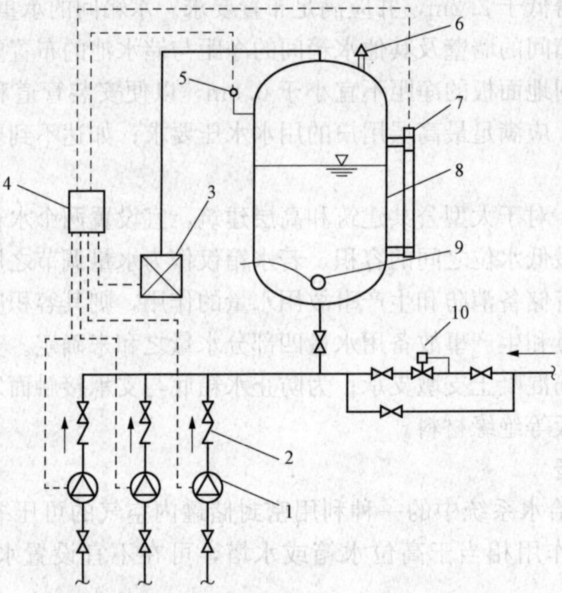

图 2-30 定压式气压给水设备

1—水泵；2—止回阀；3—补气装置；4—控制器；
5—压力信号器；6—安全阀；7—液位信号器；
8—气压水罐；9—排气阀；10—压力调节阀

（2）按气压水罐的形式，气压给水设备可分为补气式气压给水设备和隔膜式气压给水设备。

1）补气式气压给水设备。在气压罐内空气与水接触，由于空气渗漏和溶解于水，使罐内的空气逐渐减少，为确保给水系统的运行工况，需要随时补气。常用的补气方式有空气压缩机补气、补气罐补气、泄空补气，同时还有利用水泵出水管中积存的空气补气、水射器补气等。图 2-31 所示为补气罐补气。

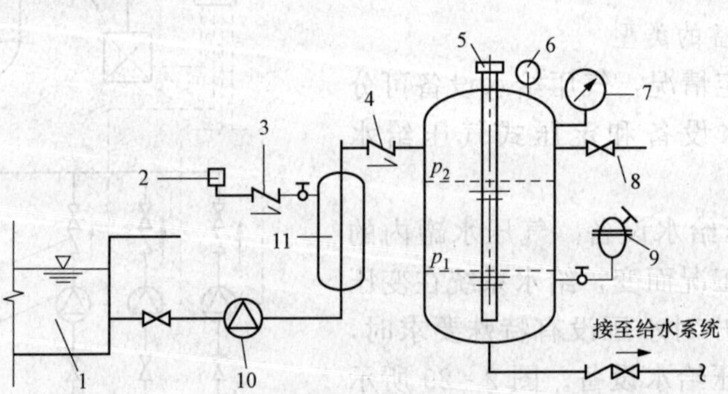

图 2-31 补气罐补气

1—储水池；2—过滤器；3—进气止回阀；4—止回阀；5—液位信号器；6—安全阀；
7—电接点压力表；8—手动放气阀；9—自动排气阀；10—水泵；11—补气罐

2）隔膜式气压给水设备。在气压罐内装橡胶（或塑料）囊式弹性隔膜（见图 2-32），从而将罐体分为气室和水室两部分，靠囊的伸缩变形调节水量。隔膜式气压给水设备可以一次充气，长期使用，不需补气设备，并有利于保护水质不受污染。

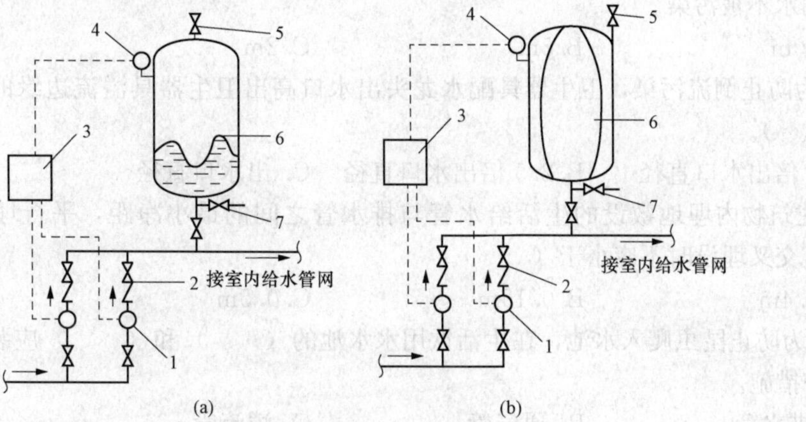

图 2-32　隔膜式气压给水设备

(a) 帽形隔膜；(b) 胆囊形隔膜

1—水泵；2—止回阀；3—控制器；4—压力信号器；5—安全阀；6—隔膜式气压水罐；7—泄水阀

习　题

一、选择题

1. 室外埋地引入管管顶最小覆土厚度不宜小于土壤冰冻线以下（　　）。

A. 0.20m　　B. 0.15m　　C. 0.10m

2. 下列关于室内给水管道敷设的叙述中，符合《建筑给水排水设计标准》(GB 50015—2019) 的是（　　）。

A. 给水管道不得直接敷设在建筑物结构层内

B. 给水管道不宜穿越伸缩缝、沉降缝、变形缝，如必须穿越，应设置固定支架

C. 给水管道可以敷设在烟道和风道内，但不得敷设在电梯井和排水沟内

3. 当给水管道内水流需要双向流动时，管道上安装（　　）是不正确的。

A. 闸阀　　B. 球阀　　C. 截止阀

4. 埋地式生活饮用水储水池周围（　　）以内，不得有化粪池、污水处理构筑物、渗水井、垃圾堆放点等污染源；周围（　　）以内不得有污水管和污染物。

A. 5m；2m　　B. 10m；2m　　C. 5m；1m

5. 某综合服务楼，总高度为 126m，建筑物内部用水量很不均匀，供水水压要求稳定，供水可靠性要求比较高，宜采用（　　）。

A. 设置水泵、水箱的分区并联给水方式

B. 单设水箱的给水方式

C. 设置水泵、水箱的分区串联给水方式

6. 塑料给水管在下列布置中不正确的是（　　）。

A. 塑料给水管道在室内宜暗装

B. 明装的塑料给水立管距灶台边缘大于 0.4m，距燃气热水器边缘大于 0.2m

C. 直接敷设在建筑物结构层内

7. 生活储水池与化粪池的净距离不应小于（ ）。当达不到此要求时，应采取措施保证生活用水不被污染。

A. 10m B. 5m C. 2m

8. 为防止倒流污染，卫生器具配水龙头出水口高出卫生器具溢流边缘的最小空隙不得小于（ ）。

A. 2 倍出水口直径 B. 2.5 倍出水口直径 C. 出水口直径

9. 建筑物内埋地敷设的生活给水管与排水管之间的最小净距，平行埋设时不宜小于（ ）；交叉埋设时不应小于（ ）。

A. 0.4m B. 0.15m C. 0.5m

10. 为防止昆虫爬入水池，在生活饮用水水池的（ ）和（ ）应装设网罩或采取其他防护措施。

A. 进水管 B. 通气管 C. 溢流管

二、简答题

1. 室内给水系统分为几类？分别是什么？

2. 室内给水方式有哪几种？各有什么优、缺点？

3. 常用的给水管材有哪些？每种管材的规格如何表示？

4. 引入管如何敷设？有哪些注意事项？

5. 水箱有哪些配管及附件？其装设要求是什么？

第三章　建筑消防系统

第一节　概　　述

一、建筑的分类

民用建筑根据其建筑的高度和层数可分为单、多层民用建筑和高层民用建筑。高层民用建筑根据其建筑高度、使用功能和楼层的建筑面积可分为一类和二类，见表 3-1。

表 3-1　　民用建筑的分类

名称	高层民用建筑		单、多层民用建筑
	一类	二类	
住宅建筑	建筑高度大于 54m 的住宅建筑（包括设置商业网点的住宅建筑）	建筑高度大于 27m，但不大于 54m 的住宅建筑（包括设置商业网点的住宅建筑）	建筑高度不大于 27m 的住宅建筑（包括设置商业网点的住宅建筑）
公共建筑	（1）建筑高度大于 50m 的建筑。 （2）任意楼层建筑面积大于 $1000m^2$ 的商店、展览、电信、邮政、财贸金融建筑和其他多种功能的组合建筑。 （3）医疗建筑、重要公共建筑。 （4）省级以上的广播电视和防灾指挥调度建筑、网局级和省级电力调度建筑。 （5）藏书超过 100 万册的图书馆、书库	除一类高层建筑外的其他高层公共建筑	（1）建筑高度大于 24m 的单层公共建筑。 （2）建筑高度不大于 24m 的其他公共建筑

注　1. 表中未列入的建筑，其类别应根据本表类比确定。

2. 除《建筑设计防火规范（2018 年版）》（GB 50016—2014）另有规定的外，宿舍、公寓等非住宅类建筑的防火要求，应符合该规范的有关公共建筑规定；裙房的防火要求应符合该规范有关的高层民用建筑的规定。

二、火灾的类型

（一）火灾的定义及分类

火灾是指在时间或空间上失去控制的燃烧所造成的灾害。火灾根据可燃物的类型和燃烧特性，可分为 A、B、C、D、E、F 六大类。

（1）A 类火灾。固体物质火灾，这种物质通常具有有机物质性质，一般在燃烧时能产生灼热的余烬，如木材、干草、煤炭、棉、毛、麻、纸张等火灾。

（2）B 类火灾。液体或可熔化的固体物质火灾，如煤油、柴油、原油、甲醇、乙醇、沥青、石蜡、塑料等火灾。

（3）C 类火灾。气体火灾，如煤气、天然气、甲烷、乙烷、丙烷、氢气等火灾。

（4）D 类火灾。金属火灾，如钾、钠、镁、铝镁合金等火灾。

（5）E 类火灾。带电火灾，物体带电燃烧的火灾。

（6）F 类火灾。烹饪器具内的烹饪物（如动植物油脂）火灾。

（二）灭火的基本原理

物质燃烧必须同时具备三个必要条件，即可燃物、助燃物和着火源。根据这些基本条件，一切灭火措施，都是为了破坏已经形成的燃烧条件，或终止燃烧的链式反应而使火熄灭及把火势控制在一定范围内，最大限度地减少火灾损失，这就是灭火的基本原理。

灭火的基本方法可以归纳为冷却法、窒息法、隔离法和化学抑制法。

（1）冷却法。如用水扑灭一般固体物质的火灾，通过水来大量吸收热量，使燃烧物的温度迅速降低，最后使燃烧终止。

（2）窒息法。如用二氧化碳、氮气、水蒸气等来降低氧浓度，使燃烧不能持续。

（3）隔离法。如用泡沫灭火剂灭火，通过产生的泡沫覆盖于燃烧体表面，在冷却作用的同时，把可燃物同火焰和空气隔离开来，达到灭火的目的。

（4）化学抑制法。如用干粉灭火剂通过化学作用，破坏燃烧的链式反应，使燃烧终止。

三、消防系统的分类

（一）按灭火方式分类

（1）消火栓给水系统。消火栓给水系统由人操纵水枪灭火，系统简单，工程造价低，是目前我国普遍采用的建筑消防给水系统。按其设置位置和灭火范围又可分为室外消火栓给水系统和室内消火栓给水系统。

（2）自动喷水灭火系统。由喷头自动喷水灭火，灭火成功率高，但工程造价较高，主要用于消防要求高、火灾危险性大的建筑。

（二）按消防给水压力分类

（1）高压消防给水系统。能始终保持满足水灭火设施所需的系统工作压力和流量，火灾发生时无须消防水泵直接加压的系统。

（2）临时高压消防给水系统。平时不能满足水灭火设施所需的系统工作压力和流量，火灾发生时能直接自动启动消防水泵以满足水灭火设施所需的压力和流量的系统。

（3）低压消防给水系统。能满足消防车或手抬泵等取水所需，从地面算起不应小于0.10MPa的压力和流量的系统。

第二节 消火栓给水系统

室内消火栓给水系统是把室外给水系统提供的水量，经过加压（当外网压力不满足需要时），输送到用于扑灭建筑物内的火灾而设置的固定灭火设备，是建筑物中最基本的灭火设备。

一、消火栓给水系统的设置场所

《建筑设计防火规范（2018年版）》（GB 50016—2014）规定：存在与水接触能引起剧烈燃烧、爆炸的物品除外的下列场所应设置消火栓给水系统：

（1）建筑占地面积大于300m^{2}的厂房（仓库）。

（2）高层公共建筑和建筑高度大于21m的住宅建筑（注：建筑高度不大于27m的住宅建筑，设置室内消火栓给水系统确有困难时，可只设置干式消防竖管和不带消火栓箱的DN65室内消火栓）。

（3）体积大于5000m^{3}的车站、码头、机场的候车（船、机）楼、展览建筑、商店建筑、旅馆建筑、医疗建筑和图书馆建筑等单、多层建筑。

(4) 特等、甲等剧场，超过800个座位的其他等级的剧场和电影院等，以及超过1200个座位的礼堂、体育馆等单、多层建筑。

(5) 建筑高度大于15m或体积大于10000m^{3}的办公建筑、教学建筑和其他单、多层民用建筑。

(6) 国家级文物保护单位的重点砖木或木结构的古建筑。

(7) 人员密集的公共建筑、建筑高度大于100m的建筑和建筑面积大于200m^{2}的商业服务网点内应设置消防软管卷盘或轻便消防水带。高层住宅建筑的户内宜配置轻便消防水带。

下列建筑或场所，可不设置室内消火栓系统：

(1) 耐火等级为一、二级，且可燃物较少的单、多层丁、戊类厂房（仓库）。

(2) 耐火等级为三、四级，且建筑体积不大于3000m^{3}的丁类厂房；耐火等级为三、四级，且建筑体积不大于5000m^{3}的戊类厂房（仓库）。

(3) 粮食仓库、金库、远离城镇，且无人值班的独立建筑。

(4) 存有与水接触能引起燃烧爆炸的物品的建筑。

(5) 室内无生产、生活给水管道，室外消防用水取自储水池，且建筑体积不大于5000m^{3}的其他建筑。

二、消火栓给水系统的组成

建筑消火栓给水系统一般由水枪、水带、消火栓、消防管道、消防水箱、消防水池、水泵接合器及增压水泵等组成。

(一) 消火栓灭火设备

消火栓灭火设备由水枪、水带和消火栓组成，通常安装在消火栓箱内，如图3-1所示。消火栓箱有明装、暗装、半暗装三种安装形式。消火栓箱按水带的安置方式可分为挂置式、盘卷式、卷置式和托架式，如图3-2～图3-5所示。如果供水方式中采用水泵，消火栓箱内还应有直接启动水泵的按钮，按钮应设保护措施。有的消火栓箱中还设有消防卷盘，称为共用消火栓箱。

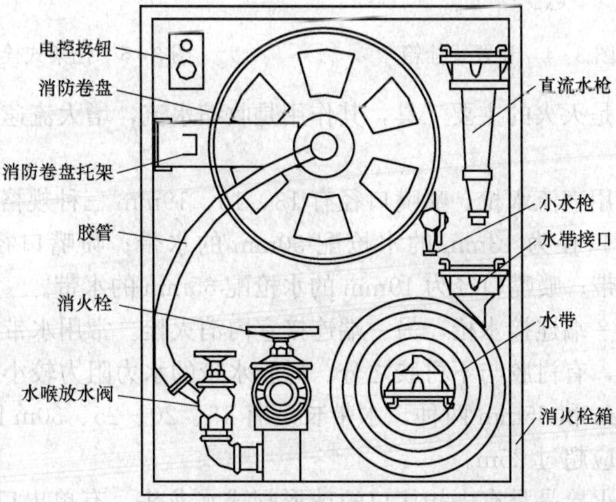

图3-1 室内消火栓箱构造示意图

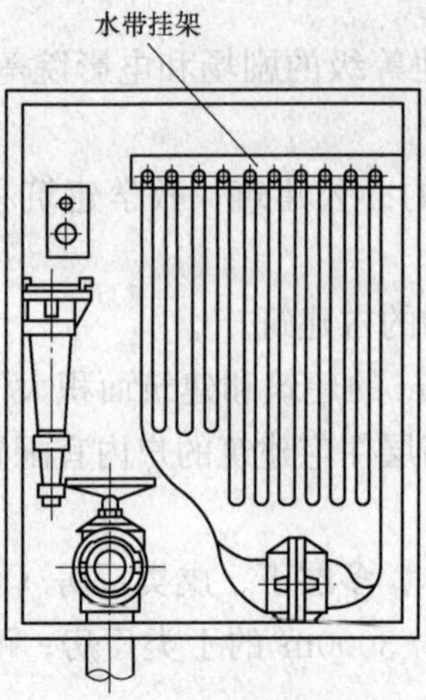

图 3-2 挂置式栓箱

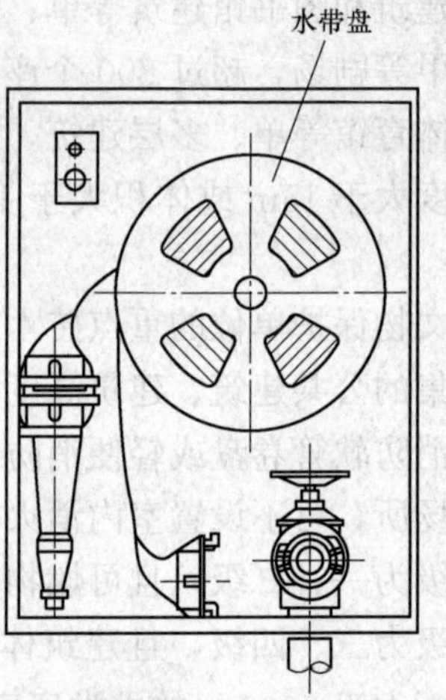

图 3-3 盘卷式栓箱

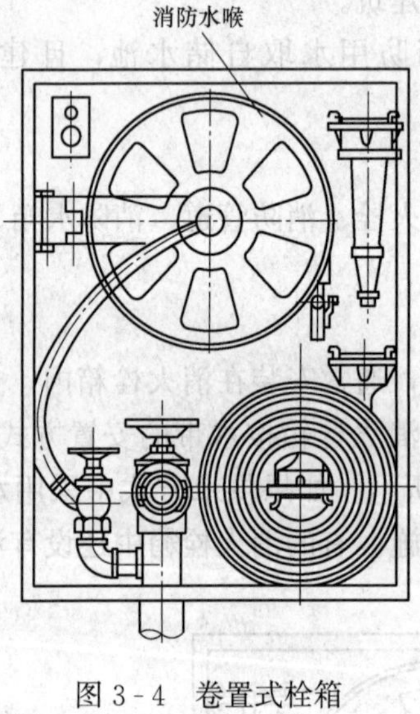

图 3-4 卷置式栓箱

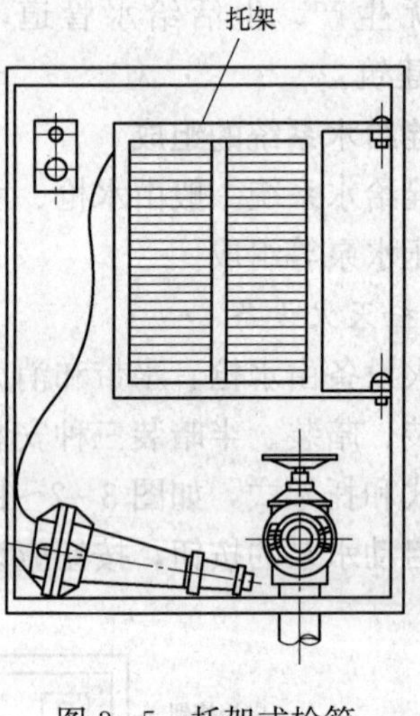

图 3-5 托架式栓箱

（1）水枪。水枪是灭火的主要工具，其作用是收缩水流，增大流速，在灭火处产生能击灭火焰的充实水柱。

建筑内部一般采用直流水枪，喷嘴口径有 13、16、19mm 三种规格。直流水枪配 50mm 或 65mm 水带，喷嘴口径为 13mm 的水枪配 50mm 的水带；喷嘴口径为 16mm 的水枪配 50mm 或 65mm 的水带；喷嘴口径为 19mm 的水枪配 65mm 的水带。

（2）水带。水带一端连接水枪，另一端连接室内消火栓。常用水带是由帆布、化纤、橡胶等制成的输水软管，有衬胶与不衬胶之分。衬胶水带的水力阻力较小，应用最为广泛。常用水带的口径有 50mm 和 65mm 两种，水带长度有 15、20、25、30m 四种规格。民用建筑中配备水带的长度不应超过 25m。

（3）消火栓。消火栓是具有内扣接口的球形阀式水龙头，有单出口和双出口两种形式。单出口消火栓口径有 50mm 和 65mm 两种；双出口消火栓口径为 65mm，使用时应采用双阀双口式。当每支水枪最小流量小于 5L/s 时应选用口径为 50mm 的消火栓，当每支水枪最小流量不小于 5L/s 时应选用口径为 65mm 的消火栓，如图 3-6 所示。

在同一建筑物内应采用同一规格的水枪、水带和消火栓，以便于维护保养和互换使用。

(4) 消防卷盘。它是一种小口径自救式灭火设备，又名消防水喉，其操作简单、机动灵活，供一般扑火人员扑灭初期火灾时使用。高层建筑的高级宾馆、重要的办公楼和高度超过 100m 的其他民用建筑应设置消防卷盘。

图 3-6 消火栓

(二) 消防管道

消防管道主要由干管、立管和消火栓短支管组成。用于消火栓给水系统的管材，管径大于 100mm 者采用焊接钢管或无缝钢管，连接方式为焊接、法兰连接或沟槽式卡箍连接；管径不大于 100m 者宜用镀锌钢管或镀锌无缝钢管，连接方式为丝扣连接、沟槽式卡箍连接或法兰连接；室外埋地消防给水管管径大于 100mm 者，工作压力不大于 0.8MPa 时宜采用给水铸铁管，工作压力大于 0.8MPa 时采用钢管，内外壁必须做防腐层。

室内消防给水管道的布置应符合下列规定：

(1) 室内消防给水管道应布置成环状。室内消防给水环状管网的进水管和区域高压或临时高压给水系统的引入管不应少于两根，当其中一根发生故障时，其余的进水管或引入管应能保证消防用水量和水压的要求。

(2) 消防竖管的布置，应保证同层相邻两个消火栓的水枪的充实水柱同时达到被保护范围内的任何部位。每根消防竖管的直径应按通过的流量经计算确定，但不应小于 100mm。18 层及 18 层以下，每层不超过 8 户、建筑面积不超过 650m^2 的塔式住宅，当设两根消防竖管有困难时，可设一根竖管，但必须采用双阀双出口型消火栓。

(3) 室内消火栓给水系统应与自动喷水灭火系统分开设置，有困难时，可合用消防泵，但在自动喷水灭火系统的报警阀前（沿水流方向）必须分开设置。

(4) 室内消防给水管道应采用阀门分成若干独立段。阀门的布置，应保证检修管道时关闭停用的竖管不超过一根。当竖管超过 4 根时，可关闭不相邻的两根。

(三) 水泵接合器

水泵接合器属于临时供水设施，如图 3-7 所示。它一端连接室内消防给水管道，另一端连接消防车，由消防车从室外消火栓取水向室内消防管网供水。水泵接合器应设在室外便于消防车使用的地点，到室外消火栓或消防水池的距离宜为 15～40m。水泵接合器的数量，应按室内消防用水量经计算确定，每个水泵接合器的流量按 10～15L/s 计算。水泵接合器宜采用地上式；当采用地下式水泵接合器时，应有明显标志。建筑消防给水系统中均应设置水泵接合器。

图 3-7 水泵接合器

(a) 地上式；(b) 地下式

(四) 消防水箱

消防水箱的主要作用是供给建筑初期火灾所需要的消防水量，水箱应设在建筑物的最高位置，水箱的容积应能保证火灾初期 10min 的消防用水量。采用高压给水系统时，可不设高位消防水箱。当采用临时高压给水系统时，应设高位消防水箱。高位消防水箱的消防储水量，一类高层公共建筑，不应小于 $36m^3$；多层公共建筑、二类高层公共建筑和一类高层住宅，不应小于 $18m^3$；二类高层住宅，不应小于 $12m^3$；建筑高度大于 21m 的多层住宅，不应小于 $6m^3$；高位消防水箱的设置高度应保证最不利点消火栓静水压力。当建筑高度不超过 100m 时，高层建筑最不利点消火栓静水压力不应低于 0.07MPa；当建筑高度超过 100m 时，高层建筑最不利点消火栓静水压力不应低于 0.15MPa；当高位消防水箱不能满足上述静压要求时，应设增压设施。

（五）消防水池

消防水池的作用是储水和供消防水泵吸水用。消防水池可设于室内地下室或与室内游泳池、水景水池兼用。消防水池的容量应满足在火灾持续时间内室内外消防用水量的要求。消防水池可与生活或生产储水池合用，也可单独设置。如消防水池与其他储水池合用，必须有保证消防水量不被动用的技术措施。

三、消火栓给水系统的给水方式

（一）直接给水方式

建筑物外部给水管网的水压、水量可满足建筑内部消火栓给水系统的要求时，由室外给水管网直接供水。在直接给水方式中有两种布置形式：一种是消防管道和生活给水管网或者生产管网共用，如图 3-8 所示。其优点是系统简单、经济，但随着人们对给水水质要求不断地提高，在生活、消防共用系统中，消防竖管内长期滞留的死水对生活用水的影响已不容忽视。另一种是消防管道在住宅设计中宜单独设置。

（二）单设水箱的给水方式

室外给水管网的压力在一天内变化较大、周期性不能满足室内消火栓的压力和用水量时可采用这种方式，如图 3-9 所示。

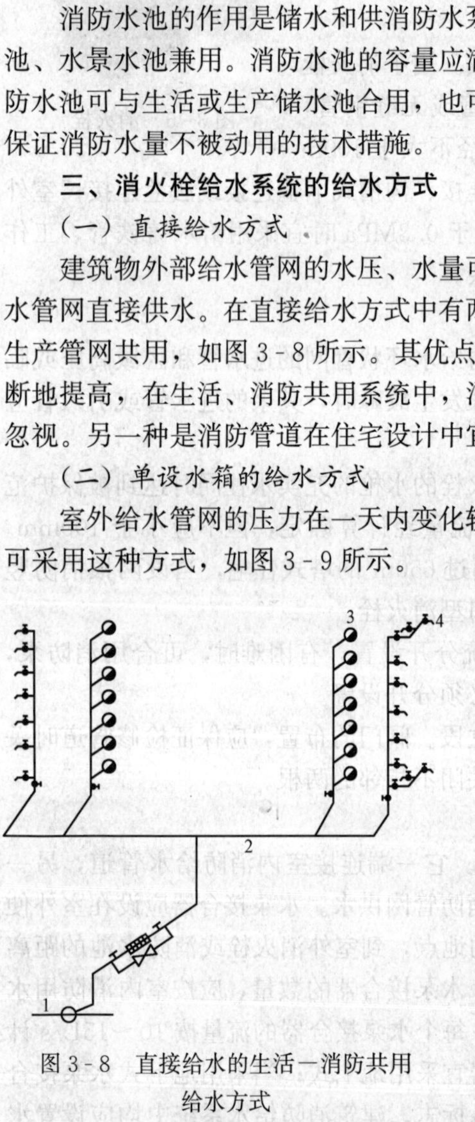

图 3-8 直接给水的生活—消防共用给水方式

1—室外给水管网；2—室内管网；3—消火栓及立管；4—给水立管及支管

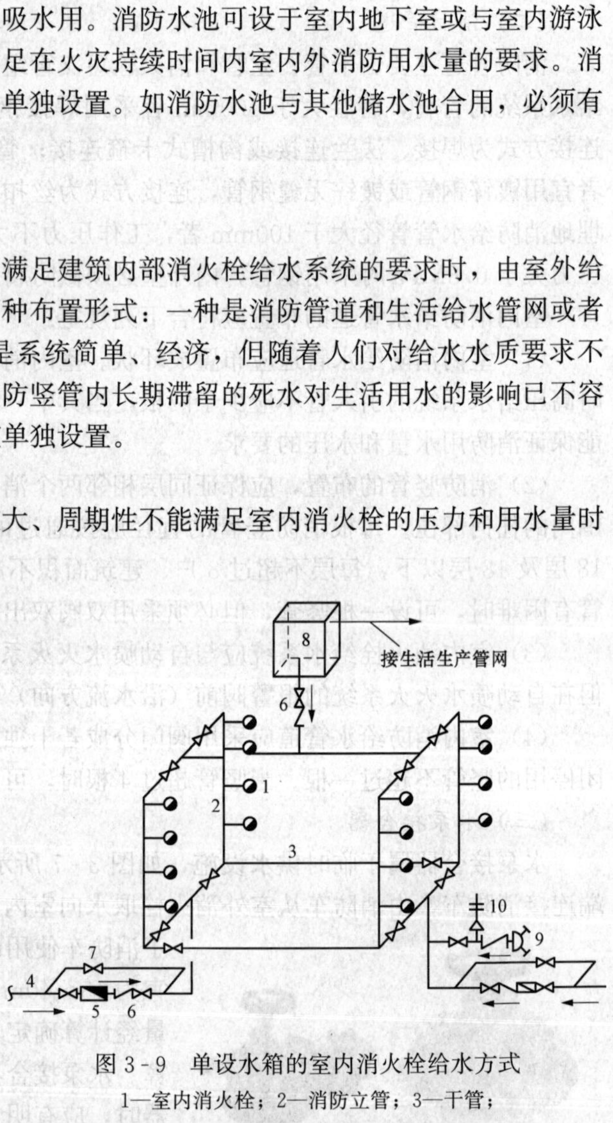

图 3-9 单设水箱的室内消火栓给水方式

1—室内消火栓；2—消防立管；3—干管；4—进户管；5—水表；6—止回阀；7—旁通管及阀门；8—水箱；9—水泵接合器；10—安全阀

（三）水泵水箱结合给水方式

水泵水箱结合给水方式是临时高压给水系统中应用的一种形式，当室外给水管网的压力不能满足建筑内部消防所需压力时可采用该形式，如图 3-10 所示。水箱的作用是保证 10min 的消防水量和维持一定水压，水箱水量可由水泵补充。消防水泵有两种吸水形式，即从储水池吸水及与室外给水管网管道直接连接。当采用与室外给水管网直接连接时须征得当地有关主管部门的同意。

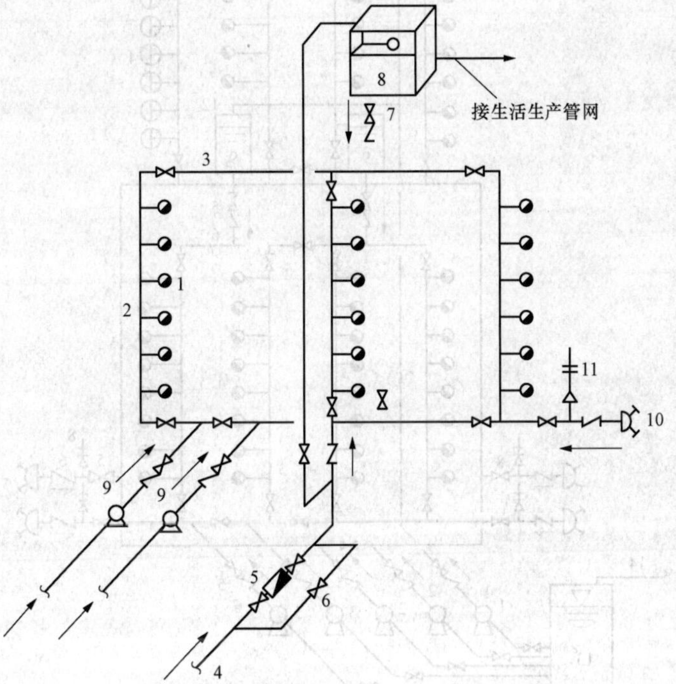

图 3-10 水泵水箱结合给水方式

1—室内消火栓；2—消防立管；3—干管；4—进户管；5—水表；6—旁通管及阀门；7—止回阀；8—水箱；9—水泵；10—水泵接合器；11—安全阀

（四）水泵—稳压装置给水方式

水泵—稳压装置给水方式用于临时高压给水系统，适用于室外给水管网的压力不能满足建筑内部消防所需压力。在给水系统中设置专用的稳压泵或气压水罐装置。平时由稳压设备保持系统中的压力，火灾发生时由压力联动启动消防水泵工作。图 3-11 所示为气压给水方式。

图 3-11 气压给水方式

（a）无水箱；（b）有水箱

（五）分区给水方式

消火栓栓口的静水压力不应大于 1.00MPa，当大于 1.00MPa 时，应采取分区给水系统，如图 3-12 所示。消火栓栓口的出水压力大于 0.50MPa 时，应采取减压措施。

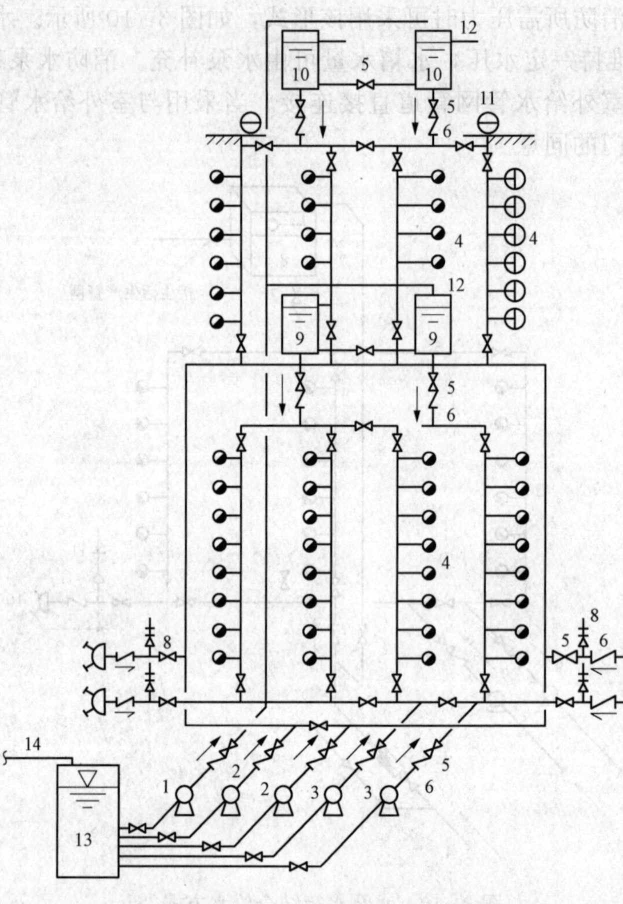

图 3-12 分区消火栓给水方式

1—生活、生产水泵；2—二区消防泵；3—一区消防泵；4—消火栓和水泵远距离启动按钮；5—阀门；6—止回阀；7—水泵接合器；8—安全阀；9—一区水箱；10—二区水箱；11—屋顶消火栓；12—生活、生产管网；13—水池；14—来自城市管网

四、室内消防用水量及水压

（一）室内消防用水量

室内消防用水量应根据同时使用水枪数量和充实水柱长度，由计算决定，但不应小于表 3-2 的规定。

表 3-2　　室内消防用水量

建筑物名称	高度 h（m）、层数、体积 V（m^3）或座位数 n（个）		消火栓用水量（L/s）	同时使用水枪数量（支）	每根竖管最小流量（L/s）
厂房	$h \leqslant 24$	$V \leqslant 10\ 000$	5	2	5
		$V > 10\ 000$	10	2	10
	$24 < h \leqslant 50$		25	5	15
	$h > 50$		30	6	15

续表

建筑物名称	高度 h（m）、层数、体积 V（m^3）或座位数 n 个	消火栓用水量（L/s）	同时使用水枪数量（支）	每根竖管最小流量（L/s）
仓库	$h \leqslant 24$，$V \leqslant 5000$	5	1	5
	$h \leqslant 24$，$V > 5000$	10	2	10
	$24 < h \leqslant 50$	30	6	15
	$h > 50$	40	8	15
科研楼、实验楼	$h \leqslant 24$，$V \leqslant 10\ 000$	10	2	10
	$h \leqslant 24$，$V > 10\ 000$	15	3	10
车站、码头、机场的（船、机）楼和展览建筑等	$5000 < V \leqslant 25\ 000$	10	2	10
	$25\ 000 < V \leqslant 50\ 000$	15	3	10
	$V > 50\ 000$	20	4	15
剧院、电影院、会堂、礼堂、体育馆等	$800 < n \leqslant 1200$	10	2	10
	$1200 < n \leqslant 5000$	15	3	10
	$5000 < n \leqslant 10\ 000$	20	4	15
	$n > 10\ 000$	30	6	15
商店、旅馆等	$5000 < V \leqslant 10\ 000$	10	2	10
	$10\ 000 < V \leqslant 25\ 000$	15	3	10
	$V > 25\ 000$	20	4	15
病房楼、门诊楼等	$5000 < V \leqslant 10\ 000$	5	2	5
	$10\ 000 < V \leqslant 25\ 000$	10	2	10
	$V > 25\ 000$	15	3	10
办公楼、教学楼等其他民用建筑	层数≥6 层或者 $V > 10\ 000$	15	3	10
国家级文物保护单位的重点砖木或木结构的古建筑	$V \leqslant 10\ 000$	20	4	10
	$V > 10\ 000$	25	5	15
住宅	层数≥8 层	5	2	5

注　1. 丁、戊类高层厂房（仓库）室内消火栓的用水量可按本表减少 10L/s，同时使用水枪数量可按本表减少 2 支。

2. 消防软管卷盘或轻便消防水带及住宅楼间的干式消防竖管上设置的消火栓，其消防用水量可不计入室内消防用水量。

（二）室内消防水压

（1）消火栓口所需压力。消火栓口所需压力由三部分组成，即消火栓口局部水头损失、水枪喷嘴处为形成一定长度的充实水柱所需要的压力及水带的水头损失。

（2）充实水柱长度。从水枪喷嘴算起到 90％水量穿过直径为 38mm 圆环处的射流水柱长度称为充实水柱长度（H_m）。充实水柱应具有一定长度和冲击力，以便有效地射到并扑灭火焰，同时还可减少火场辐射热、烤灼等对消防人员的影响，保护人员安全。消火栓的水枪充实水柱应通过水力计算确定，且建筑高度不超过 100m 的高层建筑不应小于 10m，建筑高度超过 100m 的高层建筑不应小于 13m。

五、消火栓的布置

室内消火栓的布置，应符合下列要求：

(1) 设有消防给水系统的建筑物，其各层（无可燃物的设备层除外）均应设置消火栓。

(2) 室内消火栓的布置，应保证有两支水枪的充实水柱同时到达室内任何部位。建筑高度不大于 24m，且体积不大于 5000m³ 的库房，可采用 1 支水枪充实水柱到达室内任何部位。水枪的充实水柱长度应由计算确定，一般不应小于 7m，但甲、乙类厂房、超过六层的民用建筑、超过四层的厂房和库房内，不应小于 10m；高层工业建筑、高架库房内，不应小于 13m。

(3) 消火栓栓口的静水压力不应大于 1.00MPa，当大于 1.00MPa 时，应采取分区给水系统。消火栓栓口的出水压力大于 0.50MPa 时，应采取减压措施。

(4) 消防电梯前室应设室内消火栓。

(5) 室内消火栓应设在明显易于取用地点。栓口离地面高度为 1.1m，其出水方向宜向下或与设置消火栓的墙面成 90°。

(6) 冷库的室内消火栓应设在常温穿堂或楼梯间内。

(7) 室内消火栓的间距应由计算确定。高层工业建筑、高架库房，甲、乙类厂房，室内消火栓的间距不应超过 30m；其他单层和多层建筑室内消火栓的间距不应超过 50m。同一建筑物内应采用统一规格的消火栓、水枪和水带。每根水带的长度不应超过 25m。

(8) 设有室内消火栓的建筑，如为平屋顶，宜在平屋顶上设置试验和检查用消火栓。

(9) 高层工业建筑和水箱不能满足最不利点消火栓水压要求的其他建筑，应在每个室内消火栓处设置直接启动消防水泵的按钮，并应有保护设施。

第三节 自动喷水灭火系统

自动喷水灭火系统在发生火灾时，能够自动喷水灭火并发出火警信号。自动喷水灭火系统具有良好的灭火效果，对扑灭初期火灾的有效率在 97%以上。

一、自动喷水灭火系统的分类与组成

1. 分类

如图 3-13 所示，按喷头的开启形式可分为闭式自动喷水灭火系统和开式自动喷水灭火系统；按报警阀的形式可分为湿式自动喷水灭火系统、干式自动喷水灭火系统、预作用式自动喷水灭火系统、雨淋式自动喷水灭火系统等；按对保护对象的功能可分为暴露防护系统（所谓暴露防护是向暴露在火灾中的建筑或设备直接喷射水或水雾，用以驱除或减少火焰传递的热量）和控、灭火系统。

2. 组成与工作原理

由于自动喷水灭火系统分类依据多样，此处以报警阀分类依据介绍其组成及原理。

(1) 湿式自动喷水灭火系统。此类系统平时管道内充满有压水。火灾发生时，建筑物内温度上升，当室温升高到足以打开闭式喷头上的闭锁装置时，喷头即自动喷水灭火，同时报警阀门通过水力警铃和水流指示器发出报警信号、压力开关启动相应给水管路上的阀门或消防水泵组。湿式自动喷水灭火系统的组成如图 3-14 所示。该系统适用于常年温度不低于 4℃，且不高于 70℃的建筑物和场所。

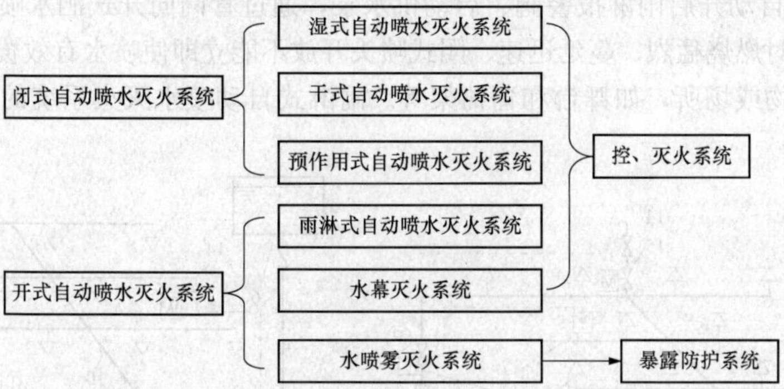

图 3-13　自动喷水灭火系统的分类

(2) 干式自动喷水灭火系统。平时，报警阀上部的配水管道内充满用于启动系统的有压气体，报警阀的下部充满压力水。火灾发生时，闭式喷头的闭锁装置熔化脱落，配水管网排气充水灭火。干式自动喷水灭火系统的组成如图 3-15 所示。该系统适用于室温低于 4℃或高于 70℃的建筑物和场所。

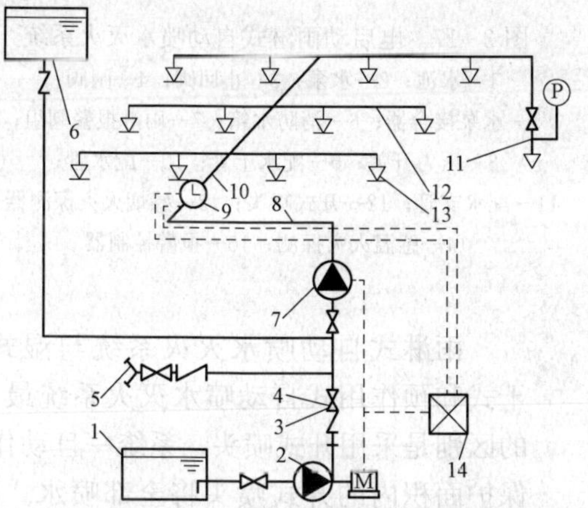

图 3-14　湿式自动喷水灭火系统

1—水池；2—水泵；3—止回阀；4—闸阀；
5—水泵接合器；6—消防水箱；7—湿式报警阀组；
8—配水干管；9—水流指示器；10—配水管；
11—末端试水装置；12—配水支管；13—闭式喷头；
14—报警控制器；P—压力表；M—驱动电动机

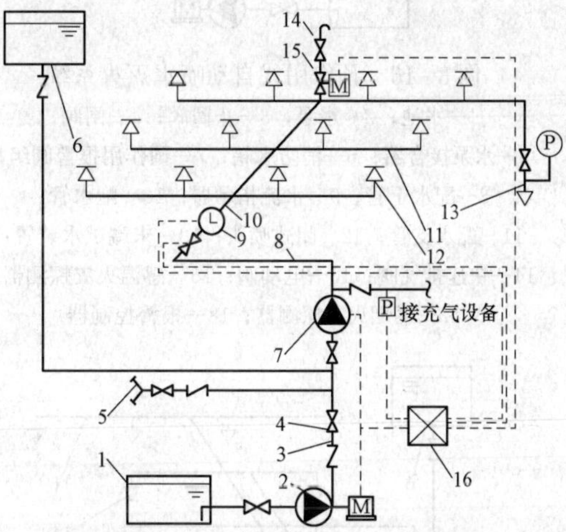

图 3-15　干式自动喷水灭火系统

1—水池；2—水泵；3—止回阀；4—闸阀；
5—水泵结合器；6—消防水箱；7—干式报警阀组；
8—配水干管；9—水流指示器；10—配水管；
11—配水支管；12—闭式喷头；13—末端试水装置；
14—快速排气阀；15—电动阀；16—感温火灾探测器

(3) 预作用式自动喷水灭火系统。平时，配水管道内不充水，而充以有压或无压的气体。火灾发生时，由感烟（或感温、感光）火灾探测器报警并同时发出信息开启报警信号，报警信号延迟 30s 证实无误后，自动启动预作用报警阀而向喷水管网中自动充水，转为湿式自动喷水灭火系统。当火灾温度继续升高，闭式喷头的闭锁装置脱落，喷头即自动喷水灭火。预作用式喷水灭火系统的组成如图 3-16 所示。该系统适用于室温低于 4℃或高于 70℃，或不允许有水渍损失的建筑物。

(4) 雨淋式自动喷水灭火系统。平时，配水管道内无水，火灾发生时，自动报警系统或传动管控制系统自动开启雨淋报警阀、启动供水泵，通过管网向开式洒水喷头供水灭火。其适用于火灾发生时燃烧猛烈、蔓延迅速、闭式喷头开放不能立即使喷水有效覆盖着火区域的某些严重危险建筑物或场所，如舞台和葡萄架等。雨淋式自动喷水灭火系统的组成如图 3 - 17、图 3 - 18 所示。

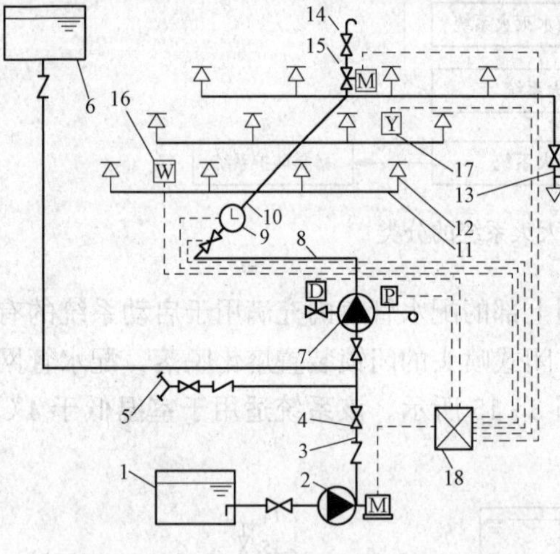

图 3 - 16 预作用式自动喷水灭火系统

1—水池；2—水泵；3—止回阀；4—闸阀；5—水泵接合器；6—消防水箱；7—预作用报警阀组；8—配水干管；9—水流指示器；10—配水管；11—配水支管；12—闭式喷头；13—末端试水装置；14—快速排气阀；15—电动阀；16—感温火灾探测器；17—感烟火灾探测器；18—报警控制器

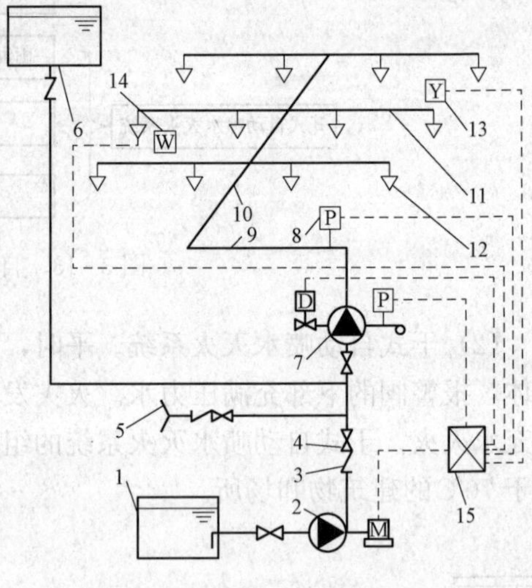

图 3 - 17 电启动雨淋式自动喷水灭火系统

1—水池；2—水泵；3—止回阀；4—闸阀；5—水泵接合器；6—消防水箱；7—雨淋报警阀组；8—压力开关；9—配水干管；10—配水管；11—配水支管；12—开式喷头；13—感烟火灾探测器；14—感温火灾探测；15—报警控制器

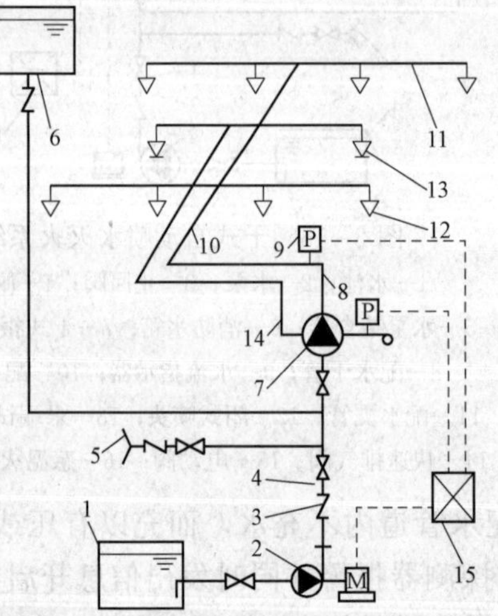

图 3 - 18 充液（水）传动管启动雨淋式自动喷水灭火系统

1—水池；2—水泵；3—止回阀；4—闸阀；5—水泵接合器；6—消防水箱；7—雨淋报警阀组；8—配水干管；9—压力开关；10—配水管；11—配水支管；12—开式喷头；13—闭式喷头；14—传动管；15—报警控制器

雨淋式自动喷水灭火系统与湿式、干式和预作用式自动喷水灭火系统最大的区别是采用开式喷头，系统一旦动作，保护面积内的开式喷头将全部喷水。闭式自动喷水灭火系统因为喷头开放速度明显慢于火灾燃烧速度，而对火势发展迅猛、蔓延迅速的火灾效果较差。

（5）水幕灭火系统。火灾发生时，利用感温雨淋阀或人工操作的通用阀组控制开式喷头或水幕喷头喷水。在工程中用于挡烟阻火的称防火分隔水幕，用于冷却分隔目的称防护冷却水幕。水幕一般安装在舞台口、防火卷帘，以及需要设水幕保护的门、窗、孔、洞，直接将水喷向被保护对象。水幕灭火系统的组成如图 3 - 19 所示。

(6) 水喷雾灭火系统。水喷雾灭火系统是由水源、供水设备、管道、雨淋报警阀组、过滤器和水雾喷头等组成，向保护对象喷射水雾灭火或防护冷却的灭火系统。其适用于扑救固体火灾、闪点高于 60℃的液体火灾和电气火灾，并可用于可燃气体和甲、乙、丙类液体的生产、储存装置或装卸设施的防护冷却。

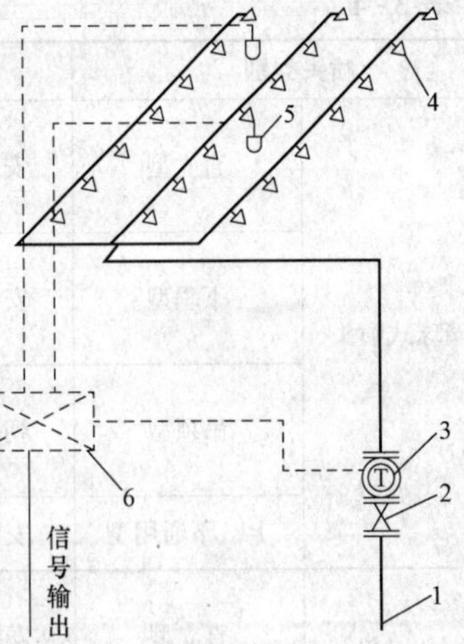

图 3-19 水幕灭火系统

1—供水管；2—闸阀；3—控制阀；4—水幕喷头；5—火灾探测器；6—火灾报警控制箱

自动喷水灭火系统的灭火原理是冷却降温，而水喷雾灭火系统的灭火原理是冷却、窒息、乳化及稀释。

冷却是指同体积的水以水雾滴形态喷出（比直射流形态喷出时表面积大几百倍），当水雾滴喷射到燃烧表面时，因为换热面积大而吸收大量的热，迅速汽化，使燃烧表面迅速降温。

窒息是指水雾滴受热汽化后形成原体积 1680 倍的水蒸气，使燃烧物周围空气含氧量降低，燃烧因缺氧而受抑或中断。

乳化是指水雾滴喷射到燃烧液体表面时，水雾滴在液体表面的冲击搅拌，使不溶于水的液体表层乳化，由于乳化层的不燃性，造成燃烧中断。

稀释是指水雾滴稀释了水溶性液体，使液体的燃烧速度降低而较易扑灭火灾。

二、自动喷水灭火系统的主要组件

1. 喷头

(1) 闭式喷头。闭式喷头是闭式自动喷水灭火系统的关键组件，它是通过热敏释放机构的动作而喷水。喷头由喷水口、温感释放器和溅水盘组成。

闭式喷头的分类见表 3-3、图 3-20，适用场所见表 3-4。

表 3-3　　闭式喷头的分类

分类依据	类别名称
按感温元件	易熔合金锁片喷头、玻璃球式喷头
按溅水盘形式	直立型、下垂型、边墙型、吊顶型等
按感温级别	57、68、79、93、141℃
按热敏性能	标准反应喷头、快速反应喷头

注　1. 感温级别按喷头公称动作温度划分，喷头公称动作温度应比环境最高温度高 30℃左右。

2. 标准反应喷头对火反应有热滞后现象，快速反应喷头对火反应敏感，开启速度快。

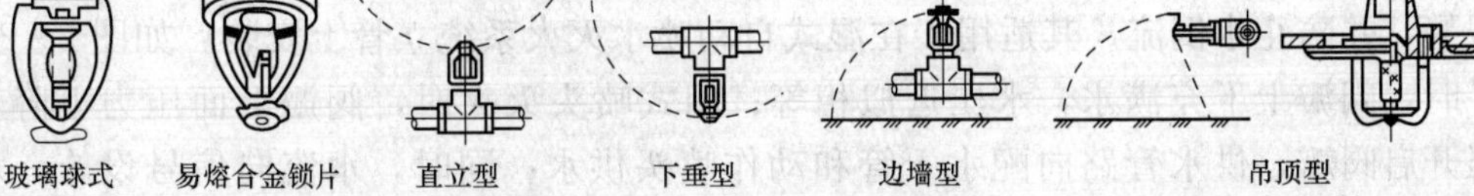

图 3-20 闭式喷头的类型

表 3-4 常用闭式喷头的安装及适用场所

喷头类别		喷头安装方式	适用场所
玻璃球式喷头	直立型	安装在配水管上方	设置场所无吊顶、水管沿梁下布置，上、下方均需保护的场所
	下垂型	安装在配水管下方	设置场所有吊顶、水管在吊顶内布置，吊顶下方均需保护的场所
	吊顶型	朝下隐藏安装在吊顶内	设置场所有吊顶、水管在吊顶内布置，吊顶下方均需保护、美观要求较高的场所
	上、下通用型	安装在配水管上、下方	设置场所无吊顶，上、下方均需保护的场所
易熔合金锁片喷头	直立型	安装在配水管上方	设置场所无吊顶、水管沿梁下布置，上、下方均需保护的场所
	下垂型	安装在配水管下方	设置场所有吊顶、水管在吊顶内布置，吊顶下方均需保护的场所
	干式下垂型	安装在配水管下方	适用于干式或预作用式自动喷水灭火系统
	边墙型	垂直式安装在配水管上方，水平式水平安装	安装空间狭小，或层高小的走廊、房间

（2）开式喷头。开式喷头不是热敏元件的喷头，可分为洒水喷头、水幕喷头、水雾喷头等。开式喷头的类型如图 3-21 所示。

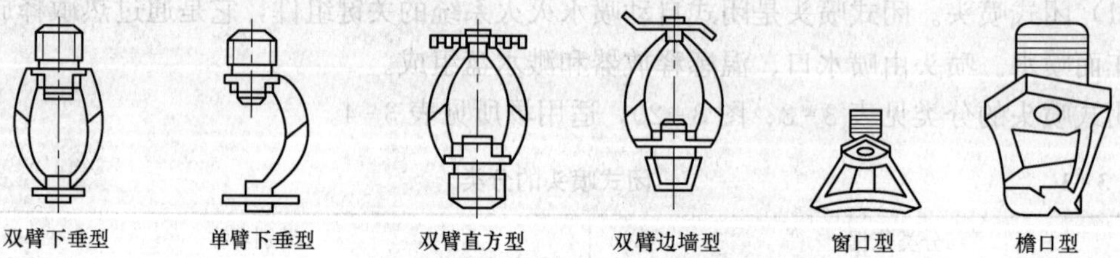

图 3-21 开式喷头的类型

2. 报警阀

火灾发生时，随着闭式喷头的开启喷水，报警阀也自动开启发出水流信号报警，其报警装置有水力警铃和电动报警器两种。前者用水力推动打响警铃，后者用水压启动压力开关或水流指示器发出报警信号。

（1）湿式报警阀。接通或关断报警水流，喷头动作后，报警水流驱动水力警铃和压力开关报警，并防止水倒流。其适用于在湿式自动喷水灭火系统立管上安装。如图 3-22 所示，平时，阀瓣上下充满水，水压近似相等；闭式喷头灭火时，阀瓣上面压力下降，下部水压开启阀瓣，供水管路向配水干管和动作喷头供水；同时，水流向信号设施，水力警铃报警。

（2）干式报警阀。接通或关断报警水流，喷头动作后，报警水流驱动水力警铃和压力开关报警，并防止水倒流。其适用于在干式自动喷水灭火系统立管上安装。如图 3-23 所示，平时，阀瓣上面配水管内的总空气压力大于阀瓣下面供水水压，报警阀处于关闭位置；火灾发生时，闭式喷头打开，空气泄出，管道内空气压力下降至低于供水压力时，阀瓣打开，下部的水向配水干管和动作喷头供水；同时，水流向信号设施，启动压力开关和水力警铃报警。

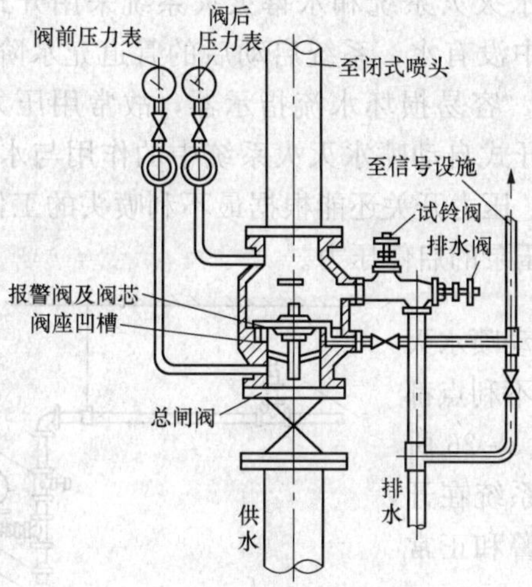

图 3-22　湿式报警阀

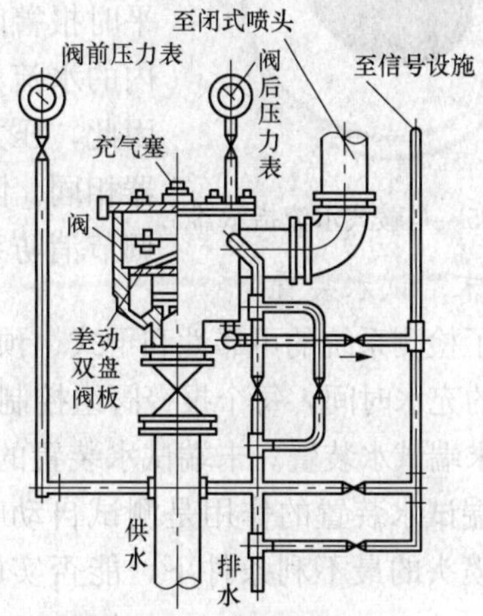

图 3-23　干式报警阀

（3）雨淋报警阀。雨淋报警阀也称雨淋阀，在雨淋、水喷雾、水幕等开式自动喷水灭火系统中用于接通或关断向配水管道的供水。常见的隔膜式雨淋阀，如图 3-24 所示，阀瓣上方为自由空气，阀瓣用锁定机构扣住，锁定机构的动力由供水压力提供。火灾发生时，启动装置使锁定机构上作用的供水压力迅速降低，从而使阀瓣脱扣、开启，供水进入喷淋管道。

（4）预作用阀。预作用阀适用于在预作用式自动喷水灭火系统立管上安装，一般主要由雨淋阀和湿式报警阀上下串接而成，其工作原理与雨淋阀相似。平时靠供水压力为锁定机构提供动力，把阀瓣扣住。探测器喷头动作后，锁定结构上作用的供水压力迅速降低，使阀瓣脱扣、开启，供水进入喷淋管道。

3. 水流指示器

水流指示器一般安装在闭式自动喷水灭火系统中，是将水流信号转换成电信号，准确指示火灾发生部位的装置。

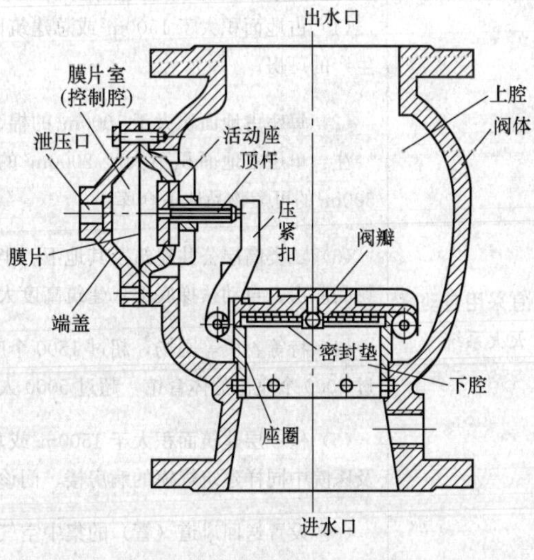

图 3-24　隔膜式雨淋阀

《自动喷水灭火系统设计规范》（GB 50084—2017）规定，除报警阀组控制的洒水喷头只保护不超过防火分区面积的同层场所外，每个防火分区、每个楼层均应设水流指示器。水流指示器常见的类型有马鞍式，如图 3-25 所

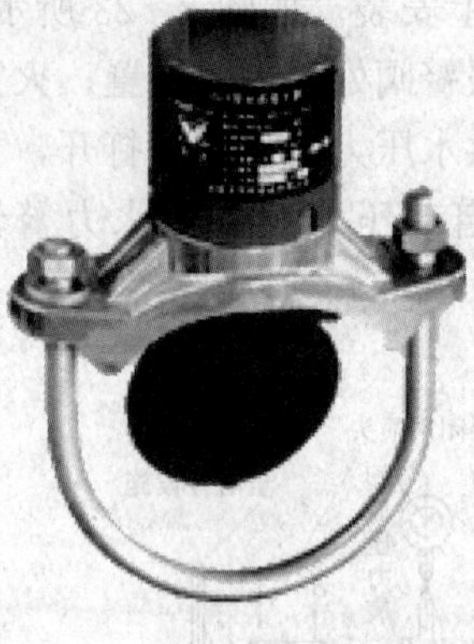

图 3-25 马鞍式水流指示器

示。火灾发生时，喷头喷水，管道内水流动，冲击叶片向水流方向偏移倾斜，动作杆挤压小型开关，电触点闭合，给出电触点信号。当水流停止，叶片和动作杆复位，小型开关触点断开，电触点信号消除。

4. 压力开关

雨淋式自动喷水灭火系统和水幕灭火系统采用开式喷头，平时报警阀后管路中没有水，系统启动后的管道充水阶段，管内的水流速度较快，容易损坏水流指示器，故常用压力开关。因此，压力开关在开式自动喷水灭火系统中的作用与水流指示器相同。除此之外，压力开关还能根据最不利喷头的工作压力，调节消防系统中稳压泵的启停压力。

5. 末端试水装置

为了检测系统的可靠性和干式、预作用式自动喷水灭火系统的充水时间，每个报警阀组控制的管网最不利点都要安装末端试水装置。末端试水装置的组成如图 3-26 所示。末端试水装置的作用是测试自动喷水灭火系统在开放一只喷头的最不利条件下，能否实施可靠报警和正常启动。

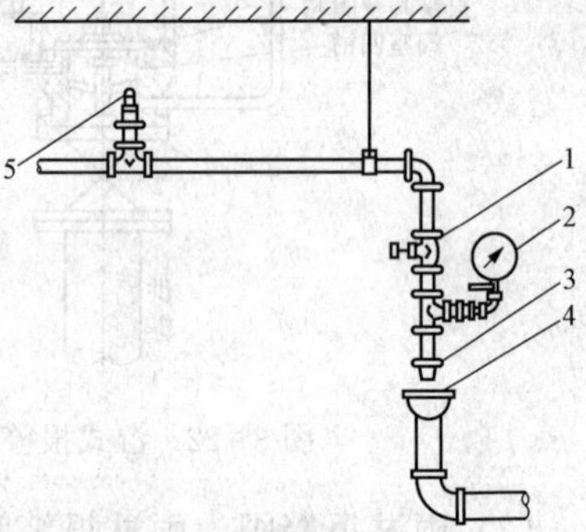

图 3-26 末端试水装置

1—截止阀；2—压力表；3—试水接头；4—排水漏斗；5—最不利处喷头

三、自动喷水灭火系统的设置原则

根据《建筑设计防火规范(2018年版)》(GB 50016—2014)的规定，除另有规定和不宜用水保护或灭火的场所外，表 3-5 所列建筑或场所应设置自动喷水灭火系统。

表 3-5 应设置自动喷水灭火系统的建筑或场所（部分）

类型	设置场所
宜采用自动喷水灭火系统	（1）占地面积大于 1500m² 或总建筑面积大于 3000m² 的单、多层制鞋、制衣、玩具及电子等类似生产的厂房。 （2）每座占地面积大于 1000m² 的棉、毛、丝、麻、化纤、毛皮及其制品的仓库。 注：单层占地面积不大于 2000m² 的棉花库房，可不设置自动喷水灭火系统；总建筑面积大于 500m² 的可燃物品地下仓库。 （3）二类高层公共建筑及其地下、半地下室的公共活动用房、走道、办公室和旅馆的客房、可燃物品库房、自动扶梯底部；建筑高度大于 100m 的住宅建筑。 （4）特等、甲等剧场，超过 1500 个座位的其他等级的剧场，超过 2000 个座位的会堂或礼堂，超过 3000 个座位的体育馆，超过 5000 人的体育场的室内人员休息室与器材间等。 （5）任一层建筑面积大于 1500m² 或总建筑面积大于 3000m² 的展览、商店、餐饮和旅馆建筑，以及医院中同样建筑规模的病房楼、门诊楼和手术部。 （6）设置送回风道（管）的集中空气调节系统，且总建筑面积大于 3000m² 的办公建筑等；藏书量超过 50 万册的图书馆。 （7）大、中型幼儿园，老年人照料设施；总建筑面积大于 500m² 的地下或半地下商店

续表

类型	设置场所
宜采用水幕灭火系统	(1) 特等、甲等剧场、超过1500个座位的其他等级的剧场，超过2000个座位的会堂或礼堂和高层民用建筑内超过800个座位的剧场或礼堂的舞台口及上述场所内与舞台相连的侧台、后台的洞口。 (2) 应设置防火墙等防火分隔物而无法设置的局部开口部位。 (3) 需要防护冷却的防火卷帘或防火幕的上部。 注：舞台口也可采用防火幕进行分隔，侧台、后台的较小洞口宜设置乙级防火门、窗
宜采用雨淋式自动喷水灭火系统	(1) 日装瓶数量大于3000瓶的液化石油气储配站的灌瓶间、实瓶库。 (2) 特等、甲等剧场、超过1500个座位的其他等级剧场和超过2000个座位的会堂或礼堂的舞台、葡萄架下部。 (3) 建筑面积不小于400m²的演播室，建筑面积不小于500m²的电影摄影棚
宜采用水喷雾灭火系统	(1) 单台容量在40MVA及以上的厂矿企业油浸变压器，单台容量在90MVA及以上的电厂油浸变压器，单台容量在125MVA及以上的独立变电站油浸变压器。 (2) 飞机发动机试验台的试车部位。 (3) 充可燃油并设置在高层民用建筑内的高压电容器和多油开关室。 注：设置在室内的油浸变压器、充可燃油的高压电容器和多油开关室，可采用细水雾灭火系统

四、自动喷水灭火系统配水管材及连接要求

配水管道可采用内外壁热镀锌钢管、涂覆钢管、铜管、不锈钢管和氯化聚氯乙烯（PVC-C）管。当报警阀入口前管道采用不防腐的钢管时，应在报警阀前设置过滤器。

热镀锌钢管、涂覆钢管可采用沟槽式连接件（卡箍）、螺纹或法兰连接，当报警阀前采用内壁不防腐钢管时，可焊接连接；铜管可采用钎焊、沟槽式连接件（卡箍）、法兰和卡压等连接方式；不锈钢管可采用沟槽式连接件（卡箍）、法兰、卡压等连接方式，不宜采用焊接；氯化聚氯乙烯（PVC-C）管材、管件可采用粘接连接，氯化聚氯乙烯（PVC-C）管材、管件与其他材质管材、管件之间可采用螺纹、法兰或沟槽式连接件（卡箍）连接；铜管、不锈钢管、氯化聚氯乙烯（PVC-C）管应采用配套的支架、吊架。

第四节 其他常用灭火设施

随着我国的能源、化工、电子、轻工等工业突飞猛进地发展，规模巨大的工业、民用建筑大量涌现，各种火灾频频发生，传统的灭火剂——水，对一些火灾无能为力，甚至还可能带来更大的损失，作为保护公民人身安全、公共财产和公民财产安全的各种固定灭火设施，也日益显示其重要性。因此，对不同性质的火灾，要采用不同的灭火方法和手段，才能有效地熄灭和控制火灾。

一、二氧化碳灭火系统

二氧化碳在常温常压条件下为无色、无味的气体，不能燃烧也不帮助燃烧，达到一定的浓度时可以使人窒息。

二氧化碳的主要灭火作用在于隔绝燃烧需要的氧气，其次是冷却。灭火时，二氧化碳从储存系统中释放出来，压力骤然下降，使得二氧化碳由液态迅速变为气态，吸收周围的热

量，从而冷却燃烧物。释放出来的二氧化碳可以稀释燃烧物周围空气中的含氧量，使燃烧时热的产生率减小，当热的产生率低于热散失率的程度时，燃烧就会停下来，这就是二氧化碳的窒息作用。

二氧化碳灭火系统按储压等级可分为高压系统和低压系统；按防护区的特征和灭火方式可分为全淹没灭火系统和局部应用灭火系统；按系统结构特点可分为管网输送系统和无管网灭火装置；按管网的布置形式可分为均衡管网系统和非均衡管网系统。

二氧化碳灭火是一种物理的、没有化学变化的气体灭火系统，因其具有不污染保护物、灭火快、空间淹没效果好等优点，在工业发达国家应用相当广泛。一般可以使用卤代烷灭火系统的场合均可采用二氧化碳灭火系统，由于卤代烷灭火剂释放氟氯可破坏地球的臭氧层，为了保护地球环境，而淘汰灭火效率较高的卤代烷 1301 和 1211。二氧化碳灭火系统日益被重视，但因二氧化碳灭火系统对人有致命的危害、造价高，一般很少在民用建筑中应用。

二氧化碳灭火系统由储存装置（含储存容器、单向阀、容器阀、集流管及称重检漏装置等）、管道、管件、二氧化碳喷头及选择阀组成，如图 3-27 所示。

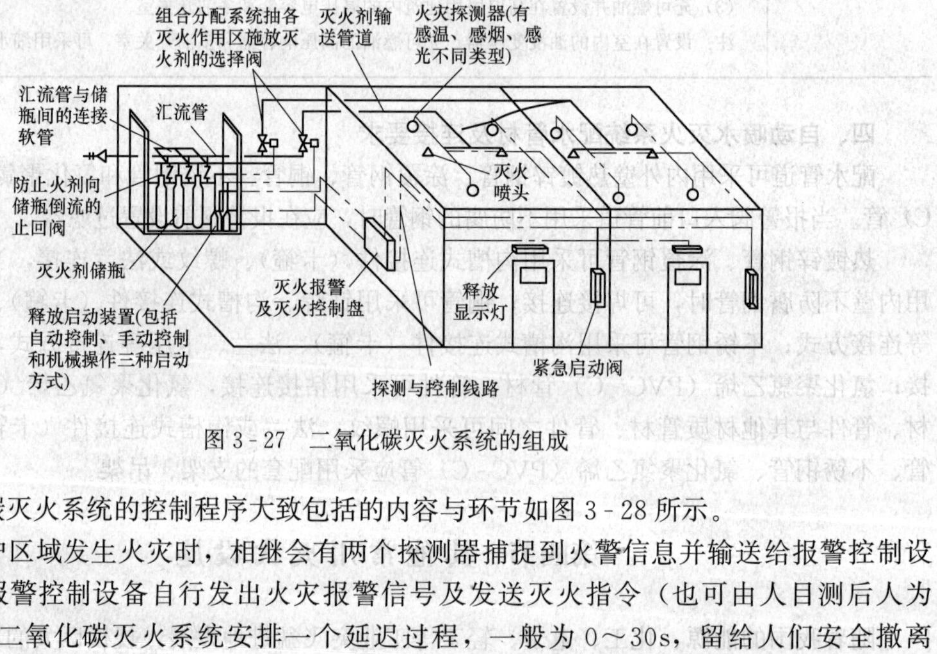

图 3-27　二氧化碳灭火系统的组成

二氧化碳灭火系统的控制程序大致包括的内容与环节如图 3-28 所示。

当被保护区域发生火灾时，相继会有两个探测器捕捉到火警信息并输送给报警控制设备，此时，报警控制设备自行发出火灾报警信号及发送灭火指令（也可由人目测后人为发出）。启动二氧化碳灭火系统安排一个延迟过程，一般为 0～30s，留给人们安全撤离火区。

对于全淹没灭火方式，灭火动作后，为防止复燃，应保持 20min 才可进行通风换气、开放门窗。

二、蒸汽灭火系统

水蒸气是含热量高的惰性气体。水蒸气能冲淡燃烧区的可燃气体，降低空气中氧的含量，使燃烧窒息，有良好的灭火作用。饱和蒸汽的灭火效果优于过热蒸汽，尤其是扑灭高温设备的油气火灾，饱和蒸汽不仅能迅速扑灭泄漏处火灾，而且不会引起设备的损坏（用水扑救高温设备火灾会造成设备破裂）。蒸汽灭火系统具有设备简单、造价低、淹没性好等优点，但不适用于体积大、面积大的火区，不适于扑灭电器设备、贵重仪表、文

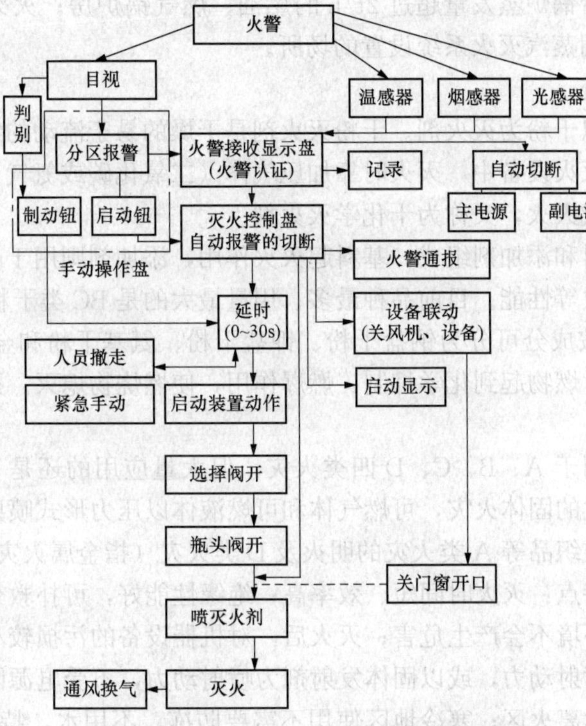

图 3-28 二氧化碳灭火系统控制程序方框图

物档案等火灾。

蒸汽灭火系统有固定式和半固定式两种。

固定式蒸汽灭火系统为全淹没式灭火系统，用于扑灭整个房间、舱室的火灾，即使燃烧房间惰性化而熄灭火焰，对保护容积不大于 500m³ 的空间效果较好。固定式蒸汽灭火系统一般由蒸汽源、输气干管、配气支管、配气管等组成，如图 3-29 所示。

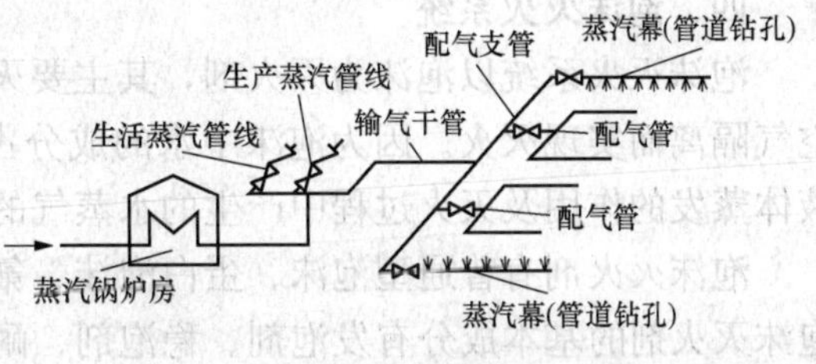

图 3-29 固定式蒸汽灭火系统

半固定式蒸汽灭火系统用于扑救局部火灾，利用水蒸气的机械冲击力量吹散可燃气体，并瞬间在火焰周围形成蒸汽层扑灭火灾。半固定式蒸汽灭火系统由蒸汽源、输气干管、配气支管、接口短管等组成，如图 3-30 所示；蒸汽喷枪如图 3-31 所示。

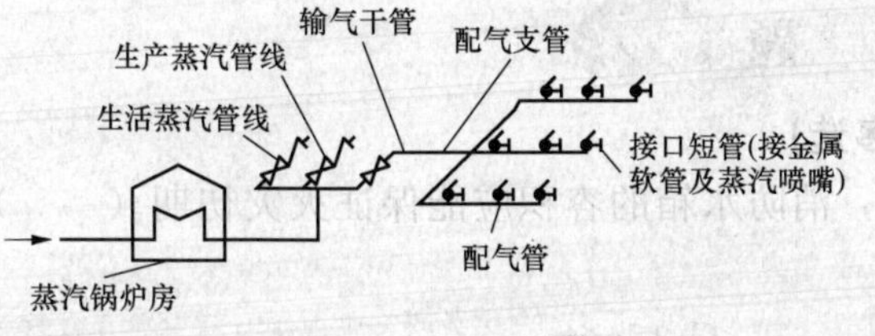

图 3-30 半固定式蒸汽灭火系统

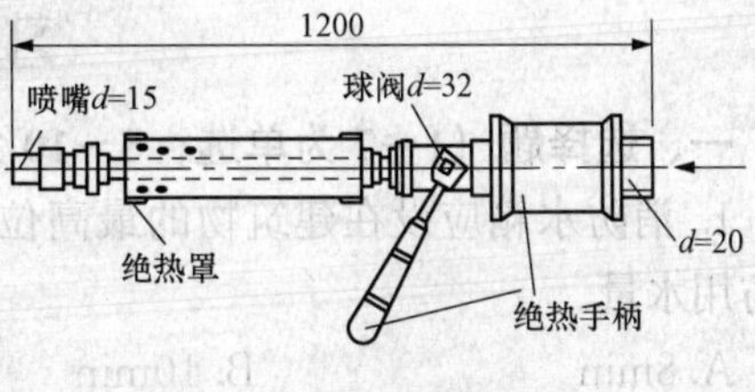

图 3-31 蒸汽喷枪示意图

蒸汽灭火系统的设置范围：使用蒸汽的甲、乙类厂房和操作温度等于或超过本身自燃点的丙类液体厂房；单台锅炉蒸发量超过 2t/h 的燃油、燃气锅炉房；火柴厂的火柴生产联合机部位；有条件并适用蒸汽灭火系统设置的场所。

三、干粉灭火系统

干粉灭火系统是以干粉为灭火剂。干粉灭火剂是干燥的易于流动的细微粉末，平时储存于干粉灭火器或干粉灭火设备中，灭火时靠加压气体（二氧化碳或氮气）的压力将干粉从喷嘴射出，以粉雾的形式灭火，又称为干化学灭火剂。

干粉灭火剂由基料和添加剂组成，基料起灭火作用，添加剂则用于改善干粉灭火剂的流动性、防潮性、防结块等性能。目前品种最多、用量最大的是 BC 类干粉，即用于 B 类火灾和 C 类火灾的干粉；按成分可分为钠盐干粉、钾盐干粉、氨基干粉和金属干粉（用于 D 类火灾）等。干粉主要对燃物起到化学抑制、燃爆作用，使燃烧物熄灭。灭火剂的选用应根据燃烧物的性质确定。

干粉灭火系统适用于 A、B、C、D 四类火灾，但大量应用的还是 B、C 类火灾，如易燃、可燃液体和可熔化的固体火灾，可燃气体和可燃液体以压力形式喷射的火灾，各种电气火灾，木材、纸张、纺织品等 A 类火灾的明火及 D 类火灾（指金属火灾，如钾、钠等）。

干粉灭火系统的特点：灭火时间短、效率高；绝缘性能好，可扑救带电设备的火灾；对人畜无毒或低毒，对环境不会产生危害；灭火后，对机器设备的污损较小；以有一定压力的二氧化碳或氮气作为喷射动力，或以固体发射剂为喷射动力，不受电源限制；干粉能较长距离输送，干粉设备可远离火区；寒冷地区使用不需要防冻；不用水，特别适用于缺水地区；干粉灭火剂长期储存不变质。

干粉灭火系统按其安装方式可分为固定式、半固定式；按喷射方式可分为全淹没式和局部施用式；按其控制启动方式又可分为自动启动控制和手动控制。

四、泡沫灭火系统

泡沫灭火系统以泡沫为灭火剂，其主要灭火机理是通过泡沫的隔断作用，将燃烧液体与空气隔离而实现灭火。因为泡沫中水的成分占 96%以上，所以它同时伴有冷却而降低燃烧液体蒸发的作用及灭火过程中产生的水蒸气的窒息作用，进而使燃烧熄灭。

泡沫灭火剂有普通型泡沫、蛋白泡沫、氟蛋白泡沫、水成漠泡沫、成漠氟蛋白泡沫等。泡沫灭火剂的基本成分有发泡剂、稳泡剂、耐液添加剂、助溶剂、抗冻剂及其他添加剂等。

泡沫灭火系统主要由消防泵、泡沫比例混合装置、泡沫产生装置及管道等组成。

泡沫灭火系统按发泡倍数可分为低倍数、中倍数和高倍数灭火系统；按使用方式可分为全淹没式、局部应用式和移动式灭火系统；按泡沫的喷射方式可分为液上喷射、液下喷射和喷淋喷射三种形式。

习　题

一、选择题（1～7 为单选；8～10 为多选）

1. 消防水箱应设在建筑物的最高位置，消防水箱的容积应能保证火灾初期（　　）的消防用水量。

A. 8min　　　　B. 10min　　　　C. 15min

2. 室内消火栓应设在明显易于取用地点。栓口离地面高度为（　　），其出水方向宜向下或与设置消火栓的墙面成 90°。

A. 1.1m　　B. 1.2m　　C. 1.0m

3. 闭式喷头是闭式自动喷水灭火系统的关键组件，它是通过（　　）的动作而喷水。

A. 铰链机构　　B. 手动　　C. 热敏释放机构

4. （　　）一般安装在闭式自动喷水灭火系统中，是将水流信号转换成电信号，准确指示火灾发生部位的装置。

A. 报警阀　　B. 水流指示器　　C. 感烟探测器

5. 二氧化碳的主要灭火作用在于隔绝燃烧需要的氧气，其次是（　　）。

A. 抑制　　B. 窒息　　C. 冷却

6. 建筑消火栓给水系统一般由水枪、水带、（　　）、消防管道、消防水箱、消防水池、（　　）及增压水泵等组成。

A. 消火栓　　B. 水泵接合器　　C. 气压给水罐

7. 下列建筑或场所，可不设置室内消火栓系统的是（　　）。

A. 建筑占地面积大于 $300m^2$ 的厂房（仓库）

B. 建筑高度大于 15m 或体积大于 $10000m^3$ 的办公建筑、教学建筑和其他单、多层民用建筑

C. 粮食仓库、金库、远离城镇且无人值班的独立建筑

8. 灭火的基本原理可以归纳为冷却、（　　）、（　　）、化学抑制。

A. 窒息　　B. 隔离　　C. 物理抑制

9. 自动喷水灭火系统配水管道可采用内外壁（　　）、涂覆钢管、铜管、（　　）和氯化聚氯乙烯（PVC-C）管。

A. 热镀锌钢管　　B. PP-R　　C. 不锈钢管

10. 占地面积大于（　　）或总建筑面积大于（　　）的单、多层制鞋、制衣、玩具及电子等类似生产的厂房，宜设置自动喷水灭火系统。

A. $1500m^2$；$3000m^2$　　B. $1200m^2$；$3000m^2$　　C. $1500m^2$；$2500m^2$

二、简答题

1. 灭火的基本原理有哪几种？举例说明对应的灭火方式。
2. 消火栓灭火系统有哪几种给水方式？说明适用条件。
3. 自动喷水灭火系统按报警阀形式可分为哪几种类型？说明各自适用的场合。
4. 自动喷水灭火系统的主要组件有哪些？说明各自的作用。
5. 干粉灭火系统有什么特点？

第四章 建筑内部排水系统

第一节 排水系统的分类

建筑内部排水是建筑给排水工程的主要组成部分之一。建筑内部排水系统的任务是将房屋卫生设备或生产设备收集的工业废水、生活污水和降落在屋面的雨雪水，有组织地通过室内排水管道排至室外排水管网中去。

按照所排除的污（废）水性质，建筑内部排水系统分成生活污（废）水排水系统、工业污（废）水排水系统、屋面雨（雪）水排水系统三类。

一、生活污（废）水排水系统

生活污（废）水排水系统可分为生活污水排水系统和生活废水排水系统。

1. 生活污水排水系统

生活污水是指从大小便器（槽）等用途相似的卫生设备中排除的污水，包括粪便污水和生活废水。

2. 生活废水排水系统

生活废水是指从洗涤、淋浴、盥洗等卫生设备排泄的洗涤水。

生活污水排水系统含有便纸、粪便等固形物，生活废水排水系统含有洗涤剂及细小悬浮杂质，相比生活污水干净。

二、工业污（废）水排水系统

工业污（废）水排水系统可分为生产污水排水系统和生产废水排水系统。

1. 生产污水排水系统

生产污水是指排除生产过程中被污染的工业废水（包含热污染），如含镉、含氰废水、酸、碱废水等，也包含因水温过高，排放后会造成热污染的工业废水。受到较严重污染的生产废水需处理才能进行排放。

2. 生产废水排水系统

生产废水是指生产排水中受轻微污染（只有少量悬浮物或无机杂质）、未受污染（不含有毒物质或有机物），以及只是水温稍有升高经简单处理后又能循环使用的工业废水，如空调机、冷冻机排出的冷却水、洗涤废水等。

三、屋面雨（雪）水排水系统

屋面上降落的雨水、融化的雪水经屋面雨（雪）水管道系统排除。

第二节 排水系统的体制及组成

一、排水系统的体制

排水系统的体制是指污水（生活污水、工业废水、雨水等）的收集、输送和处置的系统方式。排水系统的体制一般可分为合流制和分流制两种。

1. 建筑合流制排水

合流制系统是采用一种方式对待所有废水的体制，是指将生活污水、工业废水、雨水在同一管道内排出的系统。合流制系统造价低、施工容易，但不利于污水处理和系统管理。

2. 建筑分流制排水

分流制系统是采用不同方式对待不同性质的废水的体制，是将生活污水、工业废水、雨水在两个或两个以上管渠排放的系统。分流制系统造价较高，但易于维护，有利于污水处理。建筑内部排水分流或合流体制的确定，应根据污水性质、污染程度、结合建筑外部排水体制、有利于综合利用、中水系统的开发、污水的处理要求等因素考虑。

二、排水系统的组成

建筑内部排水系统一般由卫生器具或生产设备受水器、排水管系统、通气管系统、清通设备、污水抽升设备、室外排水管道及污水局部处理构筑物等部分组成，如图 4-1 所示。

1. 卫生器具或生产设备受水器

卫生器具又称卫生设备或卫生洁具，是建筑内部排水系统的起点，是接纳、排除人们在日常生活中产生的污（废）水或污物的容器或装置，接纳各种污（废）水后经过存水弯和卫生器具支管流进排水横支管。生产设备受水器是接纳、排除工业企业在生产过程中产生的污（废）水或污物的容器或装置。

2. 排水管系统

排水管道包括连接卫生器具和横支管之间的一段短管，由卫生器具支管（含存水弯）、有一定坡度的横支管、立管、埋地干管和排出管等组成。其作用是将各个用水点产生的污（废）水安全、及时、迅速地输送到室外。

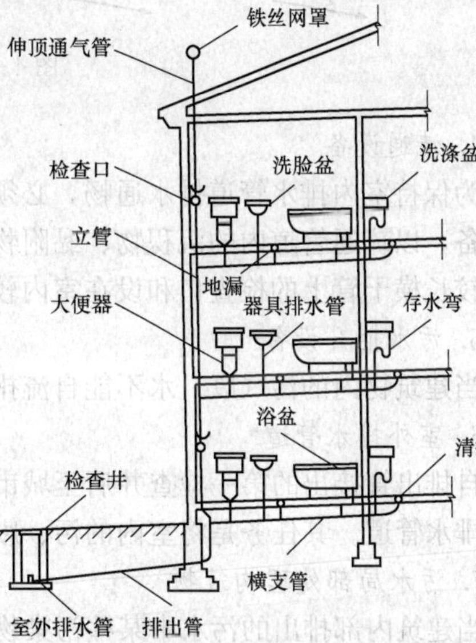

图 4-1 建筑内部排水系统的组成

3. 通气管系统

由于建筑内部排水管内是气、水两相流，为保证排水管道系统内空气流通，压力稳定，避免因管内压力波动使有毒、有害气体进入室内，减少排水系统噪声，需设置通气管系统。其是与大气相通并与排水管系统相贯通的一个系统，内部只能通气、不通水。通气管的作用是排除室内排水管道中污浊的有害气体至大气中；在正常情况下，每根排水立管应延伸至屋顶之上。通气管的形式如图 4-2 所示。

（1）伸顶通气管。一般指最高层器具横支管至伸出屋面的一段立管。

（2）辅助通气立管。与排水立管平行敷设，只作为通气用，又称为专用通气立管、主通气立管或副通气立管。

（3）辅助通气管。又分为环形通气管和器具通气管。

（4）环形通气管。是指连接排水横支管始端与主通气立管或副通气立管的管段。

（5）器具通气管。是指卫生器具存水弯出口端接出的通气管。

（6）结合通气管。是指排水立管与通气立管的连接管段。

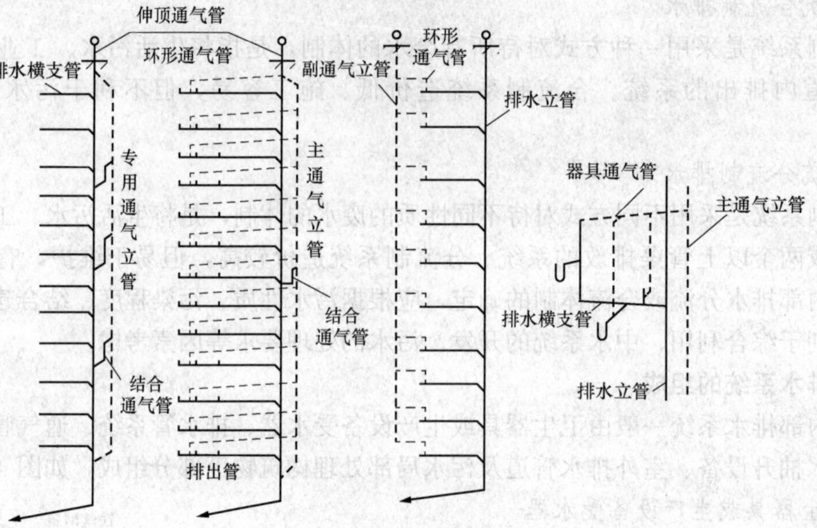

图 4-2 通气管的形式

4. 清通设备

为保持室内排水管道排水通畅，必须经常性检查和疏通管道，在排水管道系统上设置清通设备，以疏通管道内的沉积物、黏附物。清通设备包括设在横支管顶端的清扫口、设在立管或较长横干管上的检查口和设在室内较长埋地横干管上的检查口（井）。

5. 污水抽升设备

当建筑物内的污（废）水不能自流排至室外时，要设置污水抽升设备。

6. 室外排水管道

自排出管接出的第一检查井后至城市排水管网或工业企业排水主干管间的排水管段称为室外排水管道。其任务是将室内的污、废水排至市政或工厂的排水管道中去。

7. 污水局部处理构筑物

当建筑内部排出的污水中某些污染物指标不符合城市排水管道或水体的水质标准，不允许直接排入市政排水管道或水体时，需在建筑物内或附近设置污水局部处理构筑物对所排污水进行必要的处理。根据污水的性质，可以采用不同的污水局部处理设备，如沉淀池、降温池、化粪池、隔（除）油池、中和池、毛发集污井等。

第三节 排水管材及附件

一、排水管材

（一）铸铁排水管

由于排水管道中的污水对金属管材有较强的腐蚀作用，因此建筑内部排水管材一般情况下不采用钢管，因铸铁管的耐腐蚀性能相对钢管强，且造价低，因此我国曾经很长一段时间选择铸铁管作为建筑内部排水管材。铸铁排水管有刚性接口和柔性接口两种方式。刚性接口铸铁管外壁粗糙，承插刚性接口不牢靠，引起接口处滴漏及锈蚀严重，使用寿命不长，而且这种铸铁管脆性大、质量大，给安装带来较大的不便。柔性接口铸铁管具有强度大、抗振性能好、噪声低、防火性能好、寿命长、膨胀系数小、安装施工方便、美观（不带承插口）、耐磨和耐高温性能好的优点，但是造价较高。常用铸铁排水配件，如图 4-3 所示。

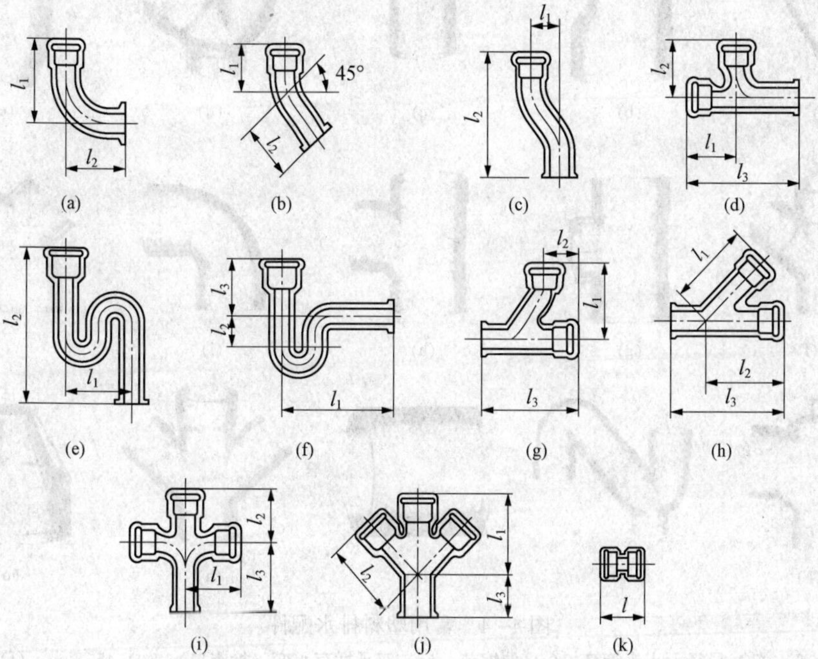

图 4-3 常用铸铁排水配件

（a）90°弯头；（b）45°弯头；（c）乙字管；（d）正三通；（e）S形存水弯；（f）P形存水弯；（g）顺水三通；（h）45°斜三通；（i）正四通；（j）斜四通；（k）管箍

（二）塑料排水管

自 2000 年 6 月起在我国新建的城镇住宅中，已开始禁用手工铸造的灰口铸铁管，取而代之的是硬聚氯乙烯塑料管（简称 UPVC 管）。UPVC 管在建筑内部排水工程中广泛使用，其具有质量轻、表面光滑、外表美观、耐腐蚀、容易切割、便于安装、造价低廉和节能等优点。但塑料管也有强度低、耐温性差（使用温度为−5～50℃）、立管噪声大、暴露于阳光下的管道易老化、防火性能差等缺点。塑料排水管有普通塑料排水管、芯层发泡塑料排水管、拉毛塑料排水管和螺旋消声塑料排水管等几种。常用塑料排水配件，如图 4-4 所示。

（三）其他排水管材

除上述两种应用较多的管材外，还有一些特定条件下应用的排水管材。

1. 焊接钢管

焊接钢管用作卫生器具及生产设备的非腐蚀性排水支管。管径小于或等于 50mm 时可用配件连接或焊接。

2. 无缝钢管

对于检修困难、机器设备振动较大的部位管段及管道内压力较高的非腐蚀排水管，可采用无缝钢管。无缝钢管连接采用焊接或法兰连接。

3. 陶土管

有良好的耐腐蚀性，多用于排除弱酸性生产污水。

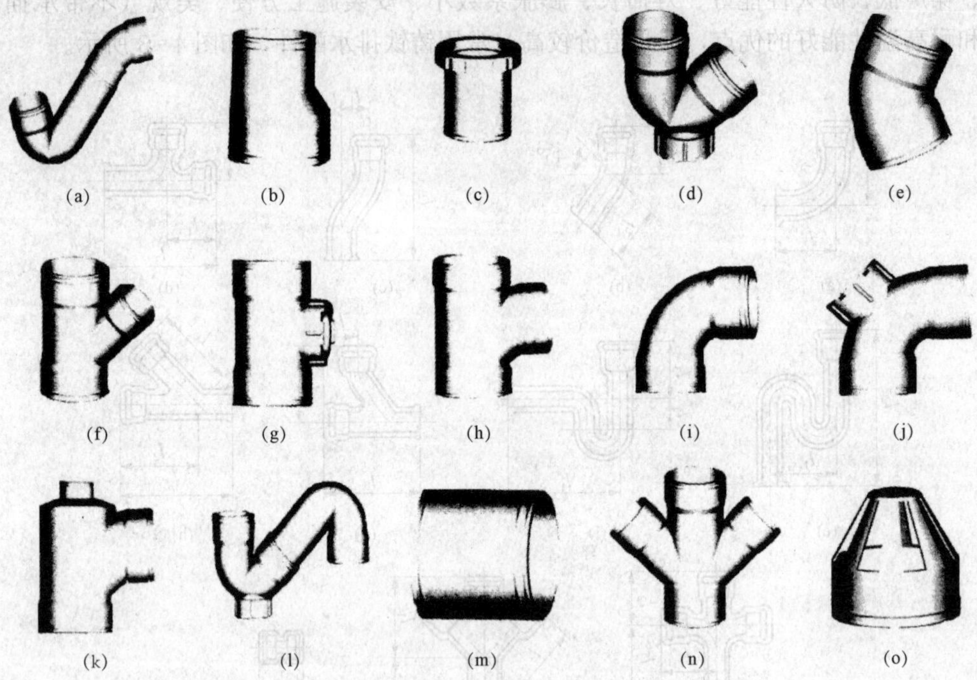

图 4-4 常用塑料排水配件

(a) P形存水弯；(b) 异径大小头管箍；(c) 伸缩节；(d) 双承插存水弯（检查口）；(e) 45°弯头；(f) 45°斜三通；(g) 90°三通（检查口）；(h) 90°顺水三通；(i) 90°弯头；(j) 90°弯头（检查口）；(k) 瓶颈三通；(l) P形存水弯（检查口）；(m) 管箍；(n) 斜四通；(o) 通气帽

4. 耐酸陶土管

适用于排除强酸性生产污水。

5. 石棉水泥管

其质量轻、表面光滑、抗腐蚀性能好，但机械强度低，适用于振动不大的生产污水管或作为生活污水通气管。

6. 特种管道

在工业废水管道中，需排除各种腐蚀性污水、高温及毒性污水，因此常用特种管道，如不锈钢管、铅管、高硅铁管等。

二、附件

（一）存水弯

存水弯是建筑内部排水管道的主要附件之一，是一种水封装置。当卫生器具构造中不具备存水弯（坐式大便器、部分地漏内已有存水弯）与生活污水管道或其他可能产生有害气体的排水管道连接时，必须在卫生器具的排水支管上（即排水口以下）设存水弯，其内形成高度为 50～100mm 的水柱，这部分存水高度称为水封高度。其作用是阻止排水管道内各种污染气体及小虫进入室内。

存水弯为适应多种卫生器具和排水管道的连接，按构造可分为管式存水弯和瓶式存水弯。管式存水弯又可分为 P形、S形、U形等，如图 4-5 所示。

1. P形存水弯

适用于排水横支管距卫生器具出水口位置较近的场所。

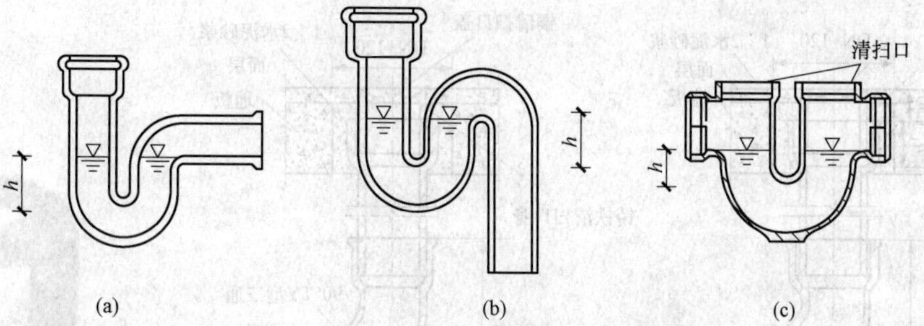

图 4-5　存水弯

2. S 形存水弯

适用于排水横支管距卫生器具出水口较远，卫生器具排水管与排水横支管垂直连接的场所。

3. U 形存水弯

设在水平横支管上。

4. 瓶式存水弯

本身也是由管体组成，但排水管不连续，一般明设在洗脸盆或洗涤盆等卫生器具的排出管上，其特点是易于清通，外形较美观。

（二）检查口

检查口一般装于排水立管上，当立管或立管与横支管连接处有异物堵塞时用于清通的附件，多层或高层建筑的排水立管上，每隔一层设置一个检查口，间距不大于 10m。但在立管的最低层和有卫生器具的最高层必须设置检查口。另外，立管如装有乙字管，则应在该层乙字管上部装设检查口。检查口中心距操作地面设置高度以 1m 为宜，并需高于该层卫生器具上边缘 0.15m，如图 4-6 所示。

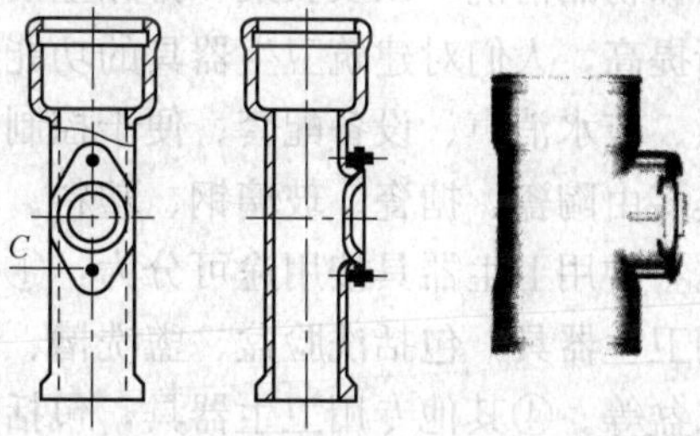

图 4-6　检查口

（三）清扫口

清扫口一般装于排水横支管上，当各层横支管连接卫生器具较多时，横支管起点均应装置清扫口，是用于清扫排水横支管的附件。清扫口安装不应高出地面，应设置在楼板或地坪上且与地面相平，也可用带清扫口的弯头配件或在排水横支管起点设置堵头代替清扫口（有时也可用能供清掏的地漏代替）。当连接 2 个及 2 个以上的大便器或 3 个及 3 个以上的卫生器具的排水横支管、水流转角小于 135°的排水横支管时，均应设置清扫口，如图 4-7 所示。

（四）地漏

地漏是一种内有水封，用来排放地面水的特殊排水装置，通常装在地面须经常清洗（如食堂、餐厅）、有水溅落的卫生器具（如浴盆、洗脸盆、小便器、洗涤盆等）附近地面或地面有水需要排除的场所（如淋浴间、水泵房、厕所、盥洗间、卫生间），住宅还可用其作为洗衣机排水口。地漏不但具有排泄污水的功能，也可代替地面清扫口起到清掏作用。

地漏按其构造有扣碗式、多通道式、双箅杯式、防回流式、密闭式、无水式、防冻式、侧墙式及洗衣机专用地漏等多种形式。

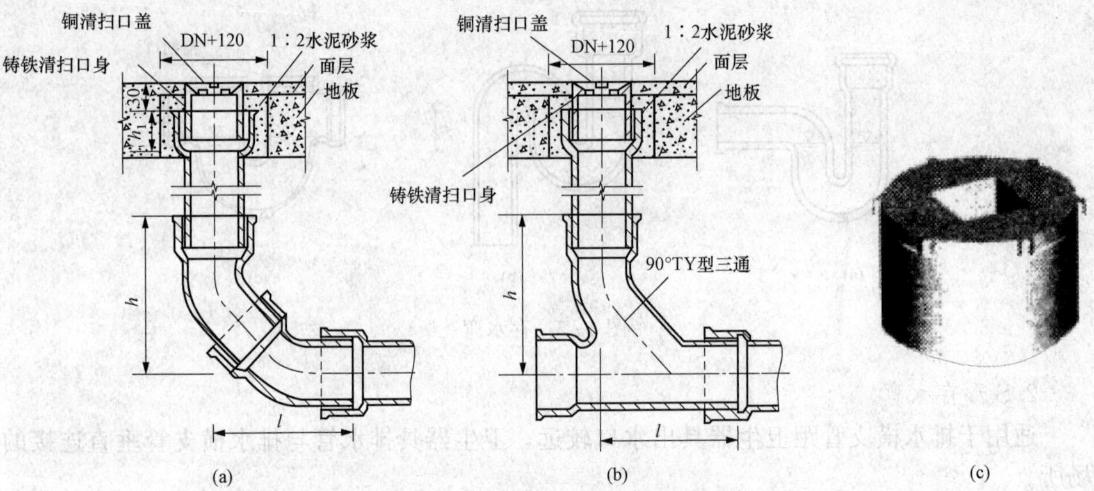

图 4-7　清扫口

(a) Ⅰ型；(b) Ⅱ型；(c) 堵头（清扫口）

第四节　卫　生　器　具

卫生器具又称卫生设备或卫生洁具，是建筑内部排水系统的重要组成部分，是供人们洗涤和物品清洗，以及收集和排除生活、生产中产生的污（废）水的设备。随着建筑标准的不断提高，人们对建筑卫生器具的功能要求和质量要求越来越高，促使卫生器具向着冲洗功能强、节水消声、设备配套、便于控制、使用方便、造型新颖、色彩协调等方面发展。卫生器具多由陶瓷、搪瓷、玻璃钢、塑料、不锈钢等材料制成，具有不透水、无气孔等特点。

常用卫生器具按用途可分为：①便溺用卫生器具，包括大便器和小便器。②盥洗、淋浴用卫生器具，包括洗脸盆、盥洗槽、浴盆、淋浴器等。③洗涤用卫生器具，包括洗涤盆、污水盆等。④其他专用卫生器具，包括饮水器、妇女卫生盆、化验盆等。

通常对卫生器具有如下要求：

(1) 材质要求。应耐腐蚀、耐老化、耐摩擦、耐冷热，并应有一定的强度，不含对人体有害的成分。

(2) 卫生器具表面应光滑，不易积污垢，易清洗。

(3) 便于安装、维修和使用，并应在冲洗时尽量节水和减少噪声。

(4) 如果卫生器具带存水弯时，应保证有一定的水封深度。

一、便溺用卫生器具

便溺用卫生器具设置在卫生间或厕所内，用来搜集生活污水。

(一) 大便器

大便器用于接纳、排除粪便，同时防臭。常用大便器有坐式大便器、蹲式大便器和大便槽。

1. 坐式大便器

简称坐便器，有直接冲洗式、虹吸式、冲洗虹吸联合式、旋涡虹吸式和喷射虹吸式多种，以虹吸式冲洗方式较多应用，如图 4-8 所示。

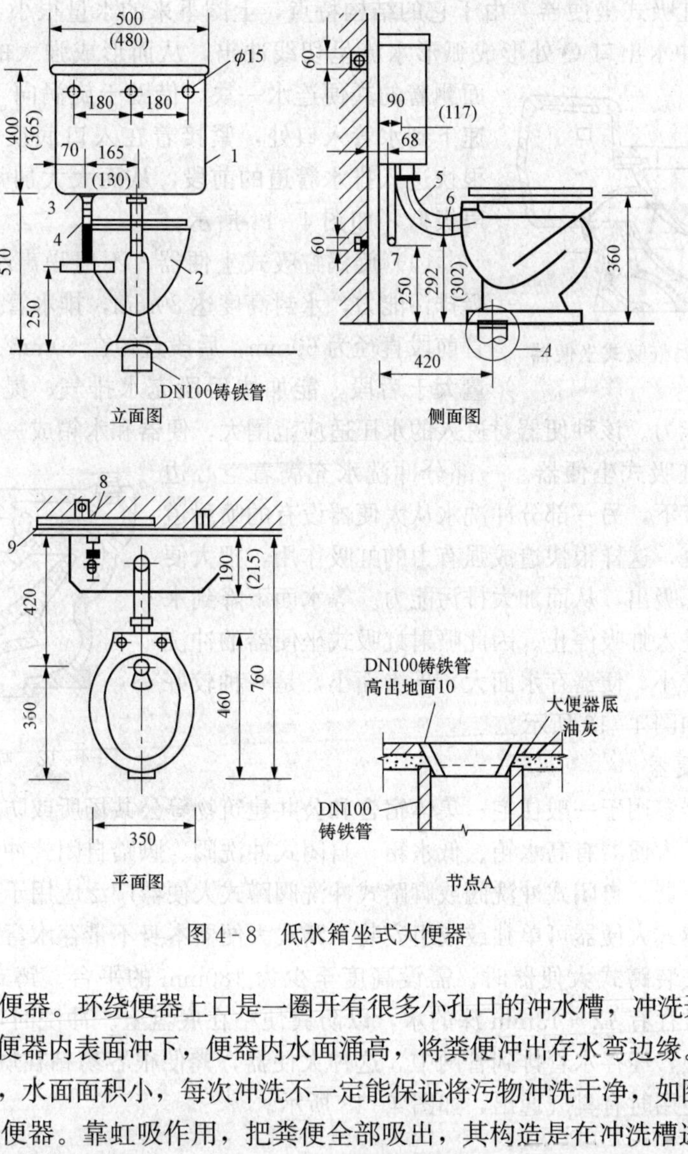

图 4-8 低水箱坐式大便器

(1) 冲洗式坐便器。环绕便器上口是一圈开有很多小孔口的冲水槽，冲洗开始时，水进入冲洗槽，由小孔沿便器内表面冲下，便器内水面涌高，将粪便冲出存水弯边缘。冲洗式便器的缺点是受污面积大，水面面积小，每次冲洗不一定能保证将污物冲洗干净，如图 4-9 所示。

(2) 虹吸式坐便器。靠虹吸作用，把粪便全部吸出，其构造是在冲洗槽进水口处有一个冲水缺口，部分水从这里冲射下来，加快虹吸作用的开始。有的虹吸式坐便器，存水弯的水直接由便器后面排出，使水封深度增加，优于一般虹吸式大便器。因虹吸式目的是使冲洗水下冲时，越有力越好，所以会产生较大噪声，如图 4-10 所示。

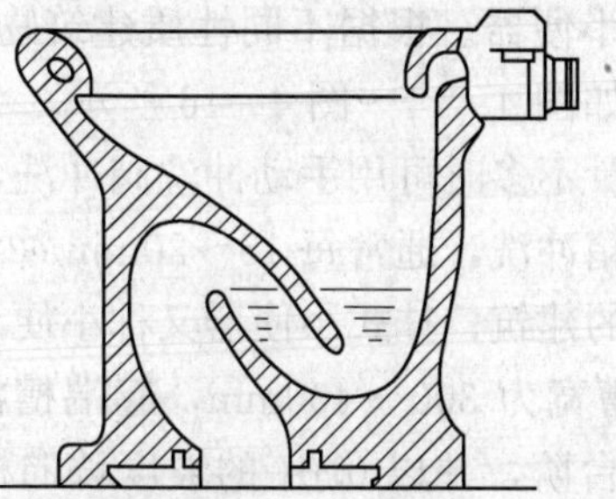

图 4-9 冲洗式坐便器

图 4-10 虹吸式坐便器

(3) 旋涡虹吸式坐便器。由于它的结构特点，上圈下来的水量很小，其旋转力已不起作用，因此在冲水出口 Q 处形成弧形水流呈切线冲出，从而形成强大的旋涡，使水封表面飘着的粪便连水一块，借助于旋涡向下旋转的作用，迅速下到水管入口处，紧接着在入口底反作用力的影响下，很快进入排水管道的前段，从而大大加强了虹吸能力，噪声极低，如图 4-11 所示。

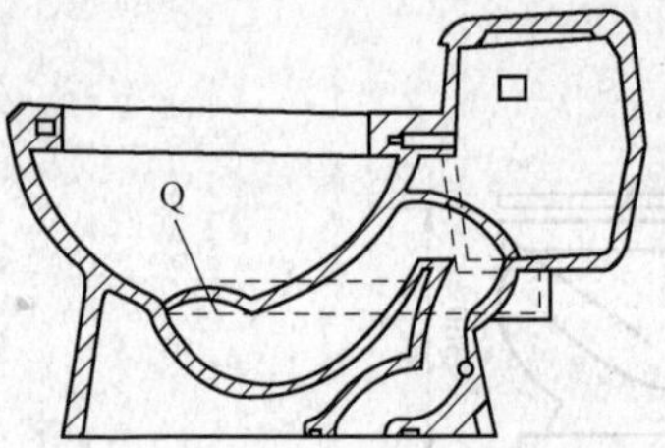

图 4-11　旋涡虹吸式坐便器

(4) 旋涡虹吸式坐便器。不但噪声小而且具有较高虹吸排污能力，水封高度达 80mm，排水管道前粗后细，排水管前段直径为 60mm，后段直径在 50mm 左右，由于前段水量大于后段，能加快后段充水排气，提早产生虹吸作用，大大加强排污能力。该种便器对进入的水压适应范围大，便器和水箱成一整体，外形美观。

(5) 喷射虹吸式坐便器。一部分冲洗水充满着空心边沿，从孔口中流下，另一部分冲洗水从大便器设有的喷射道以射流方式出流，这样很快造成强有力的虹吸作用，把大便器中的粪便全部吸出，从而加大排污能力。等水面下降到水封下限，空气进入虹吸停止。因此喷射虹吸式坐便器的冲洗过程短，噪声较小，便器存水面大，干燥面小，是一种较好的卫生便器，如图 4-12 所示。

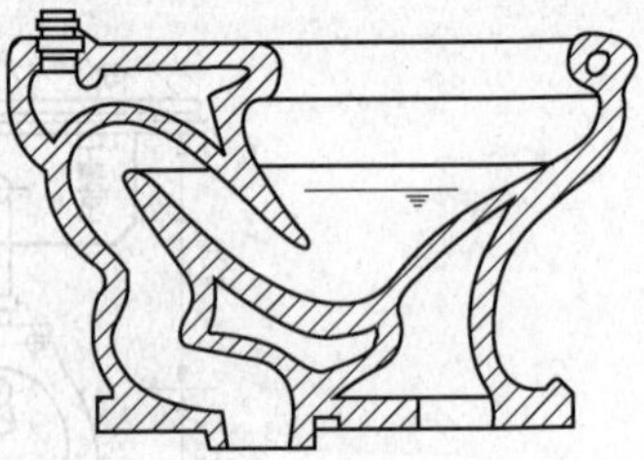
图 4-12　喷射虹吸式坐便器

2. 蹲式大便器

蹲式大便器多用于一般住宅、集体宿舍和公共建筑物等公共场所或防止接触传染的医院卫生间内，蹲式大便器有高水箱、低水箱、自闭式冲洗阀、脚踏自闭式冲洗阀等类型，其中高水箱蹲式大便器、自闭式冲洗阀或脚踏式冲洗阀蹲式大便器广泛应用于集体宿舍、公共卫生间等场所。蹲式大便器可单独或成组安装。蹲式大便器本身不带存水弯，安装时另加存水弯，在地板上安装蹲式大便器时，需设高度至少为 180mm 的平台。蹲式大便器中央成盘形，在盘内经常存有 12～13mm 深的水，以防粪便粘在底盘上。冲洗时，完全借水冲击力由盘中冲走粪便，经存水管排到管网中。这种大便器，粪便很容易粘在底盘上而不易冲走，盘中存水少，使用时有臭气逸出，如图 4-13 所示。

3. 大便槽

大便槽多用于建筑标准不高的公共建筑，由于卫生条件差，现已很少应用。

(二) 小便器

小便器一般用于机关、学校、工厂、剧院、旅馆等公共建筑的男卫生间内，用以收集和排除小便的便溺用卫生器具，住宅不需要设置小便器。根据不同性质建筑物的要求和标准，小便器可分为挂式、立式和小便槽三种类型，如图 4-14～图 4-16 所示。小便器的冲洗设备可采用手动冲洗阀和自动冲洗水箱。冲洗数量不多时可用手动冲洗阀冲洗，冲洗数量较多时宜采用成组安装，水箱冲洗。若采用自动水箱冲洗，通常每 15～20min 冲洗一次。

立式小便器又称落地小便器，用于标准高的建筑；挂式小便器又称小便斗，安装在墙壁上；小便槽是一种用瓷砖沿墙砌筑的浅槽，槽宽为 300～400mm，起端槽深大于 100mm，槽底坡度在 0.01 以上，槽外侧有 400mm 宽的台阶，并以 0.01 的坡度坡向槽内，槽长不宜大于 6m，槽的末端设带格栅的排水口或地漏。小便槽的优点是构造简单、经济，占地面积小，可供多人同时使用，故广泛应用在工业企业、公共建筑、学校集体宿舍的男厕所中。

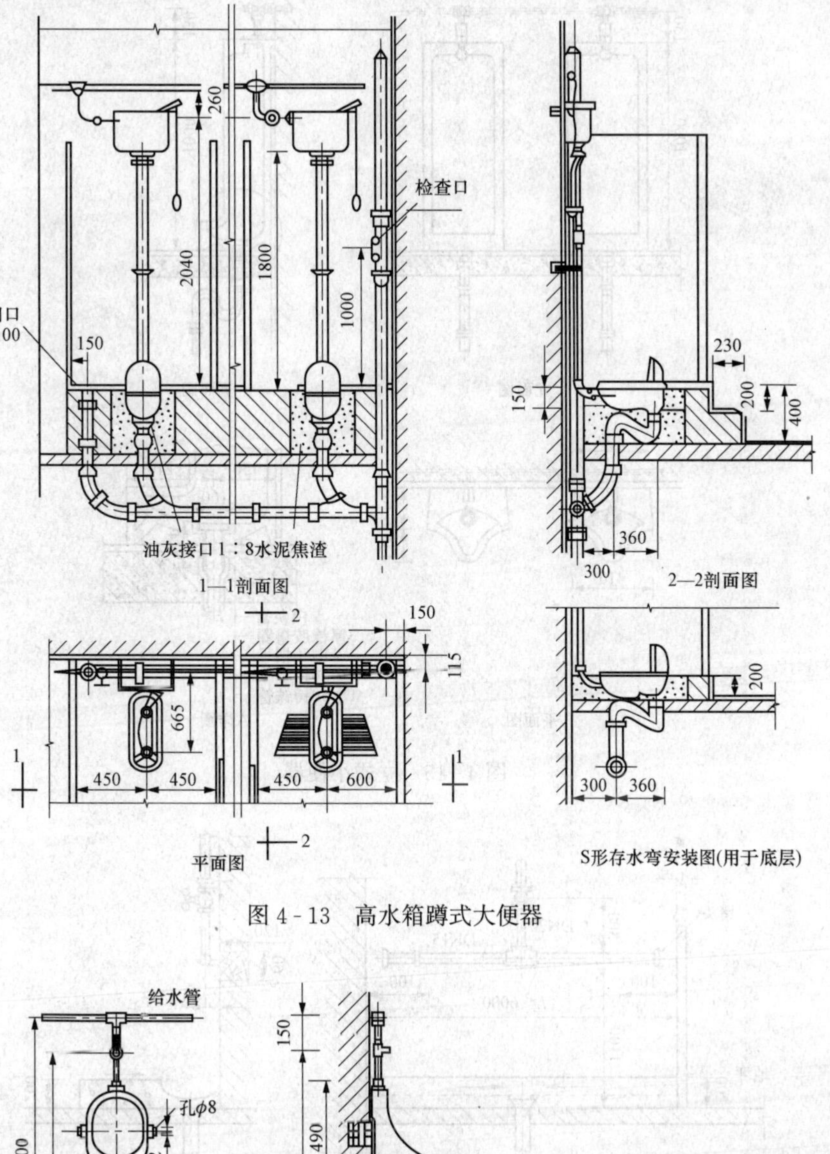

图 4-13　高水箱蹲式大便器

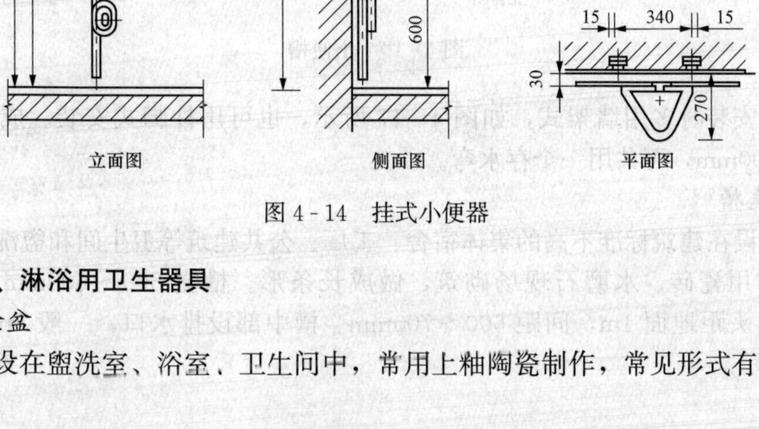

图 4-14　挂式小便器

二、盥洗、淋浴用卫生器具

（一）洗脸盆

洗脸盆常设在盥洗室、浴室、卫生间中，常用上釉陶瓷制作，常见形式有长方形、椭圆

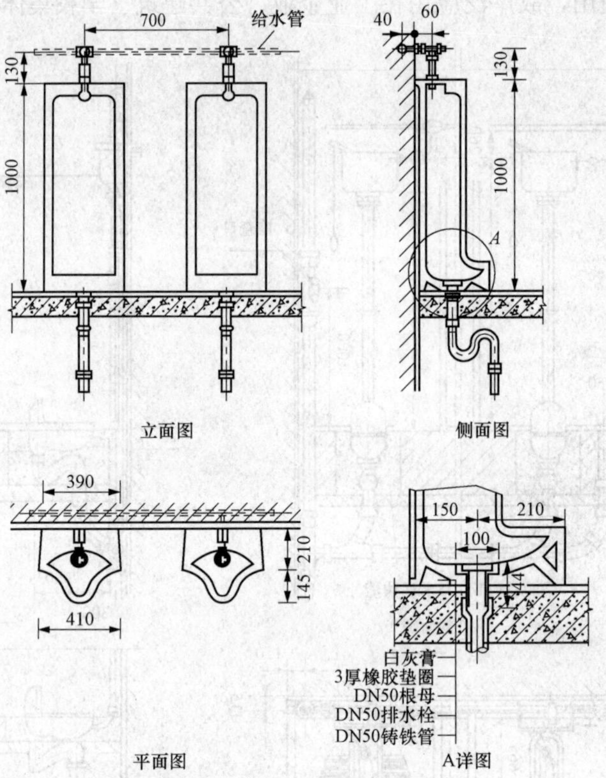

图 4-15　立式小便器

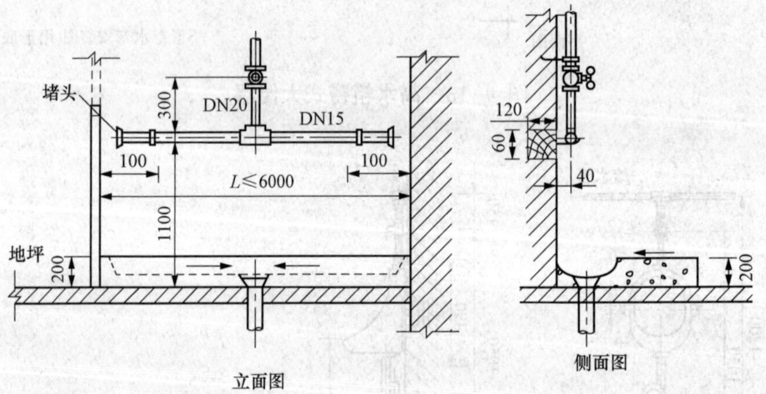

图 4-16　小便槽

形和三角形，安装时多用墙架式，如图 4-17 所示，也可用柱脚式安装。成组安装的洗脸盆，间距为 700mm，可共用一个存水弯。

（二）盥洗槽

盥洗槽常设在建筑标准不高的集体宿舍、工厂、公共建筑等卫生间和盥洗间内，供多人同时使用，常用瓷砖、水磨石现场砌筑，做成长条形。槽宽 500～600mm，槽沿距地面 800mm。水龙头距地面 1m，间距 600～700mm。槽中部设排水口，一般 4m 以内设一个，如图 4-18 所示。

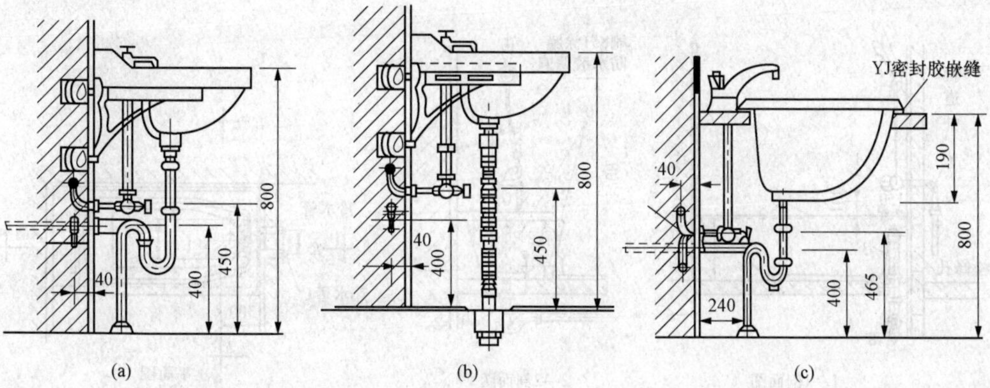

图 4-17 几种常见形式洗脸盆

（a）长方形洗脸盆安装图；（b）椭圆形洗脸盆安装图；（c）三角形洗脸盆安装图

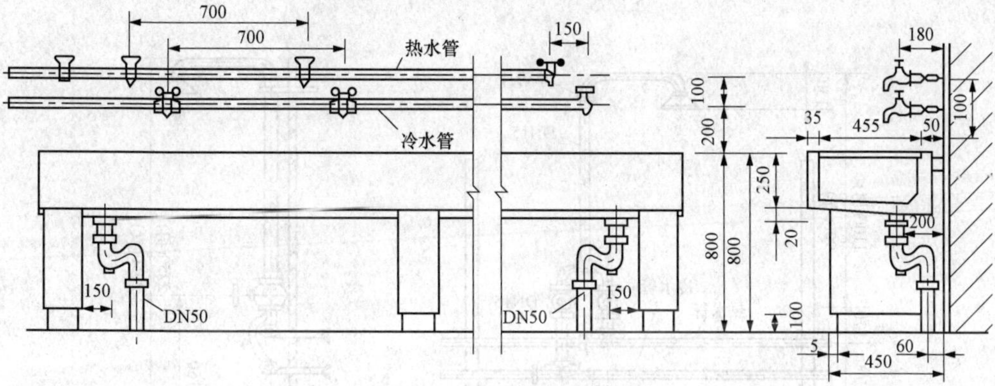

图 4-18 盥洗槽

（三）浴盆

浴盆常设在住宅、宾馆、医院等建筑物的卫生间及公共浴室内，浴盆外形一般可分为长方形、方形、桶圆形等。浴盆材质有钢板抽烧、玻璃钢、人造大理石、陶瓷、塑料等；根据功能不同，浴盆可分为裙板式、扶手式、防滑式、坐浴式、普通式等。随着人们生活水平的提高，具有保健功能的按摩浴盆、冲浪浴盆、旋涡浴盆应运而生。浴盆上配有冷、热水管或混合龙头，并配有固定式或软管式活动淋浴莲蓬喷头，其混合水经混合龙头后流入浴盆，浴盆底有 0.02 的坡度坡向排水口，如图 4-19 所示。

（四）淋浴器

淋浴器一般安装在工业、企业生活间、集体宿舍及旅馆的卫生间、体育场和公共浴室内，有现场组装和成品安装两种。淋浴器具有占地面积小、使用人数多、设备费用低、耗水量小等优点；按配水阀和装置不同可分为普通式、脚踏式、光电式等。淋浴头下缘距地面高度为 2.0～2.2m，相邻淋浴头间距为 900～1000mm，地面应有 0.005～0.01 的坡度坡向排水口，如图 4-20 所示。

（五）净身盆

净身盆是一种针对女性生理结构特征专门设计的洁具产品，供使用者局部清洁下身，所以又叫妇洗器。净身盆上像台盆似的安装着水龙头喷嘴，这些水龙头喷嘴可灵活调整角度，

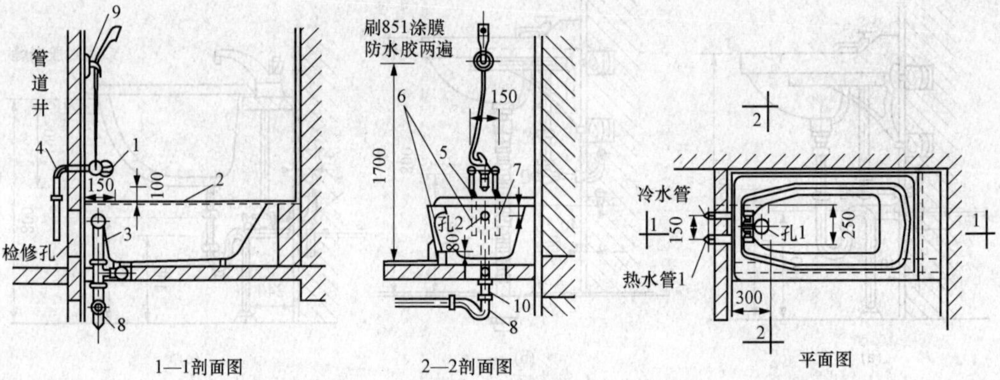

图 4-19 浴盆

1—浴盆三连混合龙头；2—裙板；3—排水配件；4—弯型；5—活接头；6—热水管；7—冷水管；8—存水弯；9—喷头固定架；10—排水管

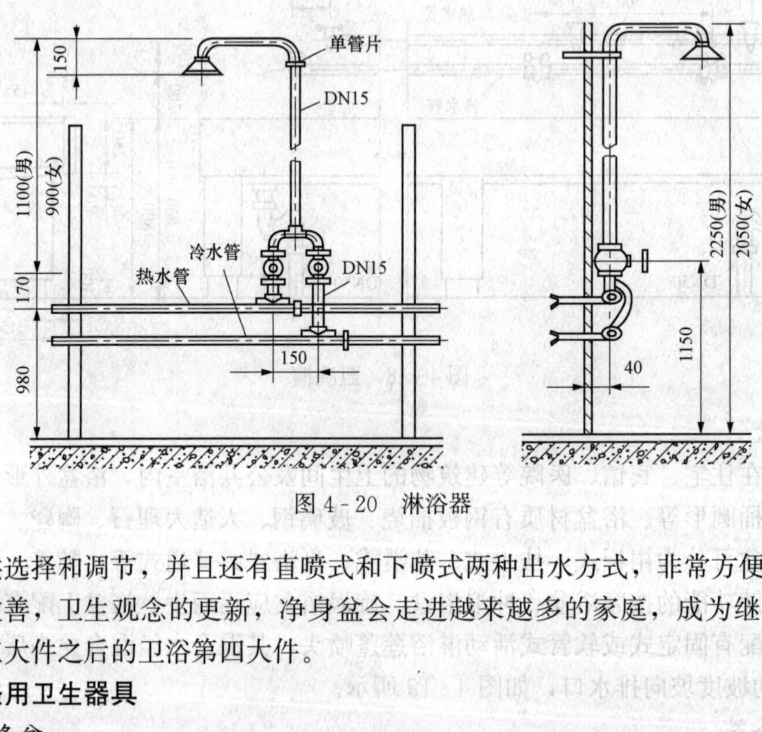

图 4-20 淋浴器

有冷、热水供选择和调节，并且还有直喷式和下喷式两种出水方式，非常方便、实用。随着居住条件的改善，卫生观念的更新，净身盆会走进越来越多的家庭，成为继洗脸盆、大便器、淋浴器三大件之后的卫浴第四大件。

三、洗涤用卫生器具

（一）洗涤盆

洗涤盆一般安装在厨房或公共食堂内，供洗涤碗碟、蔬菜等用，按安装形式不同可分为墙架式、柱脚式，又有单格、双格之分。洗涤盆可设置冷、热水龙头或混合水龙头，排水口在盆底的一端，口上有十字栏栅，备有橡胶塞头。安装在医院手术室、化验室等处的洗涤盆因工作需要常设置肘式开关或脚踏开关，如图 4-21 所示。

（二）污水盆

污水盆一般安装在厕所或盥洗室内，供打扫卫生及洗涤拖布和倒污水用。污水盆可分为架空式和落地式两种，通常用水磨石、砖砌镶嵌瓷砖或水泥砂浆抹面的钢筋混凝土制作，如图 4-22 所示。

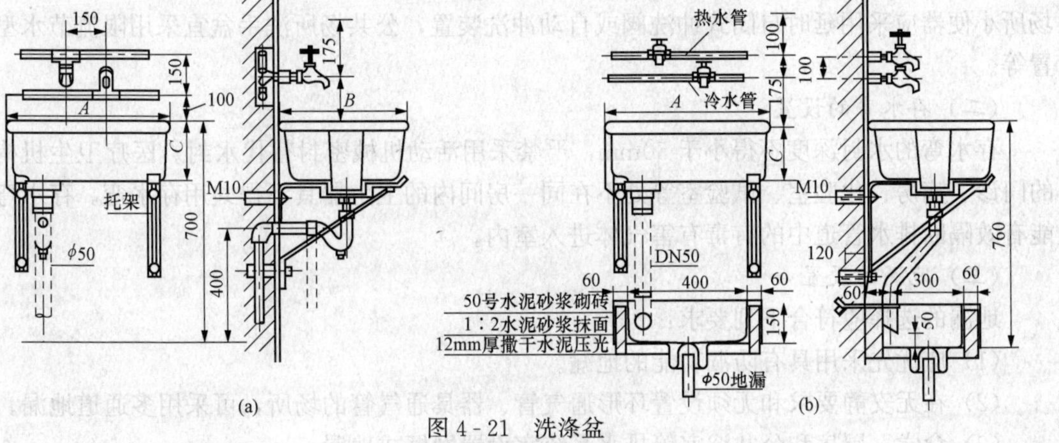

图 4-21　洗涤盆

（a）管道安装；（b）管道明装带污水盆

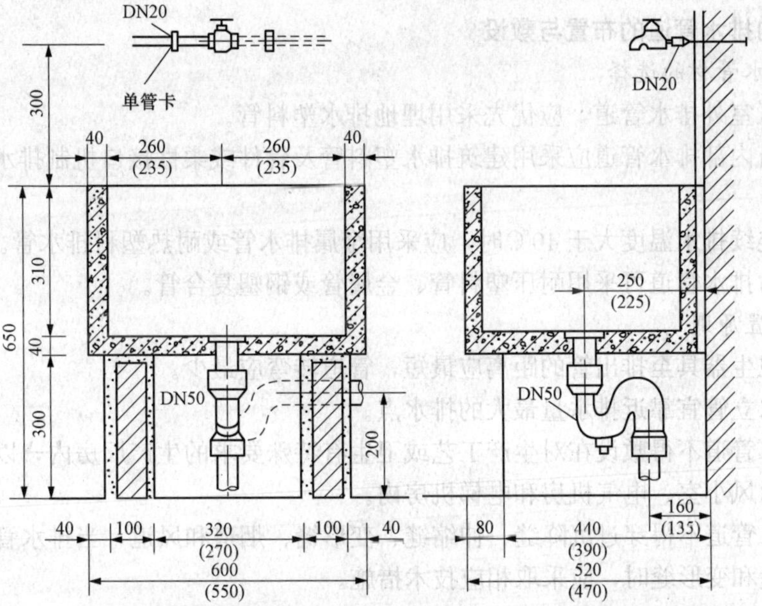

图 4-22　污水盆

四、其他专用卫生器具——化验盆

化验盆一般安装在工厂、科研机关、学校化验室中，常用陶瓷材质制作，盆内已有水封，排水管上不需要装存水弯，也不需要盆架；用木螺栓固定在化验台上，其内出口配有橡胶塞头。

第五节　排水系统的布置与敷设

一、卫生器具、存水弯和地漏的设置

（一）卫生器具的设置

卫生器具的设置位置、数量及造型，应根据使用要求、建筑标准、节约用水原则，以及

相关的设计规定等因素确定。应大力推广节水设备和器具，使用两档式节水型大便器。公共场所小便器应采用延时自闭式冲洗阀或自动冲洗装置，公共场所洗手盆宜采用限流节水型装置等。

（二）存水弯的设置

存水弯的水封深度不得小于50mm，严禁采用活动机械密封替代水封。医疗卫生机构内的门诊、病房、化验室、试验室等处不在同一房间内的卫生器具不得共用存水弯。存水弯应能有效隔断排水管道中的有毒有害气体进入室内。

（三）地漏的设置

地漏的选择应符合下列要求：

（1）应优先采用具有防涸功能的地漏。

（2）在无安静要求和无须设置环形通气管、器具通气管的场所，可采用多通道地漏。

（3）食堂、厨房和公共浴室等排水系统宜设置网框式地漏。

（4）严禁采用钟罩（扣碗）式地漏。

二、室内排水管道的布置与敷设

（一）排水管材的选择

（1）小区室外排水管道，应优先采用埋地排水塑料管。

（2）建筑内部排水管道应采用建筑排水塑料管及管件或柔性接口机制排水铸铁管及相应管件。

（3）当连续排水温度大于40℃时，应采用金属排水管或耐热塑料排水管。

（4）压力排水管道可采用耐压塑料管、金属管或钢塑复合管。

（二）布置原则

（1）自卫生器具至排出管的距离应最短，管道转弯应最少。

（2）排水立管宜靠近排水量最大的排水点。

（3）排水管道不得敷设在对生产工艺或卫生有特殊要求的生产厂房内，以及食品和贵重商品仓库、通风小室、电气机房和电梯机房内。

（4）排水管道不得穿过沉降缝、伸缩缝、变形缝、烟道和风道，当排水管道必须穿过沉降缝、伸缩缝和变形缝时，应采取相应技术措施。

（5）排水埋地管道，不得布置在可能受重物压坏处或穿越生产设备基础。

（6）排水管道不得穿越住宅客厅、餐厅，并不宜靠近与卧室相邻的内墙。

（7）排水管道不宜穿越橱窗、壁柜。

（8）塑料排水立管应避免布置在易受机械撞击处，当不能避免时应采取保护措施。

（9）塑料排水管应避免布置在热源附近，当不能避免并导致管道表面受热温度大于60℃时，应采取隔热措施，塑料排水立管与家用灶具边缘净距不得小于0.4m。

（10）当排水管道外表面可能结露时，应根据建筑物性质和使用要求，采取防结露措施。

（11）排水管道宜在地下或楼板填层中埋设或在地面上、楼板下明设。当建筑有要求时，可在管槽、管道井、管窿、管沟或吊顶、架空层内暗设，但应便于安装和检修。在气温较高、全年不结冻的地区，可沿建筑物外墙敷设。

（12）立管与横管连接时应采用顺水三通或88°三通，如图4-23所示。

（三）同层排水的设置

当住宅卫生间的卫生器具排水横支管要求不穿越楼板进入他户，或按上述的布置原则规定受条件限制时，卫生器具排水横支管应设置同层排水。

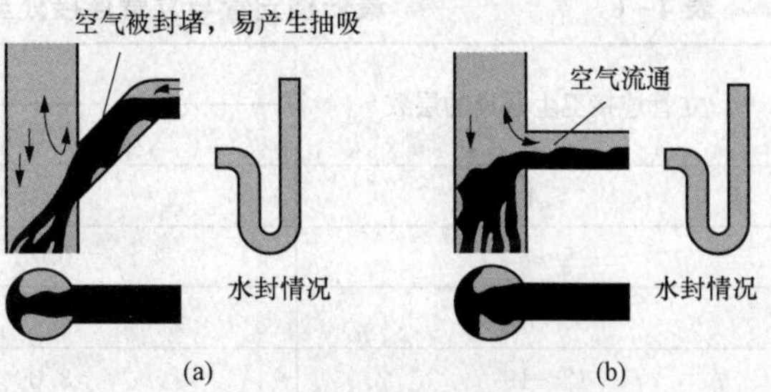

图 4-23 立管与水平支管的连接比较

(a) 45°斜三通；(b) 88°三通

横支管异层敷设是一种传统的敷设方式，不占用使用空间，但安装、维修不方便，噪声较大，卫生设备的布局受到限制。

横支管同层敷设具有设计自由、产权明晰、合理布局、打扫方便、安装方便，在采用污水废水合流系统时节省立管数量等优点，如图 4-24 所示。但同层敷设系统也存在管道占用一定的空间，或必须敷设在专门的技术槽内，对管道连接质量要求较高，总造价较高等缺点，如图 4-25 所示。

图 4-24 同层敷设系统

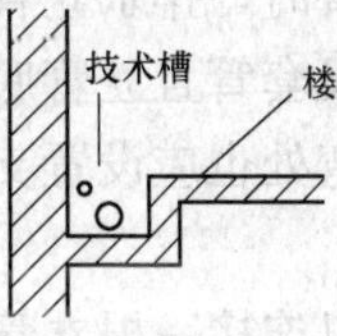

图 4-25 同层系统管道敷设在技术层内

因此，住宅卫生间同层排水形式应根据卫生间空间、卫生器具布置、室外环境气温等因素，经技术经济比较后确定。

（四）排水管道的敷设与安装

1. 室内管道连接的规定

(1) 卫生器具排水管与排水横支管垂直连接，宜采用 90°斜三通。

(2) 排水管道的横管与立管连接，宜采用 45°斜三通或 45°斜四通和顺水三通或顺水四通。

(3) 排水立管与排出管端部的连接，宜采用两个 45°弯头、弯曲半径不小于 4 倍管径的 90°弯头或 90°变径弯头。

(4) 排水立管应避免在轴线偏置；当受条件限制时，宜用乙字管或两个 45°弯头连接。

(5) 当排水支管、排水立管接入横干管时，应在横干管管顶或其两侧 45°范围内采用 45°斜三通接入。

2. 靠近排水立管底部的排水支管连接要求

(1) 排水立管最低排水横支管与立管连接处距排水立管管底垂直距离不得小于表 4-1 的规定。

表 4-1 最低横支管与立管连接处至立管管底最小垂直距离

立管连接卫生器具的层数	垂直距离（m）	
	仅设伸顶通气管	设通气立管
≤4	0.45	安配件最小安装尺寸确定
5～6	0.75	
7～12	1.20	
13～19	3.00	0.75
≥20	3.00	1.20

由表 4-1 可知，高层建筑中的底层排水横支管一般要单独排放。

（2）排水支管连接在排出管或排水横干管上时，连接点距立管底部下游水平距离不得小于 1.5m。

（3）横支管接入横干管竖直转向管段时，连接点应距转向处以下不得小于 0.6m。

（4）下列情况下底层排水横支管应单独排放至室外检查井或采取有效的防反压措施：

1）当靠近排水立管底部的排水横支管的连接不能满足第（1）、（2）的要求时。

2）在距排水立管底部 1.5m 距离之内的排出管、排水横管有 90°水平转弯管段时；当排水立管采用内螺旋管时，排水立管底部宜采用长弯变径接头，比排出管管径宜放大一号。排水管道在穿越楼层设套管且立管底部架空时，应在立管底部设支墩或其他固定措施。地下室立管与排水横管转弯处也应设置支墩或固定措施。

3. 排出管

（1）排出管可以连接一根立管单独排出，也可以连接几根立管后排出。为避免阻塞，立管与排出管的连接，三层以下可采用 88°弯头或采用 2 个 45°弯头，三层以上采用 2 个 45°弯头加一段中间节。

（2）排出管通常埋地敷设或悬吊在地下室的天棚下。排出管应尽可能短地排至室外，以减少排出管的堵塞、便于清通检修，避免坡降大而造成室外管网埋设深度过大。

（3）排出管穿越基础或承重墙处应预留孔洞，管顶上部的净空不得小于建筑物的沉降量，一般不小于 0.15m。

4. 通气管

生活排水管道的立管顶端，应设置伸顶通气管。特殊情况下，如体育场（馆）、剧院等屋顶特殊结构材料，通气管无法穿越屋面伸顶时，首先应采用侧墙通气和汇合通气。在上述通气方式仍无法实施时才采用自循环通气替代不通气立管。

下列情况下应设置通气立管或特殊配件单立管排水系统：①生活排水立管所承担的卫生器具排水设计流量，超过仅设伸顶通气管的排水立管最大设计排水能力时。②建筑标准要求较高的多层住宅和公共建筑、10 层及 10 层以上高层建筑的生活污水立管应设置通气立管。

在建筑物内不得设置吸气阀替代通气管。

（1）通气管和排水管的连接规定。

1）器具通气管应设在存水弯出口端，在横支管上设环形通气管时，应在其最始端的两个卫生器具之间接出，并应在排水横支管中心线以上与排水横支管呈垂直或 45°连接。

2）器具通气管、环形通气管应在卫生器具上边缘以上不小于0.15m处按不小于0.01的上升坡度与通气立管相连。

3）专用通气立管和主通气立管的上端可在最高层卫生器具上边缘以上不小于0.15m，或在检查口以上与排水立管通气部分以斜三通连接。下端应在最低排水横支管以下与排水立管以斜三通连接。

4）结合通气管宜每层或隔层与专用通气立管、排水立管连接，与主通气立管、排水立管连接不宜多于8层。结合通气管下端宜在排水横支管以下与排水立管以斜三通连接；上端可在卫生器具上边缘以上不小于0.15m处与通气立管以斜三通连接。

5）当用H管件替代结合通气管时，H管件与通气管的连接点应设在卫生器具上边缘以上不小于0.15m处。

6）当污水立管与废水立管合用一根通气立管时，H管件可隔层分别与污水立管和废水立管连接。但最低横支管连接点以下应装设结合通气管。

(2) 自循环通气系统。自循环通气系统，当采取专用通气立管与排水立管连接时，应符合：顶端应在卫生器具上边缘以上不小于0.15m处采用两个90°弯头相连；通气立管应每层按上述4)、5）的规定与排水立管相连；通气立管下端应在排水横干管或排出管上采用倒顺水三通或倒斜三通相接。

(3) 高出屋面的伸顶通气管设置应符合下列要求：

1）通气管高出屋面不得小于0.3m，且应大于最大积雪厚度，通气管顶端应装设风帽或网罩，屋顶有隔热层时，应从隔热层板面算起。

2）在通气管口周围4m以内有门窗时，通气管口应高出窗顶0.6m或引向无门窗一侧。

3）在经常有人停留的平屋面上，通气管口应高出屋面2m，当伸顶通气管为金属管材时，应根据防雷要求设置防雷装置。

4）通气管口不宜设在建筑物挑出部分（如屋檐檐口、阳台和雨篷等）的下面。

5）为了改善通气效果，可以使用球形三通、四通，可同时连接2根横支管，用于8层以下建筑的污废水合流系统，每层装1个。

5. 伸缩节的设置

由于现在的室内排水管大都采用PVC管，而屋面PVC材料的膨胀系数约是钢的7倍，因此，塑料排水管道应根据其伸缩量设置伸缩节，伸缩节宜设置在汇合配件处。排水横管应设置专用伸缩节。当排水管道采用橡胶密封配件时，可不设伸缩节；室内外埋地管道可不设伸缩节。伸缩节的设置位置如图4-26所示。

6. 阻火装置的设置

建筑内塑料排水管穿越楼层设置阻火装置的目的是防止火灾蔓延，是根据我国模拟火灾试验和塑料管道贯穿孔洞的防火封堵耐火试验成果确定的。穿越楼层的塑料排水管同时具备下列条件时才设阻火装置：高层建筑；管道外径大于或等于110mm时；立管明设，或立管虽暗设但管道井内不是每层都防火封隔。

横管穿越防火墙时，不论高层建筑还是多层建筑，不论管径大小，不论明设还是暗设（一般暗设不具备防火功能），必须设置阻火装置。

阻火装置的设置位置：立管穿越楼板处的下方；管道井内是隔层防火封隔时，横支管接入立管穿越管道井壁处，横管穿越防火墙的两侧。

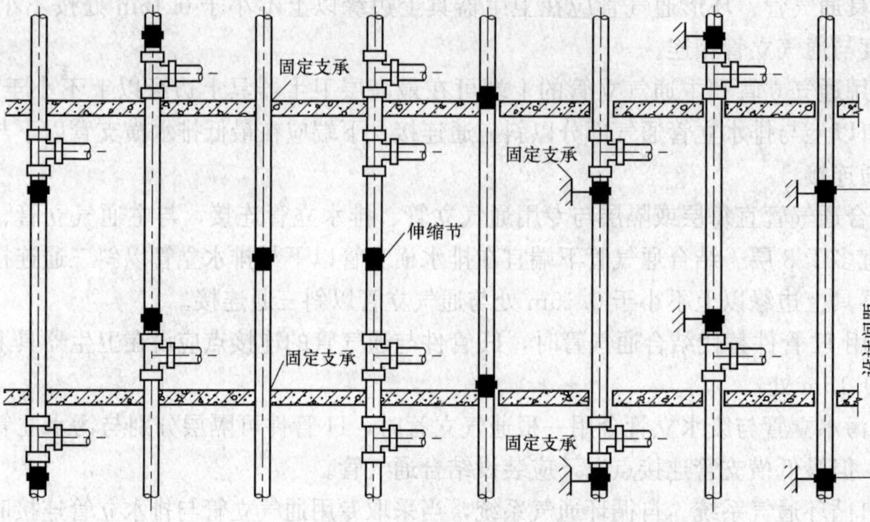

图 4-26 伸缩节的设置位置

建筑阻火圈的耐火极限应与贯穿部位建筑构件的耐火极限相同，如图 4-27 所示。

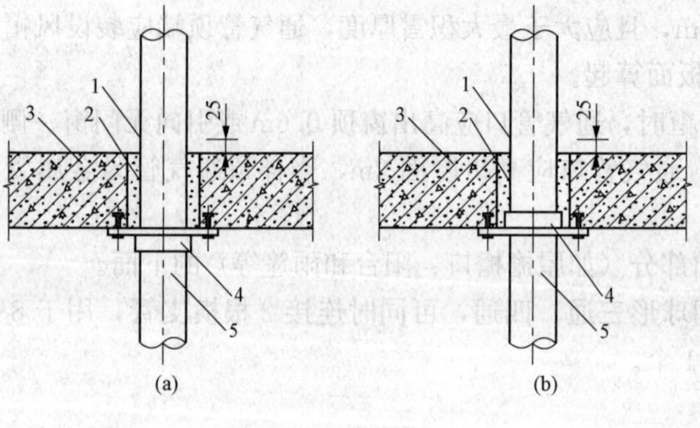

图 4-27 阻火圈和防火套管（单位：mm）

（a）明装；（b）暗装

1—热电偶；2—防火套管；3—楼板；4—阻火圈；5—PVC 管

7. 清扫口的设置

（1）在排水横管上设清扫口，宜将清扫口设置在楼板或地坪上，且与地面相平。排水横管起点的清扫口与其端部相垂直的墙面的距离不得小于 0.2m。当排水横管悬吊在转换层或地下室顶板下设置清扫口有困难时，可用检查口替代清扫口。

（2）排水管起点设置堵头代替清扫口时，堵头与墙面应有不小于 0.4m 的距离。可利用带清扫口的弯头配件代替清扫口。

（3）在管径小于 100mm 的排水管道上设置清扫口，其尺寸应与管道同径；管径等于或大于 100mm 的排水管道上设置清扫口，应采用直径为 100mm 清扫口。

（4）铸铁排水管道设置的清扫口，其材质应为铜质；硬聚氯乙烯管道上设置的清扫口应与管道相同材质。

（5）排水横管连接清扫口的连接管及管件应与清扫口同径，并采用 45°斜三通和 45°弯头或由两个 45°弯头组合的管件。

8. 在排水管上设置检查口的规定

（1）立管上设置检查口，应在地（楼）面以上 1.00m，并应高于该层卫生器具上边缘 0.15m。

（2）埋地横管上设置检查口时，检查口应设在砖砌的井内，可采用密闭塑料排水检查井替代检查口。

(3) 地下室立管上设置检查口时，检查口应设置在立管底部之上。

(4) 立管上检查口检查盖应面向便于检查清扫的方位；横干管上的检查口应垂直向上。

三、排水系统的验收

(一) 灌水试验

隐蔽或埋地的排水管道在隐蔽前做灌水试验，主要是防止管道本身及管道接口渗漏。灌水高度不低于底层卫生器具的上边缘或底层地面高度，主要是按施工程序确定的，安装室内排水管道一般均采取先地下后地上的施工方法。从工艺要求看，铺完管道后，经试验检查无质量问题，为保护管道不被砸碰和不影响土建及其他工序，必须进行回填。如果先隐蔽，待一层主管做完再补做灌水试验，一旦有问题，就不好查找是哪段管道或接口漏水。

检验方法：满水 15min 水面下降后，再灌满观察 5min，液面不降，管道及接口无渗漏为合格。

排水管道的灌水试漏通常采用球囊法，如图 4-28 所示。

(1) 根据不同的卫生器具，确定灌水高度及水面位置。

(2) 将胶囊由检查口慢慢放入预定深度。

(3) 由检查口注水于管道中，直至符合规范要求的水位为止。如试验过程中发现有漏点存在，必须处理漏点，直至试验合格为止。

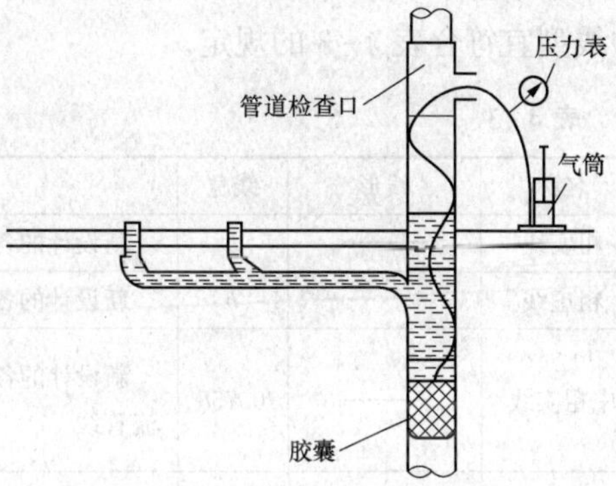

图 4-28 球囊法排水管道灌水试验

(二) 通球试验

通球试验是为了测试管道的防堵塞能力，排水主立管及干管管道均应做通球试验，通球球径不小于排水管道管径的 2/3，通球率必须达到 100%。

检查方法：通球检查。具体操作如下：

(1) 立管进行通球试验时，为了防止球滞留在管道内，必须用线贯穿并系牢（线长略大于立管总高度），然后将球从伸出屋面的通气口向下投入，看球能否顺利地通过干管并从出户管弯头处流出，如能顺利通过，说明主管无堵塞。

(2) 干管进行通球试验时，从干管起始端投入塑料小球，并向干管内通水，在户外的第一个检查井处观察，发现小球流出为合格。

(3) 如果通球受阻，可拉出通球，测量线的放出长度，则可判断受阻部位，然后进行疏通处理，反复做通球试验，直至管道通畅为止。如果出户管弯头后的横向管段较长，通球不易滚出，可灌些水帮助通球流出。

通球试验必须 100%合格后，排水管才可投入使用。

第六节 建筑给排水系统施工图识读案例

建筑给排水系统施工图是工程的语言、施工的依据和编制给排水施工预算的基础。因此，给排水施工图必须以统一的图形、符号和文字说明，准确表达设计意图，并用于指导工程施工。

一、基本要求

（一）线形

图线的宽度 b，宜从 2.0、1.4、1.0、0.7、0.5、0.35mm 线宽系列中选取。每个图样，应根据复杂程度与比例大小，先选定基本线宽 b，再选用表 4-2 中相应的线宽组。

表 4-2　线组宽度

线宽比	线宽组					
b	2.00	1.40	1.00	0.70	0.50	0.35
$0.5b$	1.00	0.70	0.50	0.35	0.25	0.18
$0.25b$	0.50	0.35	0.25	0.18	—	—

给水排水工程制图中，线宽 b 宜为 0.7mm 或 1.0mm。给水排水专业制图中，常用的各种线型宜符合表 4-3 的规定。

表 4-3　线型

名称	线形	线宽	用途
粗实线	——	b	新设计的各种排水管线和其他重力流管线
粗虚线	-----	b	新设计的各种排水管线和其他重力流管线的不可见轮廓线
中粗实线	——	$0.75b$	新设计的各种给水管线和其他压力流管线；原有的各种排水管线和其他重力流管线
中粗虚线	-----	$0.75b$	新设计的各种给水管线和其他压力流管线；原有的各种排水管线和其他重力流管线的不可见轮廓线
中实线	——	$0.50b$	给水排水设备、零（附）件的可见轮廓线；总图中新建的建筑物和构筑物的可见轮廓线；原有的各种给水管线和其他压力流管线
中虚线	-----	$0.50b$	给水排水设备、零（附）件的不可见轮廓线；总图中新建的建筑物和构筑物的不可见轮廓线；原有的各种给水管线和其他压力流管线的不可见轮廓线
细实线	——	$0.25b$	建筑的可见轮廓线；总体中原有的建筑物和构筑物的可见轮廓线；制图中的各种标注线
细虚线	-----	$0.25b$	建筑的不可见轮廓线；总体中原有的建筑物和构筑物的不可见轮廓线
单点长画线	—·—·—	$0.25b$	中心线、定位轴线
折断线	—\/—	$0.25b$	断开界线
波浪线	∽∽	$0.25b$	平面图中水面线；局部构造层次范围线；保温范围示意线等

（二）比例

给排水专业制图常用的比例，宜符合表 4-4 的规定；在管道纵断面图中，可根据需要对纵向与横向采用不同的组合比例；在建筑给排水轴测图中（轴测图概念见后），如局部表达有困难，该处可不按比例绘制；水处理流程图、水处理高程图和建筑给排水系统原理图均不按比例绘制。

表 4-4 常用比例

名称	比例	备注
区域规划图 区域位置图	1∶50000、1∶25000、1∶10000 1∶5000、1∶2000	宜与总图专业一致
总平面图	1∶1000、1∶500、1∶300	宜与总图专业一致
管道纵断面图	纵向：1∶200、1∶100、1∶50 横向：1∶1000、1∶500、1∶300	
水处理厂（站）平面图	1∶500、1∶200、1∶100	
水处理构筑物、设备间、卫生间、泵房的平面图、剖面图	1∶100、1∶50、1∶40、1∶30	
建筑给排水平面图	1∶200、1∶150、1∶100	宜与建筑专业一致
建筑给排水轴测图	1∶150、1∶100、1∶50	宜与相应图纸一致
详图	1∶50、1∶30、1∶20、1∶10、1∶5、1∶2、1∶1、2∶1	

（三）标高

1. 标高的标注原则

室内工程应标注相对标高；室外工程宜标注绝对标高，当无绝对标高资料时，可标注相对标高，但应与总图专业一致；压力管道应标注管中心标高；沟渠和重力流管道宜标注沟（管）内底标高。在下列部位应标注标高：

（1）沟渠和重力流管道的起讫点、转角点、连接点、变坡点、变尺寸（管径）点及交叉点。

（2）压力流管道中的标高控制点。

（3）管道穿外墙、剪力墙和构筑物的壁及底板等处。

（4）不同水位线处。

（5）构筑物和土建部分的相关标高。

2. 标高的标注方法

标高的标注方法应符合下列规定：

（1）平面图中，管道标高的标注方式，如图 4-29 所示。

（2）平面图中，沟渠（包括明沟、暗沟、管沟及渠道）标高的标注方式，如图 4-30 所示。

（3）剖面图中，管道及水位的标高标注方式，如图 4-31 所示。

（4）系统轴测图中，管道标高的标注方式，如图 4-32 所示。

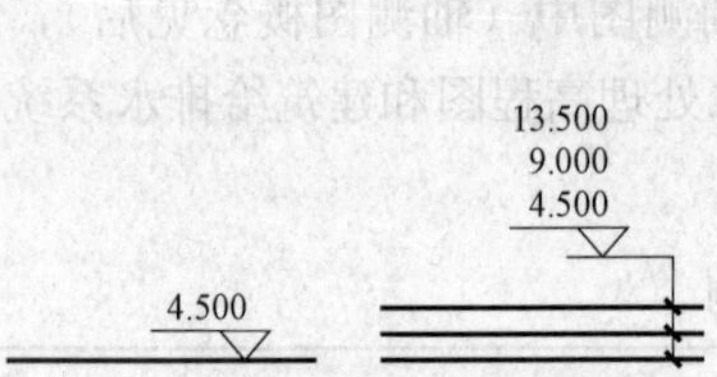

图 4-29　平面图中管道标高的标注

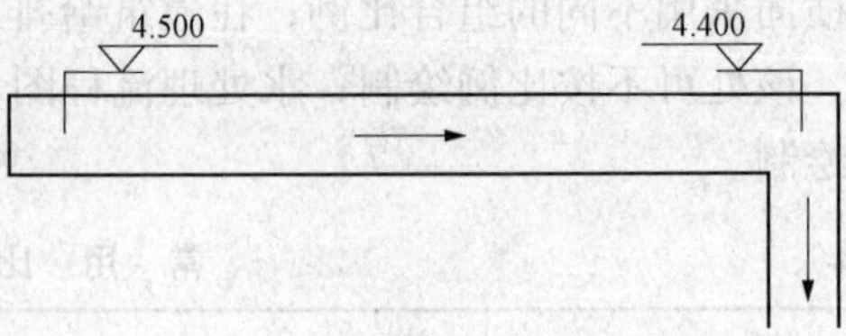

图 4-30　平面图中沟渠标高的标注

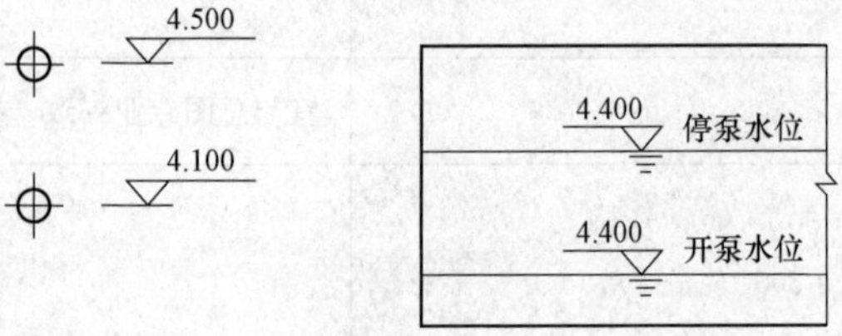

图 4-31　剖面图中管道及水位标高的标注

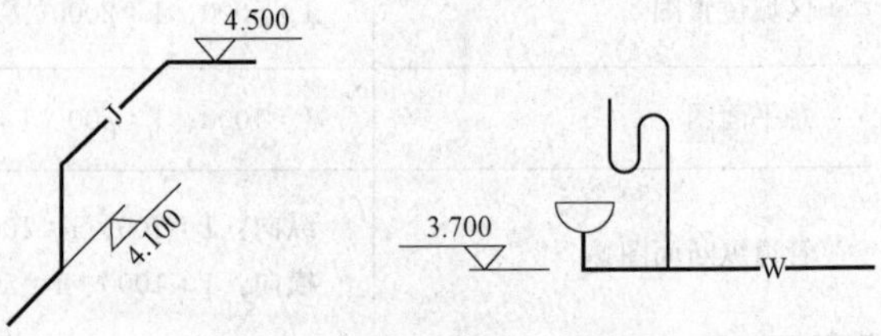

图 4-32　系统轴测图中管道标高的标注

（5）总平面图中，室外地坪及管道标高的标注方式，如图 4-33 所示。

（6）管道也可标注相对本层建筑地面的标高，标注方法为 h+×.×××，h 表示本层建筑地面标高（如 h+0.250）。对卫生间详图而言，h 通常表示完成后的地面，即地砖敷设完成后的标高。

（7）标高数字以“m”为单位，标注写到小数点以后第三位。在总平面图中，可写到小数点以后第二位。

（8）零点标高应注写成±0.000，正数标高不注“+”，负数标高应注“-”。

（四）编号

当建筑物的给水引入管或排水排出管的数量超过 1 根时，宜进行编号，编号方法如图 4-34 所示。

建筑物内穿越楼层的立管，其数量超过 1 根时，宜进行编号，编号号方法如图 4-35 所示。

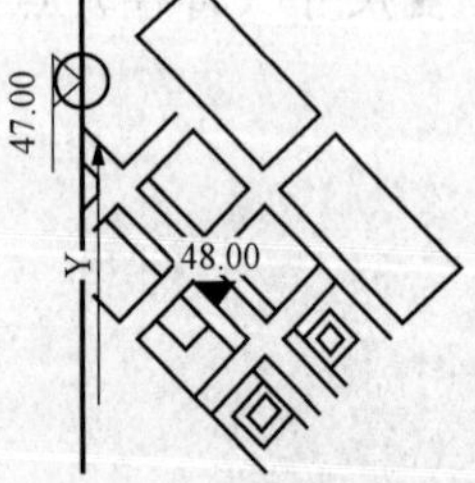

图 4-33　总平面图中地坪及管道标高的标注

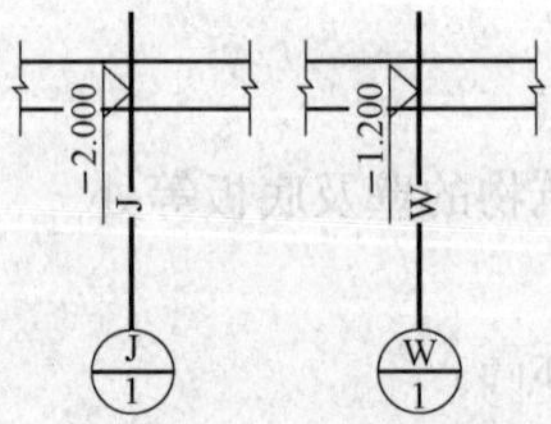

图 4-34　平面图中给水引入管、排水排出管道编号标注

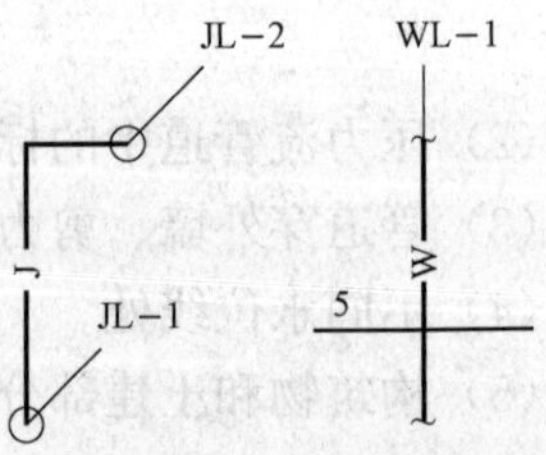

图 4-35　立管编号标注

在总平面图中，当给排水附属构筑物的数量超过 1 个时，宜进行编号，编号方法为构筑物代号-编号。给水构筑物的编号顺序宜从水源到干管，再从干管到支管，最后到用户。排水构筑物的编号顺序宜从上游到下游，先干管后支管。当给排水机电设备的数量超过 1 台时，宜进行编号，并应有设备编号与设备名称的对照表。

(五) 管径

管径应以"mm"为单位。管径的表达方式应符合下列规定：

(1) 焊接钢管（直缝或螺旋缝）水煤气输送钢管（镀锌或非镀锌）、铸铁管等管材，管径宜以公称直径DN表示，如DN15、DN50。

(2) 无缝钢管、铜管、不锈钢管等管材，管径宜以外径D×壁厚表示，如$D108\times4$、$D159\times4.5$等。

(3) 钢筋混凝土（或混凝土）管、陶土管、耐酸陶瓷管、缸瓦管等管材，管径宜以内径d表示，如$d230$、$d380$等。

(4) 塑料管材，管径宜按产品标准的方法表示。

(5) 当设计均用公称直径DN表示管径时，应有公称直径DN与相应产品规格的对照表。管径的标注方法，如图4-36所示。

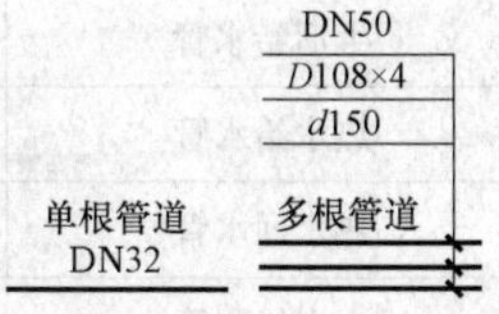

图4-36 管径的标注方法

(六) 坡度

坡度符号可标在管子的上方或下方，其箭头所指的一端是管子的低端，一般表示为i。

二、建筑给排水系统施工图的组成

在建筑给排水系统施工图中，图样内容包括图样目录、设计施工说明、图例、主要设备材料表、平面图、系统轴测图、展开系统原理图、详图与大样图等。

(一) 图样目录

图样目录以表格形式出现，表头标明建设单位、工程名称、分部工程名称、设计日期等。表中全部给排水施工图编号（水施－X），按图名顺序填入。其作用是便于核对图样数量和查找图样。

(二) 设计施工说明

设计施工说明是以文字的形式，将设计人员在图样上无法表明又必须要建设和施工单位了解的技术数据、参数和质量要求等加以说明。

1. 设计说明

设计说明一般包括工程设计依据的文件、规范简述；工程中给排水系统概况、主要技术指标，如生活给水最高日用水量、最大时用水量、最高日排水量、最大时热水用水量、冷却水量、耗热量，消防系统的设计参数及消防用水量，系统控制方法、工艺运转操作说明等。

2. 施工说明

施工说明一般包括工程选用的管材、阀门类型，管道敷设要求，设备的基础、管道设备的防腐和保温做法，管道容器的冲洗、排水管道的通水要求和给水管道的试压要求等。

3. 图例

图例是施工图中图样符号所代表的含义。它包括管道类别、管道附件、管件、管道连接、阀门、给水附件、卫生设备、给排水设备等。

(1) 管道类别。管道类别应以汉语拼音字母表示，并符合表4-5的要求。

(2) 管道附件。管道附件图例应符合表4-6的要求。

(3) 管件。管件图例应符合表4-7的要求。

表 4-5 **管道类别图例**

名称	图例	名称	图例
消火栓给水管	—— XH ——	压力废水管	—— YF ——
自动喷水灭火给水管	—— ZP ——	通气管	—— T ——
雨淋灭火给水管	—— YL ——	污水管	—— W ——
水幕灭火给水管	—— SM ——	压力污水管	—— YW ——
水喷雾灭火给水管	—— SW ——	用水管	—— Y ——
水炮灭火给水管	—— SP ——	压力用水管	—— YY ——
生活给水管	—— J ——	膨胀管	—— PZ ——
热水给水管	—— R ——	空调凝结水管	—— KN ——
热水回水管	—— RH ——	保温管	
中水给水管	—— ZJ ——	伴热管	
循环给水管	—— XJ ——	多孔管	
循环回水管	—— XH ——	地沟管	
热媒给水管	—— RM ——	防护套管	
热媒回水管	—— RMH ——	排水明沟	坡向
蒸汽管	—— Z ——	排水暗沟	坡向
凝结水管	—— N ——	平面 XL-1 系统 XL-1	管道立管①
废水管	—— F ——		

①X 表示管道类别，L 表示立管，I 表示编号，分区加注脚标。

表 4-6 **管道附件图例**

名称	图例	名称	图例
套管伸缩器		雨水斗	YD- 平面 YD- 系统
方形伸缩器		排水漏斗	平面 系统
刚性防水套管		圆形地漏	平面 系统
柔性防水套管		方形地漏	
波纹管		自动冲洗水箱	
可曲挠橡胶接头		挡墩	
管道固定支架		加压孔板	
管道滑动支架		Y 型除污器	
立管检查口		毛发凝集器	平面 系统
清扫口	平面 系统	防回流污染止回阀	
通气帽	成品 铅丝球	吸气阀	

表 4 - 7　管件图例

名称	图例	名称	图例	名称	图例
偏心异径管		短管		正四通	
异径管		存水弯			
乙字管		弯头		斜四通	
喇叭口		正三通			
转动接头		斜三通		浴盆排水件	

（4）管道连接。管道连接图例应符合表 4 - 8 的要求。

表 4 - 8　管道连接图例

名称	图例	名称	图例	名称	图例
法兰连接		法兰堵盖		盲板	
承插连接		弯折管		管道丁字上接	
活接头		三通连接		管道丁字下接	
管堵		四通连接		管道交叉	

（5）阀门。阀门图例应符合表 4 - 9 的要求。

表 4 - 9　阀门图例

名称	图例	名称	图例
闸阀		气开隔膜阀	
蝶阀		气阀隔膜阀	
角阀		温度调节阀	
截止阀	DN≥50　DN<50	压力调节阀	
止回阀		电磁阀	M
消声止回阀		弹簧安全阀	
减压阀	高压　低压	平衡安全阀	
电动阀		自动排气阀	平面　系统
液动阀		浮球阀	平面　系统
气动阀		延时自闭冲洗阀	

续表

名称	图例	名称	图例
球阀		吸水喇叭口	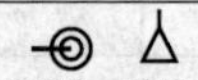 平面 系统
底阀	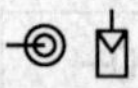	疏水器	
隔膜阀		三通阀	
旋塞阀	 平面 系统	四通阀	

（6）给水附件。给水附件图例应符合表 4-10 的要求。

表 4-10　　给水附件图例

名称	图例	名称	图例
放水龙头	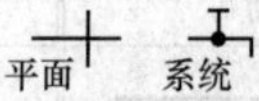 平面 系统	洒水龙头	
脚踏开关	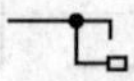	旋转龙头	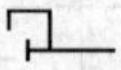
化验龙头		肘式龙头	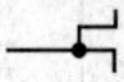
皮带龙头	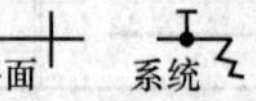 平面 系统	浴盆带喷头混合龙头	
混合龙头	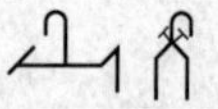		

（7）消防设施。消防设施图例应符合表 4-11 的要求。

表 4-11　　消防设施图例

名称	图例	名称	图例
室外消火栓		自动喷洒头（闭式，上喷）	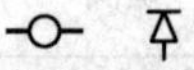 平面 系统
室内消火栓（单出口）	 平面 系统	自动喷洒头（闭式，上喷）	 平面 系统
室内消火栓（双出口）	 平面 系统	自动喷洒头（开式）	 平面 系统
水泵接合器	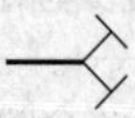	自动喷洒头（闭式，上下喷）	 平面 系统
混式报警阀	 平面 系统	侧墙式喷洒头	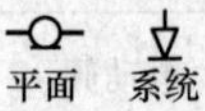 平面 系统
干式报警阀	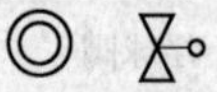 平面 系统	侧喷式喷洒头	 平面 系统
预作用报警阀	 平面 系统	末端测试阀	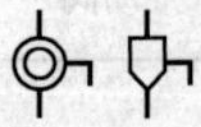

续表

名称	图例	名称	图例
雨淋阀	平面 系统	水炮	
水力警铃		手提式灭火器	
遥控信号阀		推车式灭火器	
水流指示器			

(8) 卫生设备。卫生设备图例应符合表 4-12 的要求。

表 4-12　　卫生设备图例

名称	图例	名称	图例	名称	图例
立式洗脸盆		带沥水板洗涤盆		蹲式大便器	
台式洗脸盆		盥洗槽		坐式大便器	
挂式洗脸盆		妇女卫生盆		淋浴喷头	
浴盆		立式小便器		小便槽	
化验盆、洗涤盆		挂式小便器		污水池	

(9) 给排水设备。给排水设备图例应符合表 4-13 的要求。

表 4-13　　给排水设备图例

名称	图例	名称	图例	名称	图例
水泵	平面 系统	卧式热交换器		管道泵	
卧式热交换器		除垢器		开水器	
喷射器		定量泵		浮球液位器	
搅拌器		快速管式热交换器			
潜水系		水锤消除器			

(10) 仪器仪表。仪器仪表图例应符合表 4-14 的要求。

表 4-14　　仪器仪表图例

名称	图例	名称	图例	名称	图例
温度计		自动记录流量计		pH 值传感器	pH

续表

名称	图例	名称	图例	名称	图例
水表		压力传感器	--[P]--	压力控制器	
温度传感器	--[T]--	余氯传感器	--[Cl]--	真空表	
碱传感器	--[Na]--	自动记录压力表		酸传感器	--[H]--
压力表		转子流量计			

（11）小型给排水构筑物。小型给排水构筑物图例应符合表 4-15 的要求。

表 4-15　　小型给水排水构筑物图例

名称	图例	名称	图例	名称	图例
水表井		中和池	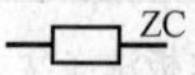	短形化粪池	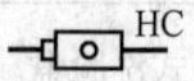
隔油池	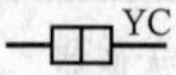	圆形化粪池		降温池	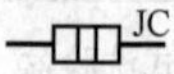
水封井		雨水口		跌水井	
阀门井检查井	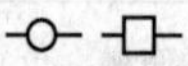	沉淀池	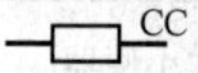		

（三）主要设备材料表

主要设备材料表也称设备和主要器材表，表中一般罗列给排水工程设计中所采用的卫生器具、设备、器材和特殊阀门（报警阀、温控阀、减压阀、安全阀、泄压阀等）的详细规格、型号、技术参数、数量等内容，见表 4-16。

表 4-16　　某给排水工程设备和主要器材表部分内容

序号	设备器材名称	规格型号	单位	数量	备注
1	变频调速泵组（全自动起动）	50DFL18-15×7 型 $Q=18m^3/h$，$H=85m$ $P=11kW$，$n=2900r/min$	台	3	二用一备，配套连接板及隔振 JG2-2
		ϕ1200 隔膜式气压罐	台	1	包括配套仪表
		变频调速柜	套	1	
2	可调先导式减压阀	DN100、PN=1.0MPa 阀后压力 0.15MPa	套	2	每个减压阀配同径蝶阀 2 个，过滤器、橡胶接头各 1 个，压力表 2 个，DN40 泄水阀 1 个
3	旋翼式水表	湿式 DN40、PN=1.0MPa	只	3	单元水表
		湿式 DN32、PN=1.0MPa	只	3	设于 1、2 号卫生间

（四）平面图

给排水平面图主要表达给排水管道、设备、附件及仪表的平面位置。给排水平面图中常见的内容有：

(1) 建筑物轮廓线、轴线号用细实线绘制，并标明房间名称。

(2) 给排水管线，按图例一般用粗线表示，以单线绘制在平面图上。

(3) 用水器具及给排水设备、给排水附件、给排水立管的位置及编号。

(4) 管线的坡度和坡向、标高、管径等。

(5) 底层平面图中还有引入管、排出管、水泵接合器、排水构筑物等与建筑物的定位尺寸、穿建筑物外墙的管道标高、防水套管的形式等。

(五) 系统轴测图

给排水系统轴测图是一种立体图（常见有 45°或 60°方向轴测，一般比例为 1∶100 或 1∶50)，主要是反映管道在室内的空间走向和标高位置。例如，一般的给排水管道的系统图是正面斜轴测图，则左右方向的管道用水平线表示，上下走向的管道用竖线表示，前后走向的管道用 45°斜线表示，如图 4-37 所示。

(六) 展开系统原理图

展开系统原理图比系统轴测图简单，图样一般不按比例和轴测方向表示。它主要用于反映各种管道系统的整体概念，管道的来龙去脉，设备、附件的安装楼层和技术参数，以方便与平面图对照识读。展开系统原理图中标明给排水系统服务的建筑层数、楼层的标高，给排水立管和横管的管径、立管及系统的编号，各楼层卫生器具、工艺用水设备、仪表及阀门的连接。

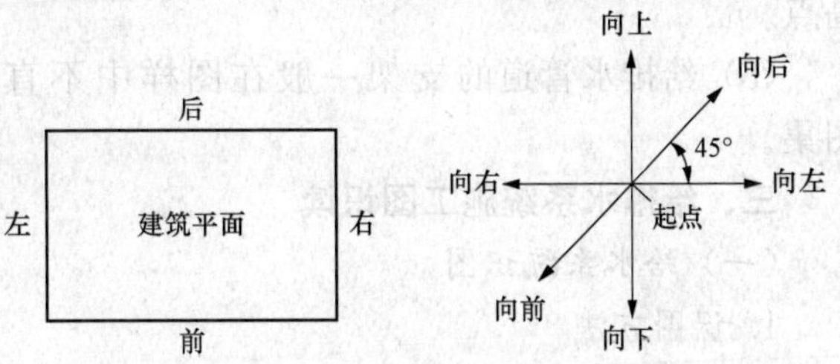

图 4-37 管道在轴测图上的表示

(七) 详图与大样图

1. 详图

也称放大图或节点图，对于给排水工程中某一关键部位或连接构造比较复杂，在比例较小的平面图、系统图中无法表达清楚时，在给排水施工图中以详图的形式表达。例如，管道较多的管井、设备较多的水泵房、水池、水箱间、热交换站、卫生间、水处理间等，其比例一般为 1∶50。节点图反映了组合体各部位的详细构造与尺寸，它包括局部放大平面图、剖面图和轴测图等。

2. 大样图

给排水施工图中为非标准化的加工件（如管件、零部件、非标准设备等）绘制的加工大样图。大样图的比例较大（1∶10、1∶5 等)，管线一般用双线表示。

(八) 给排水施工图的绘图习惯

(1) 在排水施工图中，将为本层使用的管道绘制在本层平面上，看不见的管道、附件（穿墙、埋地管道、管井等）不用虚线，采用原有管线图例的画法。在排水工程中，常将安装在下层空间而为本层使用的管道绘制在本层平面上（如在下层的排水横支管、横干管)。

(2) 排水施工图基本按比例绘制，但原理图、局部平面管道位置不按比例绘制，如立管、沿墙布置水平管道与墙面的距离、与排水管道平行的距离等。

(3) 在给排水平面图中，给水、排水、消防、热水等管线不复杂时，往往在同一层平面图中表现，称作给排水平面图。若管线较多而且复杂，则消防管线有单独的消防平面图。

（4）给排水系统的轴测图或展开系统原理图按照系统的类别独立绘制（如生活给水、消防给水、污水、雨水等）。

（5）在给水系统轴测图中，管道与卫生器具的连接一般到配水附件（龙头）或配水控制附件（阀门）。在排水轴测图中，管道与卫生器具的连接一般到存水弯或器具排水管。每层相同时，往往只绘制一层，其余楼层只注明与某层相同即可。

（6）在展开系统原理图中，给水系统一般仅绘制卫生间或单户住宅的给水支管控制阀门。排水系统一般仅绘制卫生器具，不绘制存水弯等（也有只绘制存水弯，对卫生器具进行编号说明）。

（7）给水管道的标高一般为管中心标高；排水管道的标高一般为管内底标高，标高的标注点在底层平面图上一般在穿墙位置处，系统图上一般为横支管或横干管的最低点或最高点。

（8）给排水管道的支架一般在图样中不直接绘出，仅说明采用的施工规范和标准图集。

三、给排水系统施工图识读

（一）给水系统识图

1. 识图方法

（1）识读给水施工图时，首先要对照图样目录，确认成套图样是否完整，图名与图样目录是否吻合。

（2）识读设计施工说明，了解工程给水设计内容、施工使用的规范和标准图集。了解设计使用的图例符号含义。掌握工程使用的给水管材、附件、卫生器具、设备的类型和技术参数，作为施工、管理、材料采购、工程预决算的依据和工程质量检查的依据。

（3）识读给水平面图，应了解建筑使用功能对给水工程的要求：注意管道系统与房屋建筑的相互关系，如管线在建筑内的平面位置，管线穿墙、楼板、基础、屋面的位置，给水设备、卫生器具的定位，给水立管、附件的位置、编号，系统的编号，管径、管道坡度等。

（4）识读给水系统轴测图和展开系统原理图，是从系统轴测图或展开系统原理图中掌握管道系统的来龙去脉，并与平面图对照读图，建立全面、完整的系统形象。了解管道设置标高、空间走向，管径和给水方式；了解施工图中，给水附件、设备使用的图例符号，掌握它们的类型、规格，设置的楼层位置等。其读图顺序可按水流方向进行：给水引入管→给水横干管→给水立管→给水支管→卫生器具配水附件→给水加压储水装置。

2. 给水施工图识读案例

【例 4-1】 图 4-38～图 4-42 所示为某综合楼的给水施工图部分内容。

识图如下：

（1）如图 4-38 所示，每个卫生间布置坐便器、洗脸盆、淋浴器各 1 个，卫生器具的平面位置见图中尺寸定位。

给水立管布置在 2 个卫生间共用管道井内，距 B 轴 690mm，编号为 JL-1。粗实线表示的给水支管在管井内设有截止阀，穿过管井后沿墙布置，连接卫生器具。

（2）如图 4-39 所示，卫生间楼面标高为 h，JL-1 给水立管连接 2 个卫生间的给水横

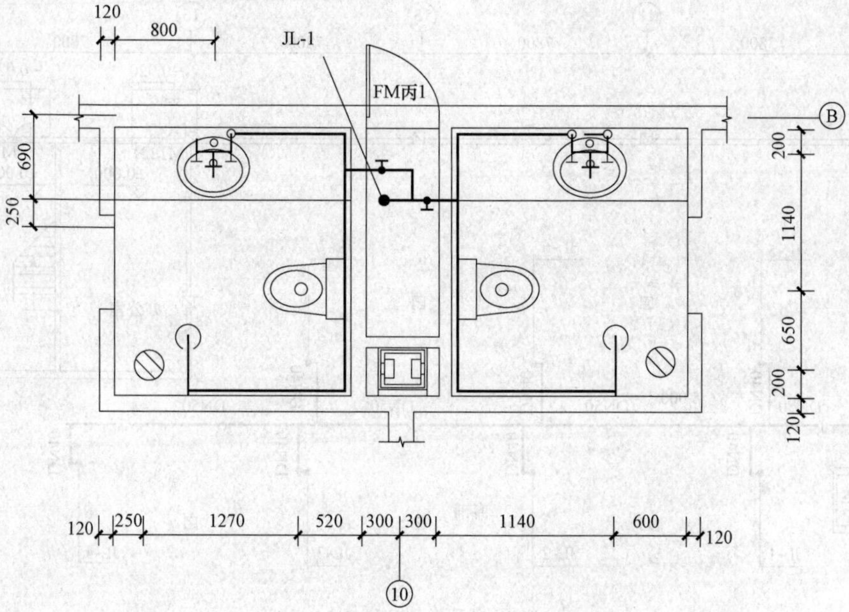

图 4-38　卫生间给水平面大样图

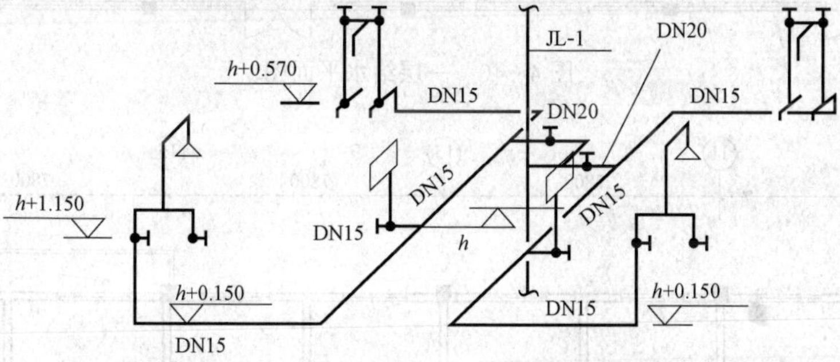

图 4-39　卫生间水管道轴测放大图

管，中心标高为 $h+0.150$m，管径、截止阀各为 DN20。大便器支管标高为 $h+0.150$m，设 DN15 角式截止阀；洗脸盆设 DN15 角式截止阀，标高为 $h+0.570$m；淋浴器冷水支管角式截止阀，标高为 $h+1.150$m。

(3) 如图 4-40 所示，该建筑一层为商储，室内无卫生器具，地面标高为±0.000。图中给水管线以—J—表示。J/3 给水系统给水引入管管径为 DN50，在距 B 轴 2000mm 处穿过 9 轴外墙，中心标高为－0.800m。室内给水干管的管径为 DN40～DN50，中心标高为 5.000m，在 B～D 轴之间处连接 7 根给水立管，编号为 JL-1～JL-7，连接管的管径为 DN40。

(4) 如图 4-41 所示，二～四层为集体宿舍，二层地面标高为 5. 800m。标准层层高为 3.3m。每层设 14 间集体宿舍、自带卫生间。每 2 个卫生间共用一个管道井，卫生间管道井内给水立管编号、位置与一层给水平面图对应。因图样比例较小，卫生间内给水支管的布置未绘出，需参照图 4-38。

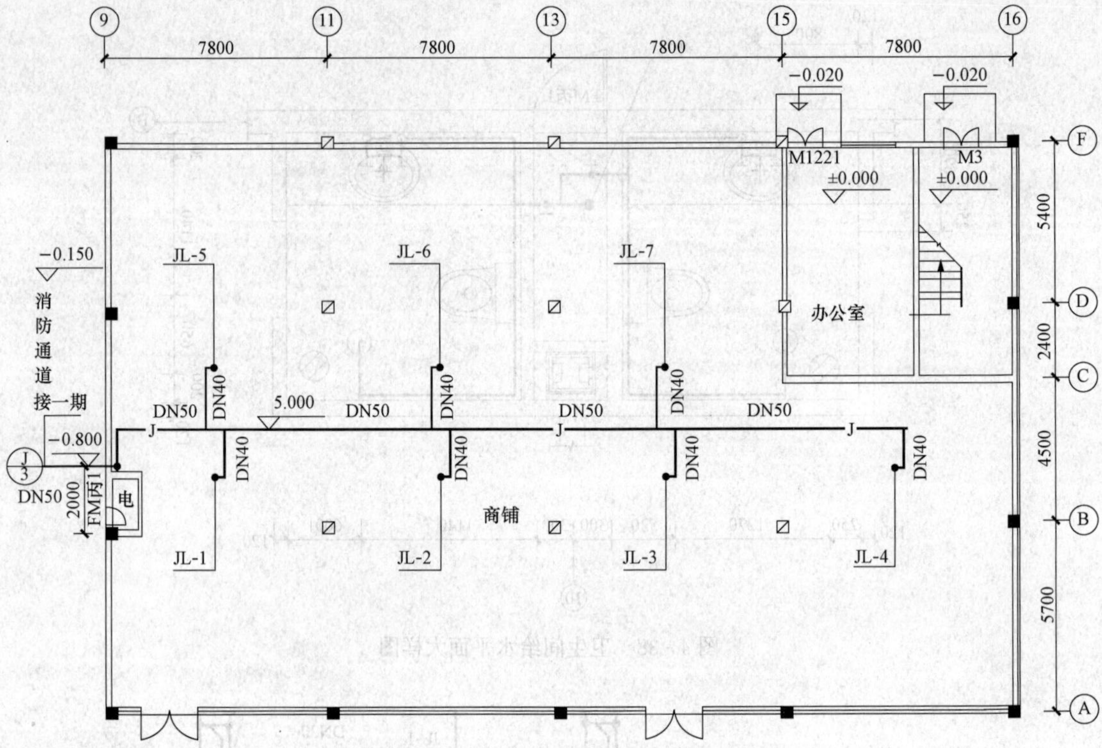

图 4-40　一层给水平面图

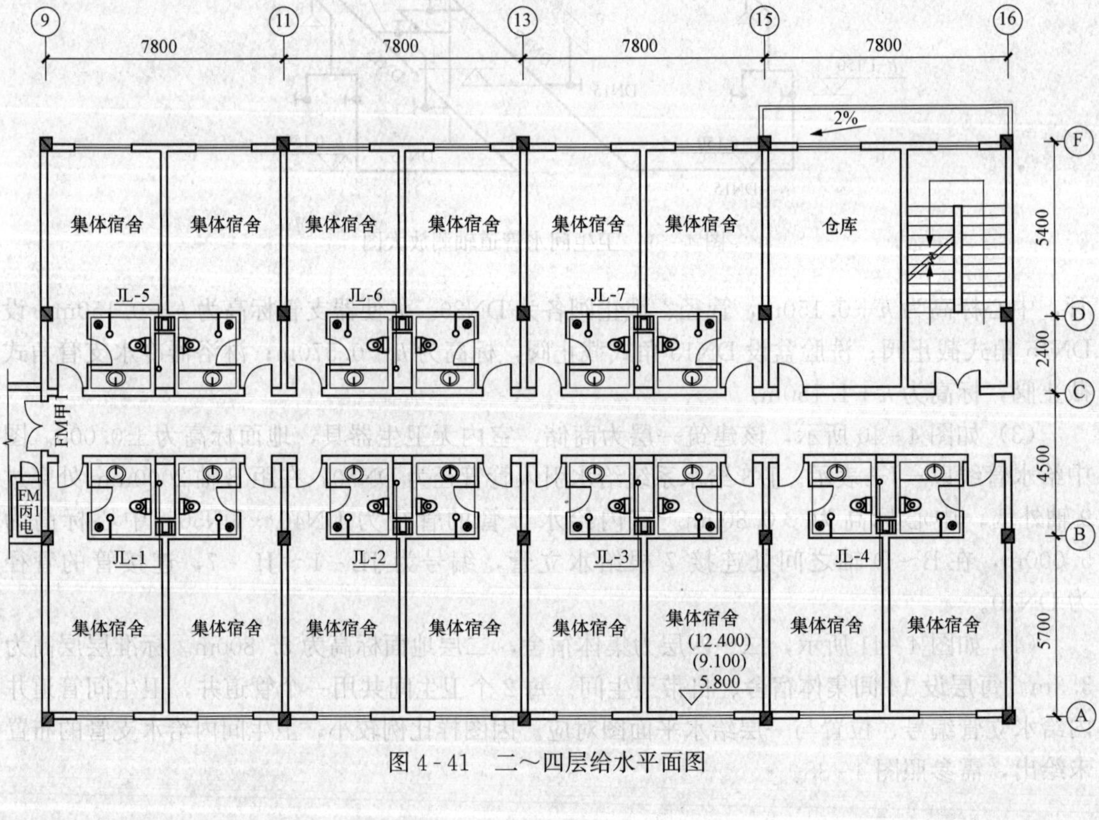

图 4-41　二～四层给水平面图

(5) 如图 4-42 所示，J/3 给水系统引入管的标高为－0.800m，由 9 轴进入一层，在一层 DN50 的总立管转成干管，标高为 5.000m（对照图 4-40 得）。在一层 DN40～DN50 的干管连接编号为 JL-1～JL-7 的 7 根给水立管，供二～四层用水，管径为 DN40～DN25。立管的下部设同径的截止阀，每层立管与支管的连接、标高、管径、给水附件类型及支管的空间走向，需参照图 4-39。

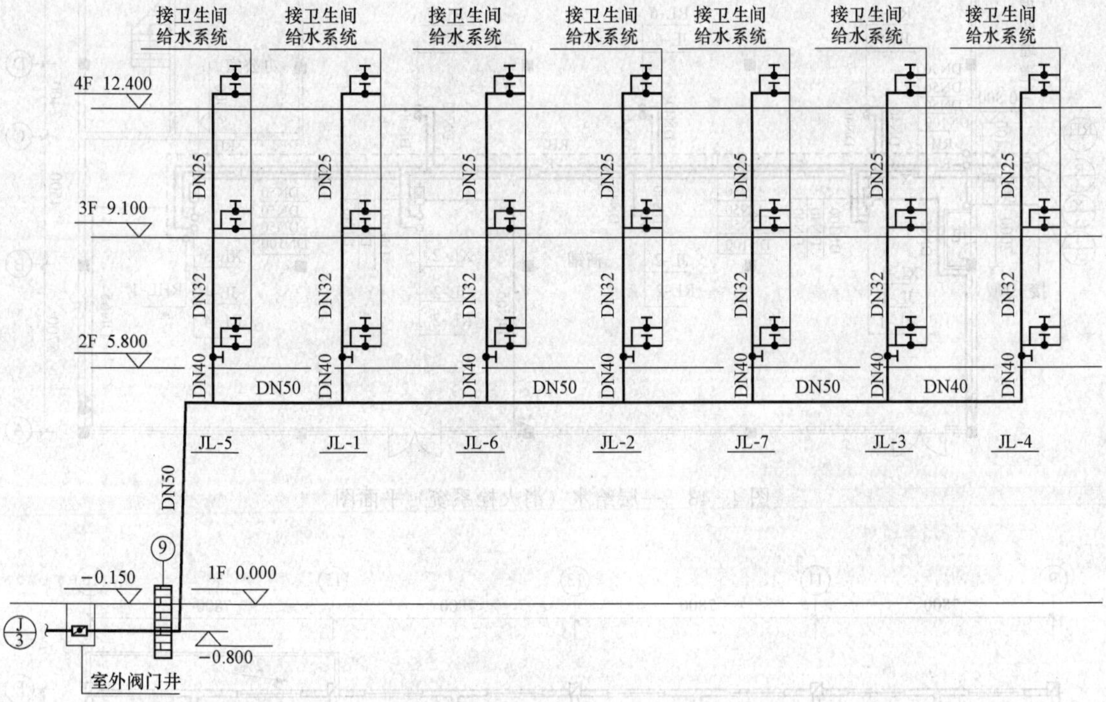

图 4-42　给水展开系统原理图

（二）消火栓系统识图

1. 识图方法

消火栓系统施工图的识读方法与给水系统基本相同，应先读平面图，后将系统轴测图或展开系统原理图对照识读。从平面图中获得管道、消火栓、消防器材、消防加压储水设备、给水附件的平面位置，从系统轴测图或展开系统原理图中掌握管道系统的来龙去脉。

2. 消火栓系统施工图识读案例

【例 4-2】　图 4-43～图 4-45 所示为综合楼的消火栓系统施工图部分内容。

(1) 如图 4-43 所示，X/3 消火栓系统平面管线以—X—表示，DN100 供水引入管上设同径蝶阀，在距 B 轴 2960mm 处穿过 9 轴外墙进入，标高为－0.800m。一层室内消火栓供水干管的中心标高为 5.000m，在 B～D 轴之间连接 3 根消火栓供水立管，编号为 XL-1～XL-3，管径为 DN100。室内单出口消火栓箱设置在 A 轴与 16 轴、A 轴与 13 轴、A 轴与 9 轴交点处，连接管的管径为 DN65，每个消火栓箱处配置 2 个手提式灭火器。

(2) 如图 4-44 所示，消火栓系统在 B～C 轴之间每层设置 3 个面向走廊的消火栓箱，XL-1～XL-3 消火栓给水立管设置在 9～11 轴、13～15 轴、15～16 轴之间的给排水管道井内，连接附近的消火栓。另外，每个消火栓箱处还配置 2 个手提式灭火器。

(3) 如图 4-45 所示，X/3 系统接二期室内消火栓系统，供水引入管标高为－0.800m，

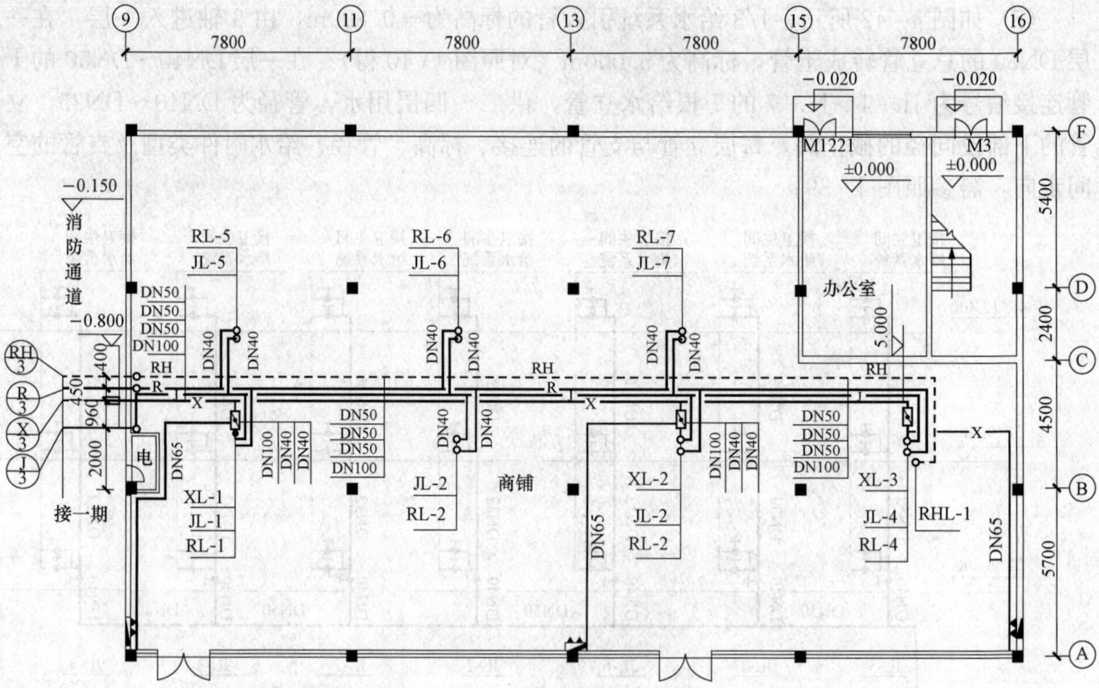

图 4-43　一层给水（消火栓系统）平面图

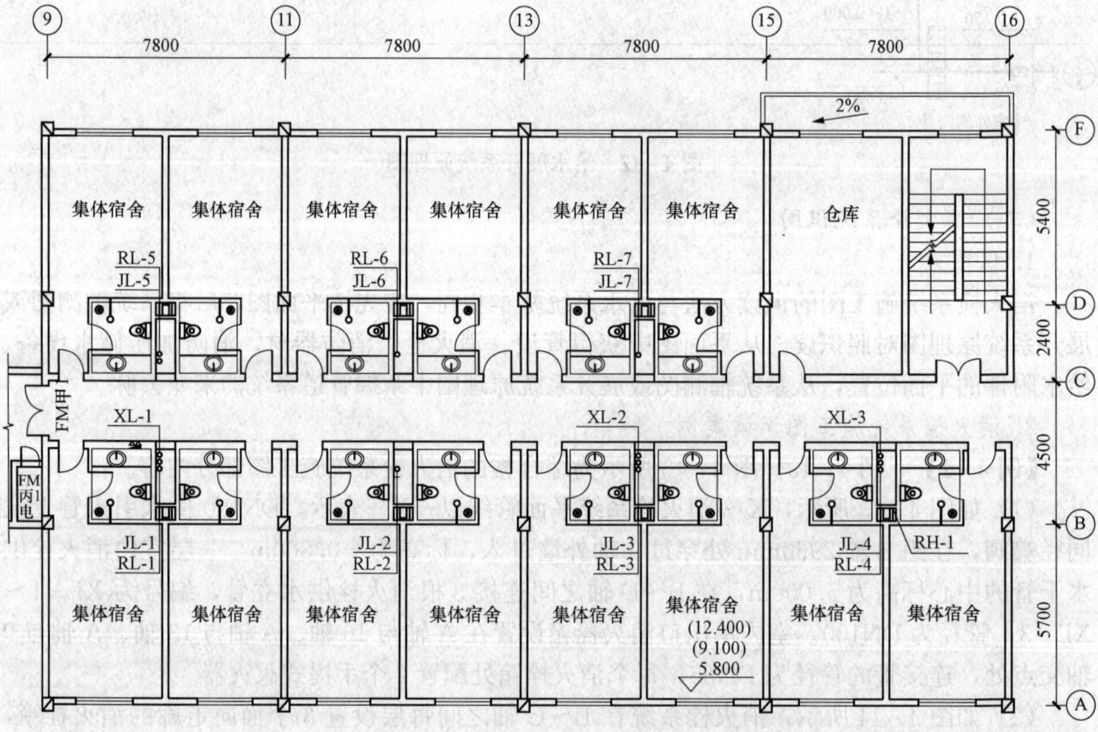

图 4-44　标准层给水（消火栓系统）平面图

由 9 轴进入一层。室内管网采用环状系统，在一、四层设置消防干管，上、下干管连接 3 根

DN100 消防立管，编号为 XL-1～XL-3，供二～四层单出口消火栓用水。干、立管的连接处设同径蝶阀，XL-2 立管连接屋面试验和检查用消火栓。从干管连接一层的 3 个消火栓管径均为 DN65。屋面 16.300m 标高处设有消防水箱，供消火栓和自动喷水灭火系统使用，水箱消火栓系统出水管径为 DN100，设同径蝶阀、止回阀。消防水箱进水由二期生活给水系统提供。图 4-45 中室内消火栓的型号为 SN65，下标 04S202/4（乙），即解读为安装参照国家建筑标准设计图集号 04S202 第 4 页图乙。

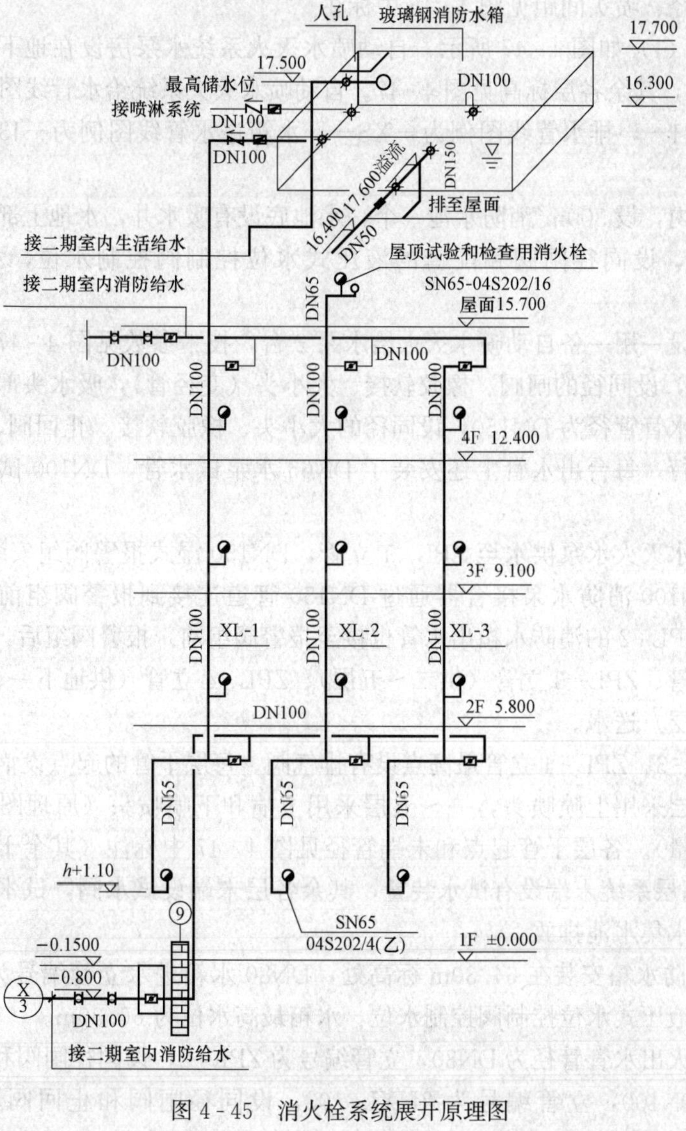

图 4-45　消火栓系统展开原理图

（三）自动喷水灭火系统识图

1. 识图方法

自动喷水灭火系统施工图的识读方法与消火栓系统基本相同，应先读平面图，后将系统轴测图或展开系统原理图对照识读。从平面图中获得管道、喷头、附件、加压储水设备的平面位置，从系统轴测图或展开系统原理图中掌握管道系统的来龙去脉。识读过程一般按流程顺序进行：自动喷水灭火水泵→储水设备→报警阀→自动喷水灭火供水干管→自动喷水灭火供水立管→水流指示器（或压力开关）→喷头→末端试水装置。

2. 自动喷水灭火系统施工图识读案例

【例 4-3】 如图 4-46 所示，自动喷水灭火给水立管设在 7 轴以西的新风机房内，编号为 ZPL-1。立管连接 DN100 自动喷水灭火给水干管，干管的起点设同径的信号阀、水流指示器。干管沿走廊布置，下喷喷头均布在走廊和办公室内，连接喷头的支管与干管呈支状，支管和干管的管径、喷头间距见图 4-46 中标注。

【例 4-4】 （1）如图 4-47 所示，自动喷水灭火系统水泵房设在地下二层，泵房地面标高为－9.500m，其余各层标高见图 4-47。自动喷水灭火系统给水管线图例为－ZP－，给水管线图例为－J1－，排水管线图例为－XS－，水箱进水管线图例为－J3－，消火栓管线图例为－XH－。

（2）在泵房内，设 300m^2 消防水池一个，水池底设有吸水井，水地上部安装 DN100 的 2 路－J1－进水管，设同径闸阀和配套的液压式水位控制阀控制水位，水池最高水位为－5.500m。

在泵房内，设一用一备自动喷水灭火给水泵 2 台，技术参数见图 4-47。每台水泵吸水管管径为 DN200，设同径的闸阀、橡胶软接、大小头（变径管），吸水头部设置在水池的吸水井内。水泵出水管管径为 DN150，设同径的大小头、橡胶软接、止回阀、闸阀和压力表。为检验水泵的运行，每台出水管上还安装了 DN65 水泵试水管，DN100 试水总管接至消防水池。

（3）自动喷水灭火水泵供水至 ZPL-1 立管，DN150 湿式报警阀组安装在一层 ZPL-1 立管上。2 个 DN100 消防水泵接合器通过 DN150 管道连接到报警阀组前。同理，管径为 DN80、编号为 ZPL-2 的消防水箱出水管也接至报警阀组前。报警阀组后，配水管道向一层自动喷水灭火干管、ZPL-3 立管（供二～五层）、ZPL-4 立管（供地下一、二层）、ZPL-5 立管（供地下二层）送水。

（4）在 ZPL-3、ZPL-4 立管最高点设有排气阀。每层干管的起点设信号阀和水流指示器。地下一、二层采用上喷喷头，一～五层采用上喷和下喷喷头（原理图中喷头数量为示意，并非实际数量）。各层干管起点和末端管径见图 4-47 中标注（其余干、支管管径需查阅平面图）。最高层系统末端设有试水装置，其余各层末端设试水阀，试水装置和试水阀的排水接至 5 号排水集水池排放。

（5）18m^3 消防水箱安装在 64.30m 标高处，DN80 水箱进水立管编号为 3JL-01，设同径闸阀和配套的液压式水位控制阀控制水位，水箱最高水位为 66.30m。

自动喷水灭火出水管管径为 DN80，立管编号为 ZPL-2，设同径闸阀和止回阀。消火栓出水管管径为 DN100，立管编号为 2HXL-03，设同径闸阀和止回阀。出水管标高均为 62.250m。

（四）排水系统识图

1. 识图方法

（1）识读排水施工图时，首先要对照图样目录，确认成套图样是否完整，图名与图样目录是否吻合。

（2）识读设计施工说明，要了解工程排水设计内容、施工使用的规范和标准图集。了

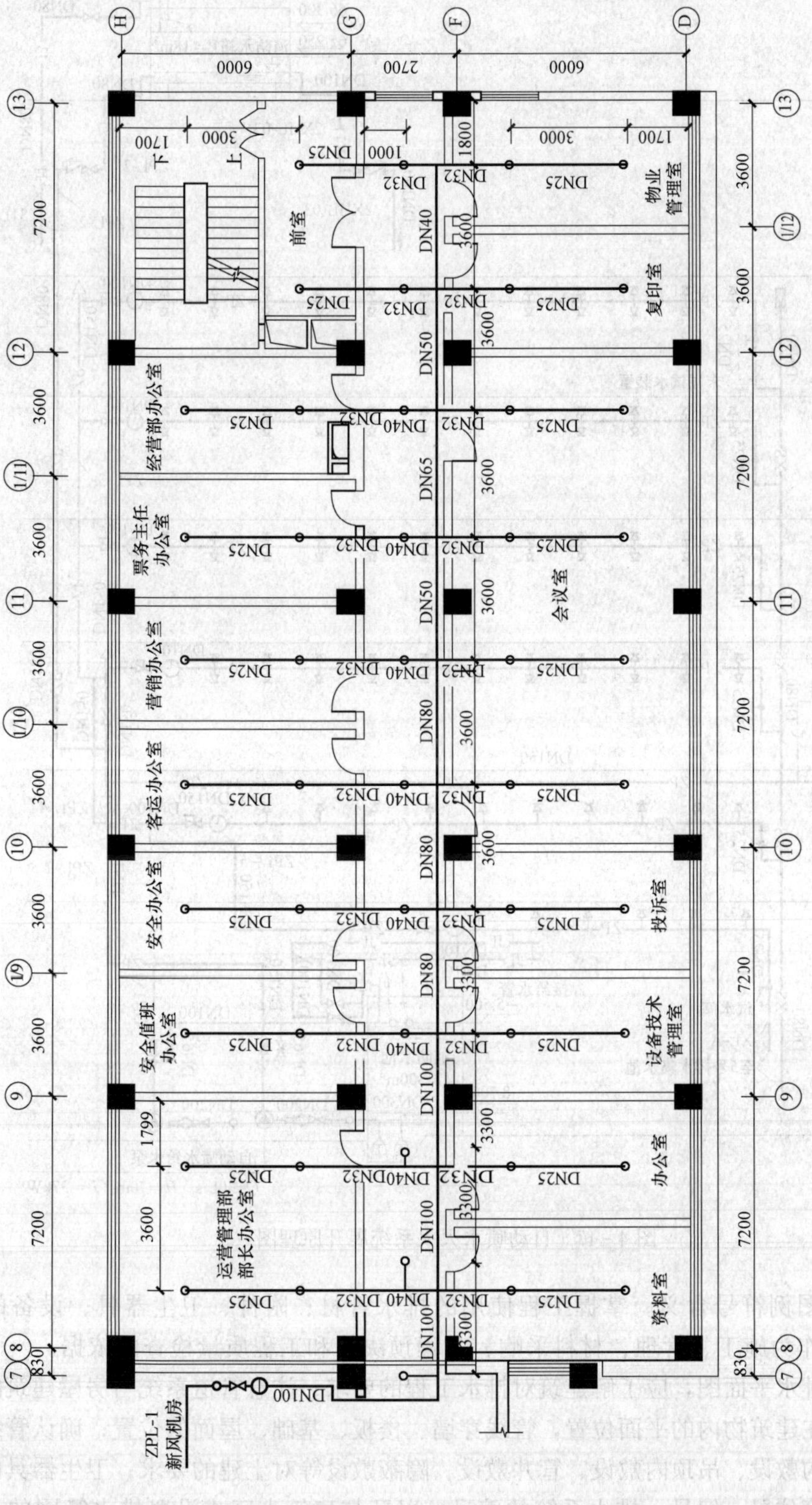

图 4-46　自动喷水灭火系统平面图

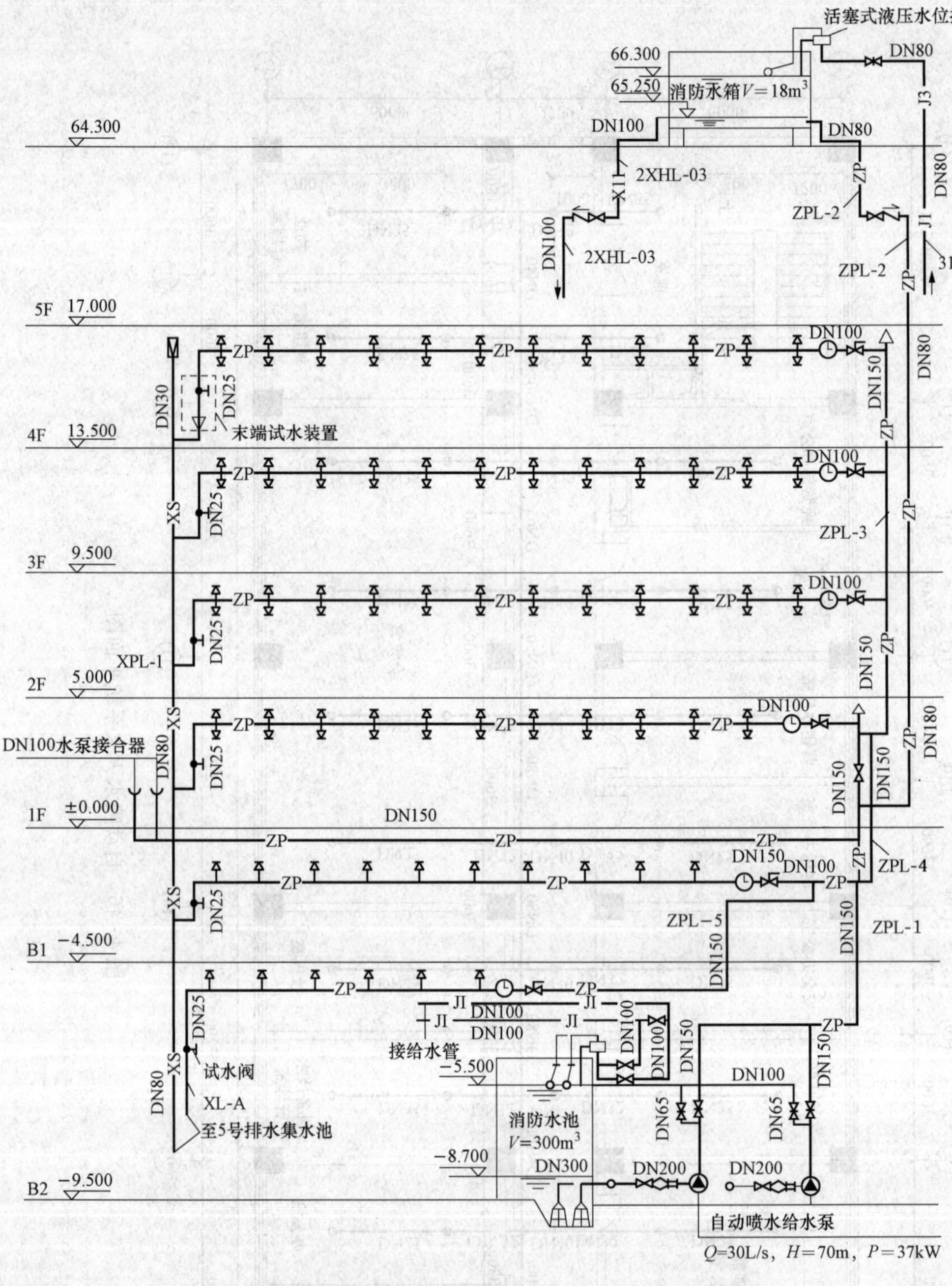

图 4-47　自动喷水灭火系统展开原理图

解工程使用的图例符号含义。掌握工程使用的排水管材、附件、卫生器具、设备的类型和技术参数，作为施工、管理、材料采购、工程预决算和工程质量检查的依据。

（3）识读排水平面图，应了解建筑对排水工程的要求；注意管道系统与房屋建筑的相互关系，如管线在建筑物内的平面位置，管线穿墙、楼板、基础、屋面的位置；确认管线的敷设方法，如地沟敷设、吊顶内敷设、管井敷设、隐蔽敷设等对土建的要求；卫生器具的定位尺寸、排水立管位置、编号，排水系统的编号，以及与建筑小区或设置排水管网的连接形式、管径、管道坡度等。

（4）识读排水系统轴测图和展开系统原理图，应与平面图对照读图，建立全面、完整的排水系统形象。从系统轴测图或展开系统原理图中掌握管道系统的来龙去脉，如按水流方向的流程读图：卫生器具排水管→排水横支管→排水立管→排水横干管→排出管→室外排水管网；了解管道设置标高，管径和卫生器具的排水形式（是否同层排水），立管上排水附件的设置位置。对某些污水提升设备和卫生器具的安装还需对照国家相关的标准图集。掌握施工图中，排水系统附件的类型、规格、设置位置等。

2. 排水施工图识读案例

【例 4-5】 图 4-48 所示为一个公共卫生间的部分排水管道平面放大图，图 4-49 所示为系统轴测图。排水管材、卫生器具规格及施工安装质量要求应另见施工说明。

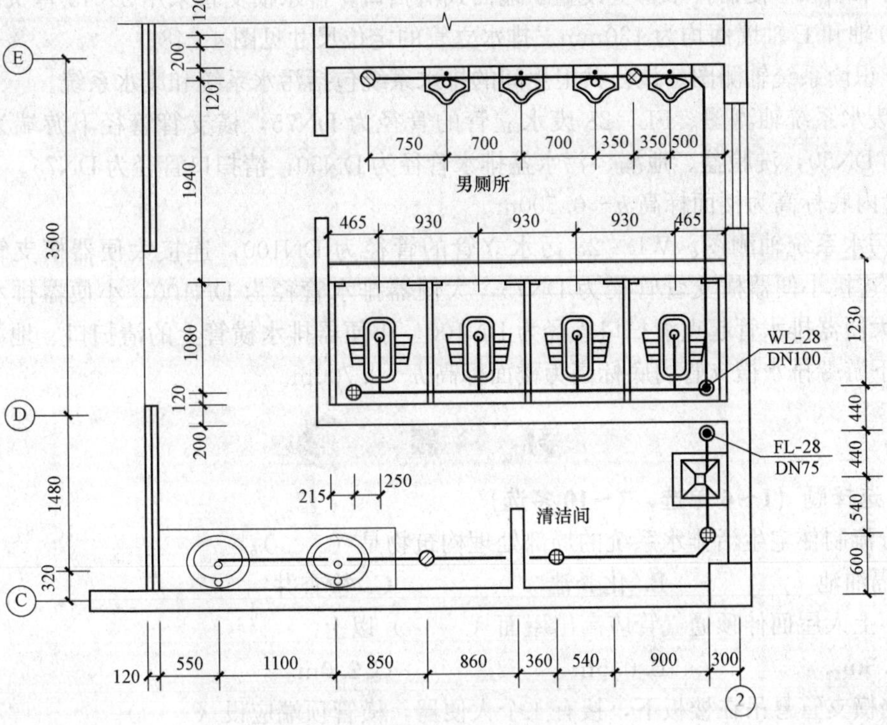

图 4-48 卫生间水平面放大图

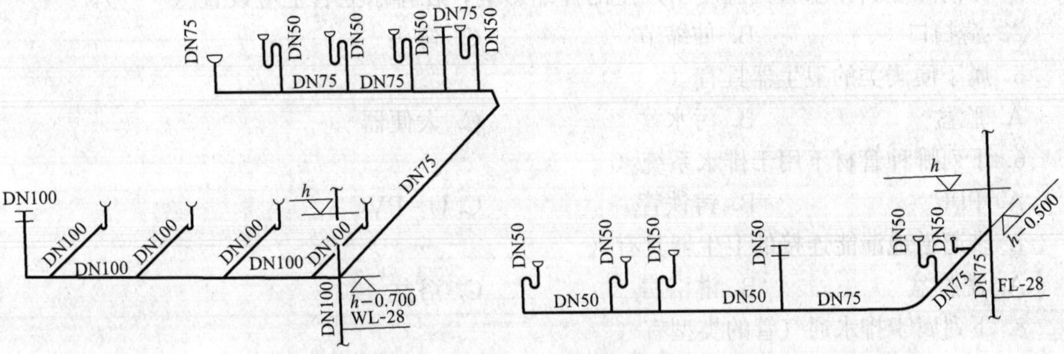

图 4-49 卫生间排水管道轴测图

识图如下：

（1）识读平面图。图 4 - 48 的建筑功能为标准层公共建筑男厕所和卫生清洁间，每层卫生器具的平面定位尺寸见图。图 4 - 48 中排水方式采用分流制，各系统的构成和排放对象如下：

1）废水系统。在 2 轴和 D 轴处设 FL - 28 废水立管，排放卫生清洁间的 2 个洗脸盆、1 个污水盆及 2 个地漏的废水。为防止排水横支管堵塞，在 2 个地漏之间的横支管上设置了地面式清扫口。排水横支管采用 2×45°弯头，排水横支管距 2 轴、C 轴分别为 300mm 和 320mm。排水立管的定位尺寸见图 4 - 48。

2）污水系统。在 2 轴和 D 轴处设 WL - 28 污水立管，排放男厕所 4 个蹲式大便器、4 个小便器的污水、1 个地漏的地面排水。为防止排水横支管堵塞，在连接 4 个蹲式大便器排水横支管末端和小便器排水管上设置了地面式清扫口，排水横支管采用 2×45°弯头。排水横支管距 D 轴和 E 轴墙面均为 120mm。排水立管的定位尺寸见图 4 - 48。

（2）识读系统轴测图。该公共卫生间的排水系统包括污水系统和废水系统。

1）废水系统轴测图。FL - 28 废水立管的管径为 DN75，横支管管径下游端为 DN75、上游端为 DN50，洗脸盆、地漏、污水盆排水管径为 DN50，清扫口管径为 DN75。下游端排水横支管内底标高为楼面标高 $h-0.500$m。

2）污水系统轴测图。WL - 28 污水立管的管径为 DN100，连接大便器横支管管径为 DN100，连接小便器横支管管径为 DN75，大便器排水管径为 DN100，小便器排水管径为 DN50，大便器排水管起点清扫口管径为 DN100。小便器排水横管上的清扫口、地漏管径为 DN75，下游端排水横支管内底标高为楼面标高 $h-0.700$m。

习　题

一、选择题（1～6 单选，7～10 多选）

1. 分流制住宅生活排水系统的局部处理构筑物是（　　）。

A. 隔油池　　B. 化粪池　　C. 检查井

2. 不上人屋面伸顶通气管应高出屋面（　　）以上。

A. 0.3m　　B. 0.5m　　C. 2.0m

3. 当横支管悬吊在楼板下，接有 4 个大便器，横管顶端应设（　　）。

A. 清扫口　　B. 检查口　　C. 检查井

4. 为消除塑料排水管因温度所产生的伸缩影响，在排水立管上应设置（　　）。

A. 清扫口　　B. 伸缩节　　C. 弯头

5. 属于便溺类的卫生器具有（　　）。

A. 脸盆　　B. 污水盆　　C. 大便器

6. 下列哪种管材不用于排水系统（　　）。

A. PPR　　B. 铸铁管　　C. U - PVC

7. 多通道地漏能连接的卫生器具有（　　）。

A. 洗脸盆　　B. 淋浴房　　C. 浴盆

8. 下列属于排水通气管的类型有（　　）。

A. 伸顶通气管　　B. 主通气立管　　C. 器具通气管

9. 下列属于同层排水的优点是（ ）。

A. 减少卫生间楼面留洞　　B. 安装在楼板下的横支管维修方便

C. 排水噪声小

10. 下列属于排水合流制优点的为（ ）。

A. 系统造价低　　B. 施工容易　　C. 有利于污水处理和系统管理

二、简答题

1. 简述排水系统的任务。
2. 简述排水系统的组成。
3. 常用卫生器具按用途可分为哪几类？各自包括哪些卫生器具？
4. 通气管的作用是什么？
5. 什么是分流制和合流制？各有何特点？

第五章　供热与燃气供应系统

第一节　供热系统概述

在冬季，房间内热量损失，室内温度下降，为满足生活需要，常使用散热设备以某种方式向室内供应热量，保持一定的室内温度，以创造适宜的生活或工作条件。这种用人工方法向室内供给热量的设备系统称为供热系统。

一、供热系统的组成

一般而言，供热系统由热源、管网和散热设备三大部分组成。

（一）热源

热源主要是指生产和制备一定参数（温度、压力）热媒的锅炉房或热电厂等。热媒（载热体）是指可以用来输送热能的媒介物，常用的热媒是热水和蒸汽。在锅炉等热能发生器中，燃料燃烧产生热能，将热媒加热形成热水或蒸汽，实现热能转化；也可利用工业余热废热、太阳能、地热、核能等作为供热系统的热源。

（二）管网

管网是指由热源输送热媒至热用户，散热冷却后返回热源的闭式循环管道网络。热源到热用户散热设备之间的连接管道称为供水管，经散热设备散热后返回热源的管道称为回水管。

（三）散热设备

散热设备是指供热房间的放热设备，热媒在其中放出热量加热室内空气。

此外，还有为保证供热系统正常工作而设置的辅助设备，如膨胀水箱、循环水泵、补水泵、排气装置、除污器等，如图 5 - 1 所示。

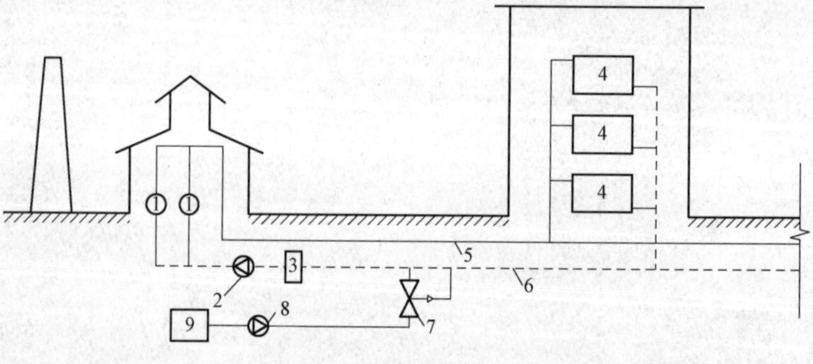

图 5 - 1　集中供热系统的基本组成

1—热水锅炉；2—循环水泵；3—除污器；4—散热器；5—供水管；6—回水管；7—压力调节阀；8—补水泵；9—水处理装置

二、供热系统的分类

（一）根据主要组成部分的相互位置关系分类

供热系统可分为局部供热系统和集中供热系统。热媒制备、热媒输送和热媒利用这三个主要组成部分在构造上都在一起的供热系统，称为局部供热系统，如烟气供热（火炉、火墙和火炕等)，电供热和燃气供热等。虽然燃气和电能通常由远处输送到室内来，但热量的转化和利用都是在散热设备上实现的。

热源和散热设备分别设置，用供热管道相连接，由热源向各个房间或各个建筑物供给热量的供热系统，称为集中供热系统。

(二) 根据热媒种类不同分类

供热系统可分为热水供热系统、蒸汽供热系统、热风供热系统。

以热水为热媒的供热系统，称为热水供热系统。热水供热系统根据水温可分为低温热水供热系统（水温等于或低于 100℃）和高温热水供热系统（水温高于 100℃）。

蒸汽供热系统的热媒是蒸汽。根据蒸汽压力的不同，蒸汽供热系统可分为低压蒸汽供热系统（蒸汽压力在 0.05～0.07MPa）和高压蒸汽供热系统（蒸汽压力在 0.07MPa 以上）。

热风供热系统以热空气作为热媒，即把空气加热到适当的温度直接送入房间，以满足供热要求。根据需要和实际情况，可设独立的热风供热系统或采用通风和空调联合的系统。例如，暖风机、热风幕等就是热风供热的典型设备。

(三) 根据系统循环动力不同分类

供热系统有自然循环（即重力循环）系统和机械循环系统。靠水的密度差进行循环的系统，称为自然循环系统；靠机械（水泵）力进行循环的系统，称为机械循环系统。

第二节　室内供热系统的形式及特点

供给室内供热系统末端装置使用的热媒主要有热水、蒸汽和热风三类。本节主要介绍热水供热系统和蒸汽供热系统，同时，顺应社会发展的趋势，对高层建筑供热系统继续单独讲述，后面章节将对暖风机进行论述。

一、传统室内热水供热系统

从卫生条件和节能等因素考虑，民用建筑应采用热水供热系统，同时该系统也可用在生产厂房及辅助建筑中。根据循环动力不同，传统室内热水供热系统可分为自然（重力）循环热水供热系统和机械循环热水供热系统。

(一) 自然（重力）循环热水供热系统

1. 自然循环热水供热系统的组成及工作原理

图 5-2 所示为自然循环热水供热系统的工作原理图。在系统的最高处连接一个膨胀水箱，用它容纳水在受热后膨胀而增加的体积。

在系统工作之前，先将系统中充满冷水。当水在锅炉内加热后，密度减小，同时受着从散热器流回来密度较大的回水的驱动，使热水沿供水管路上升，流入散热器。在散热器内水被冷却，再沿回水管路流回锅炉。如图 5-2 所示，按照供回水箭头所指方向循环流动，这个过程称为自然循环原理。设 p_1 和 p_2 分别表示 $A-A$ 断面右侧和左侧的水柱压力，实际上，起循环作用的只有散热器中心和锅炉中心之间高度 h 内的水柱密度差。

2. 自然循环热水供热系统的主要形式

自然循环热水供热系统主要分双管和单管两种形式。如图 5-3 (a) 所示为双管上供下回式系统，图 5-3 (b) 所示为单管上供下回顺流式系统。热水经供水立管或水平供水管顺序流过各组散热器，并顺序地在各散热器中冷却的系统，称为单管系统；热水经供水立管或水平供水管平行地分配给各组散热器，冷却后的回水自每个散热器直接沿回水立管或水平回水管流回热源的系统，称为双管系统。

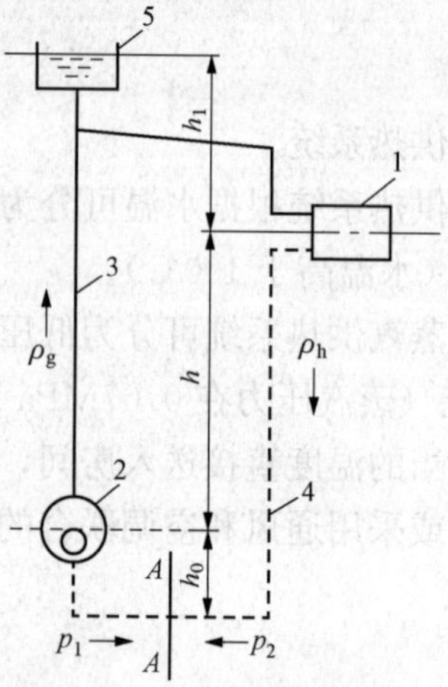

图 5-2　自然循环热水供热系统

工作原理图

1—散热器；2—热水锅炉；3—供水管路；

4—回水管路；5—膨胀水箱

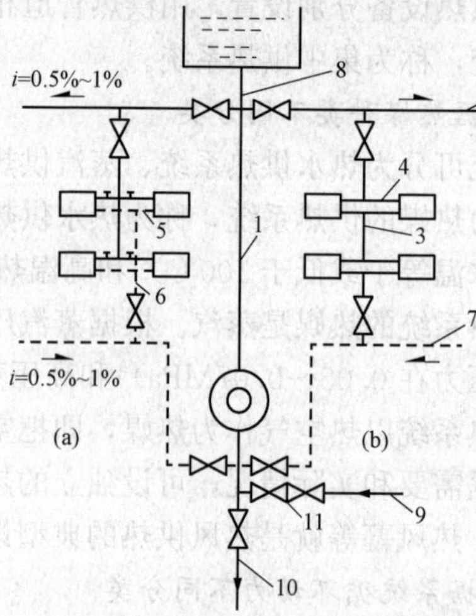

图 5-3　重力循环热水供热系统

（a）双管上供下回式系统；（b）单管上供下回顺流式系统

1—总立管；2—供水干管；3—供水立管；4—散热器供水支管；

5—散热器回水支管；6—回水立管；7—回水干管；

8—膨胀水箱连接管；9—充水管（接上水管）；

10—泄水管（接下水道）；11—止回阀

上供下回式自然循环热水供热系统管道布置的一个主要特点是系统的供水干管必须有向膨胀水箱方向上升的流向，即设置一定坡度。这是为了使系统内的空气能顺利地排除。为使系统顺利排除空气和在系统停止运行或检修时能通过回水干管顺利地排水，回水干管应有向锅炉方向的向下坡度。

在供热建筑物内，同一竖向各层房间的室温不符合设计要求的温度，而出现上、下层冷热不均的现象，通常称为系统垂直失调。在双管系统中，由于各层散热器与锅炉的高差不同，出现上热下冷的垂直失调现象。楼层数越多，上、下层的作用压力差值越大，垂直失调就会越严重。

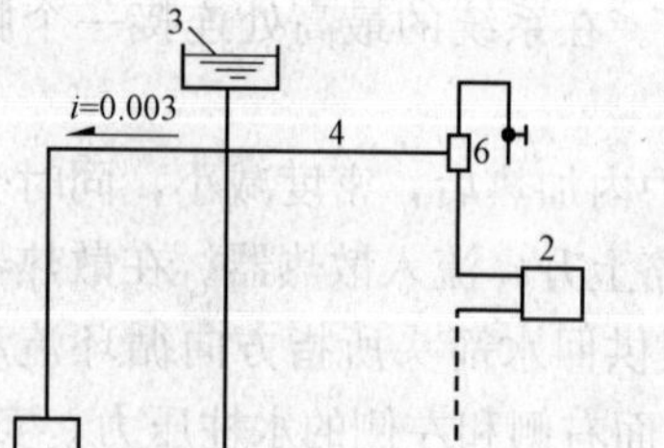

图 5-4　机械循环供热系统

1—热水锅炉；2—散热器；3—膨胀水箱；

4—供水管道；5—回水管道；

6—集气罐；7—循环水泵

单管系统与双管系统相比，越在下层，进水温度越低。因此，单管系统立管的散热器总面积一般比双管系统的稍大些。

自然循环热水供热系统是最早采用的一种热水供热系统。它装置简单，运行时无噪声和不消耗电能。但由于其作用压力小、管径大，作用范围受到限制，自然循环热水供热系统通常只能在单幢建筑内应用，其作用半径不宜超过 50m。

（二）机械循环热水供热系统

如图 5-4 所示，与自然循环热水供热系统比较有如下特点：

(1) 循环动力不同。机械循环以水泵作循环动力，属于强制流动。循环水泵一般设在锅炉入口前的回水干管上，该处水温最低，可避免水泵出现气蚀现象。

(2) 膨胀水箱的连接点和作用不同。机械循环热水供热系统的膨胀水箱设置在系统的最高处，水箱下部接出的膨胀管连接在循环水泵吸入口一侧的回水干管上，而自然循环热水供热系统多连接在热源的出口供水立管顶端。此外，膨胀水箱的作用除了容纳水受热膨胀而增加的体积外，还能恒定水泵入口压力，保证供热系统压力稳定。

(3) 排气方式不同。机械循环热水供热系统中水流速度较大，一般都超过水中分离出的空气泡的浮升速度，易将空气泡带入立管引起气塞。因此，在上供下回式机械循环热水供热系统中，水平敷设的供水干管有沿着水流方向逐渐上升的坡度（俗称"抬头走"），在供水干管末端最高点设置集气罐，以便空气能顺利地和水流同方向流动，集中到集气罐处排除。回水干管也应采用沿水流方向下降的坡度，以便于泄水。

机械循环热水供热系统一般可分为垂直式系统和水平式系统两大类。

1. 垂直式系统

垂直式系统按供、回水干管布置的位置，可分为上供下回式双管和单管系统、下供下回式双管系统、下供上回式（倒流式）系统和中供式系统等几种。

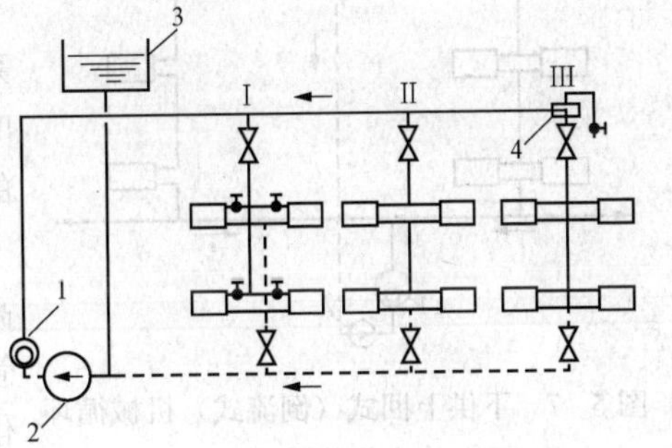

图 5-5　机械循环上供下回式供热系统
1—锅炉；2—循环水泵；
3—膨胀水箱；4—集气罐

(1) 上供下回式系统。如图 5-5 所示，立管Ⅰ为双管式系统，在管路与散热器连接方式上与自然循环热水供热系统没有差别；立管Ⅱ为单管顺流式系统，其特点是立管中的水全部顺次流入各层散热器，但不能进行局部调节；立管Ⅲ为单管跨越式系统，其特点是一部分水流入散热器，另一部分水通过跨越管与散热器流出的水混合，再流入下一层散热器。与顺流式系统相比，由于只有一部分立管水流入散热器，在相同的散热量下，散热器出水温度低，散热器中热媒和室内空气的平均温差 Δt 减小，因而，所需散热器面积比顺流式系统大一些。

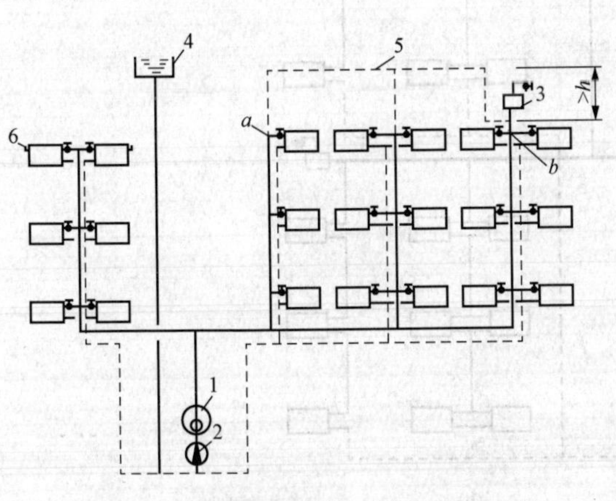

图 5-6　机械循环下供下回式双管系统
1—热水锅炉；2—循环水泵；3—集气罐；
4—膨胀水箱；5—空气管；6—排气阀

(2) 下供下回式系统。如图 5-6 所示，系统的供水干管和回水干管都设在底层散热器下方。当顶层的顶棚下难以布置管路不能采用上供方式时，或在有地下室的建筑物内，常采用下供下回式系统。

下供下回式系统排气较困难，一般通过装设在系统上部的空气管手动或自动集中排气，如图 5-6 右侧所示；或在最上层散热器装设排气阀手动排气，如图 5-6 左侧所示。集气罐的连接位置，应比水平空气管低 h 以上，即应大于图中 a 和 b 两点在供热系统运行时的压差值，否则位于上部空气管内的空气不能起到隔断作用，立管水会通过空气管串流。因此，通过专设空气管集中排气的方法，只在作用半径小或系统压降小的热水供热系统中应用。

下供下回式系统，由于越是底层散热器的水循环环路越短，所以阻力越小。这就在一定程度上补偿了双管系统低层作用压头小的不足。因而，各层环路阻力相对容易平衡，垂直失调也会减小。

(3) 下供上回式（倒流式）系统。下供上回式（倒流式）机械循环热水供热系统如图5-7所示，供水干管设在所有散热器设备的下面，回水干管设在所有散热器的上面。水在系统中的流动方向是自下而上的，与空气流动方向一致，因而空气容易排除。

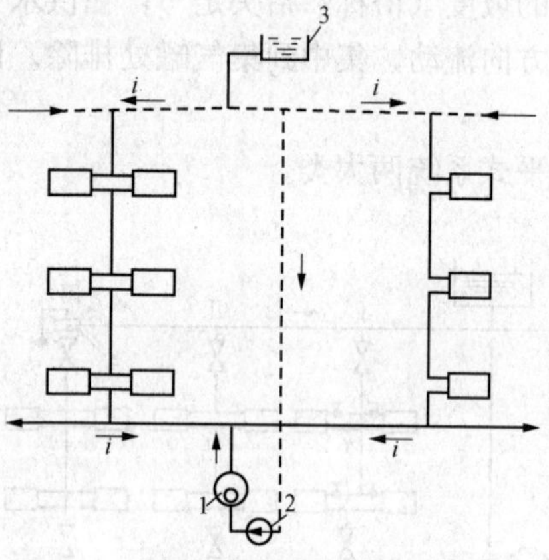

图5-7 下供上回式（倒流式）机械循环热水供热系统
1—热水锅炉；2—循环水泵；3—膨胀水箱

下供上回式系统由于供水干管在下面，因此无效热损失较小。当用于高温水系统时，由于供水干管在底层，可以降低防止高温水汽化所需的水箱标高，减少布置高架水箱的困难。

该系统的缺点是散热器的放热系数比上供下回式系统小，故散热器面积要增加。但用于高温水供热时，这一特点却有利于满足散热器表面温度不致过高的要求。

(4) 中供式系统。有时由于建筑物顶层大梁底标高过低，或由于某种原因在顶层楼板下系统难以敷设管道时，可采用如图5-8所示的中供式机械循环热水供热系统。由于供水干管在中间，相对地降低了立管的长度，所以可以减少垂直失调现象。而上层的排气仍需采用排气管或排气阀。该系统可用于加建楼层的建筑物或“品”字形建筑（上部建筑面积少于下部建筑面积）的供热。

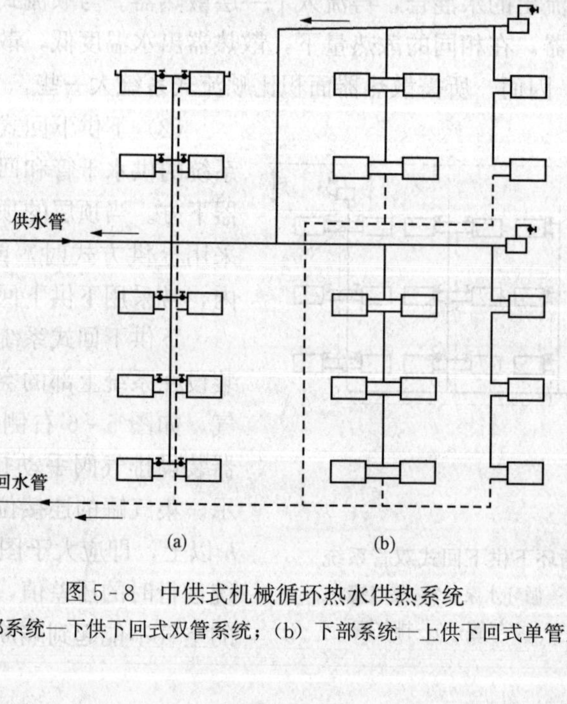

图5-8 中供式机械循环热水供热系统
(a) 上部系统—下供下回式双管系统；(b) 下部系统—上供下回式单管系统

（5）单、双管混合式系统。若将散热器沿垂直方向分成若干组，在每组内采用双管形式，而组与组之间则用单管连接，这就组成了单、双管混合式系统，如图 5-9 所示。

这种系统的特点是既避免了双管系统在楼层数过多时出现的严重竖向失调现象，同时又能避免散热器支管管径过粗的缺点，而且散热器还能进行局部调节。

在上述供热系统中，如果通过各立管的循环环路的总长度不相等，这种系统称为异程系统，如图 5-10 所示。由于机械循环系统的作用半径很大，各环路的总长度就可能相差很大。因而，各立管环路的压力损失就难以平衡。有时靠近总立管最近的立管选用了最小管径 DN15 时，仍有很多剩余压力。这就会出现严重的“水平失调”现象，即在远近立管处出现流量失调而引起在水平方向冷热不均的现象。为此，常采用同程系统消除此现象。

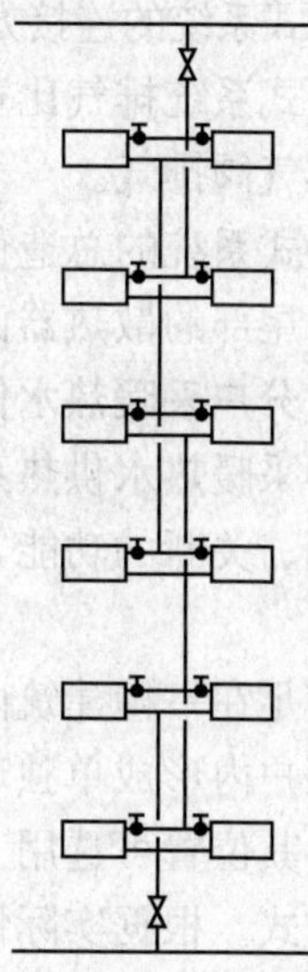

图 5-9　单、双管混合式系统

图 5-11 所示为同程系统示意图。由于经过立管①的环路（最近环路）和经过立管③的环路（最远环路）长度相同，此压力损失易于平衡。同程系统的管径比异程系统有时稍大，但由于它的上述优点，宜用于较大的建筑物内。

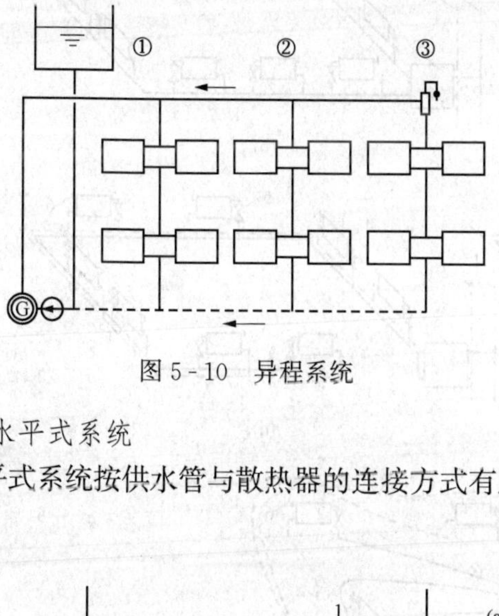

图 5-10　异程系统

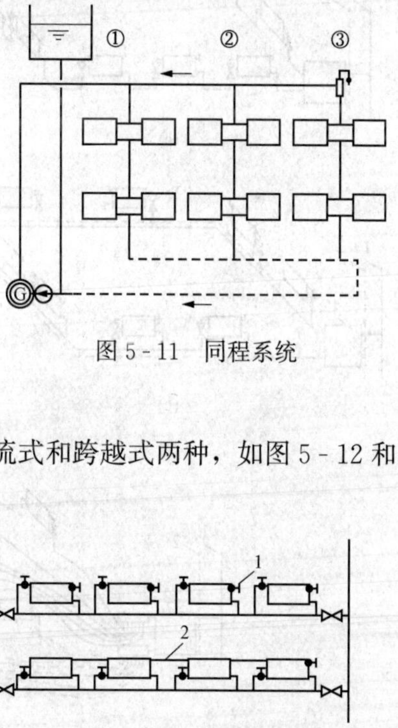

图 5-11　同程系统

2. 水平式系统

水平式系统按供水管与散热器的连接方式有顺流式和跨越式两种，如图 5-12 和图 5-13 所示。

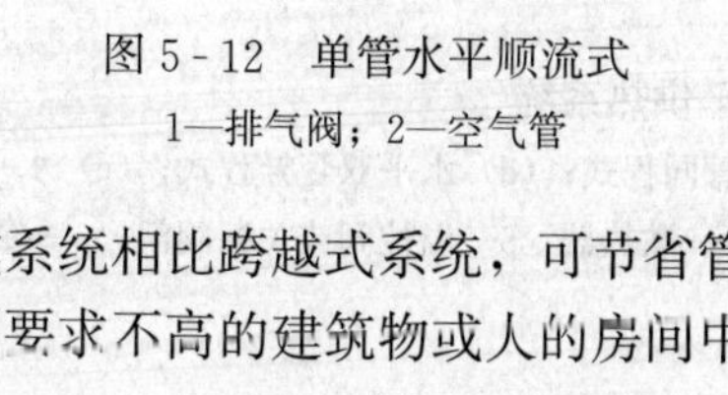

图 5-12　单管水平顺流式

1—排气阀；2—空气管

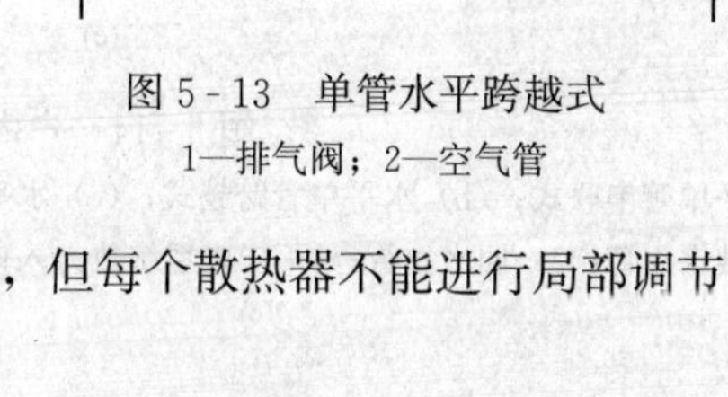

图 5-13　单管水平跨越式

1—排气阀；2—空气管

顺流式系统相比跨越式系统，可节省管材，但每个散热器不能进行局部调节。它只适用于室温控制要求不高的建筑物或人的房间中。

跨越式系统的连接方式如图 5-13 所示，其优点是对散热器可进行单独调节。

水平式系统排气比垂直式上供下回系统复杂，通常采用排气管集中排气或在各个散热器上安装排气阀排气。

水平式系统的总造价比垂直式系统少得多；但对较大系统而言，由于有较多散热器处于低温区，尾部的散热器面积可能比垂直式系统多些。

二、分户采暖热水供热系统的形式及特点

分户采暖热水供热系统相对于传统的供热系统没有本质的变化，这种系统具有分别调节、控制、关断的功能，便于管理与未来分户计量的开展，它的服务对象主要是民用住宅建筑。

为满足在一幢建筑内向每一热用户单独供热，应在每一热用户的入口具有单独的供回水管路，用户内形成单独环路，适合于分户采暖的户内系统进、出散热器的供、回水管为水平式安装，其位置可选用上进上出、上进下出、下进下出等组合方式，考虑美观一般采用下进下出的方式。根据实际情况，水平管道可明装，沿踢脚板敷设；或水平管道暗装，镶嵌在踢脚板内或暗敷在地面预留的沟槽内。管道连接形式常采用水平单管串联式、水平单管跨越式、水平双管同程式、水平双管异程式和水平放射式，如图 5-14 所示。

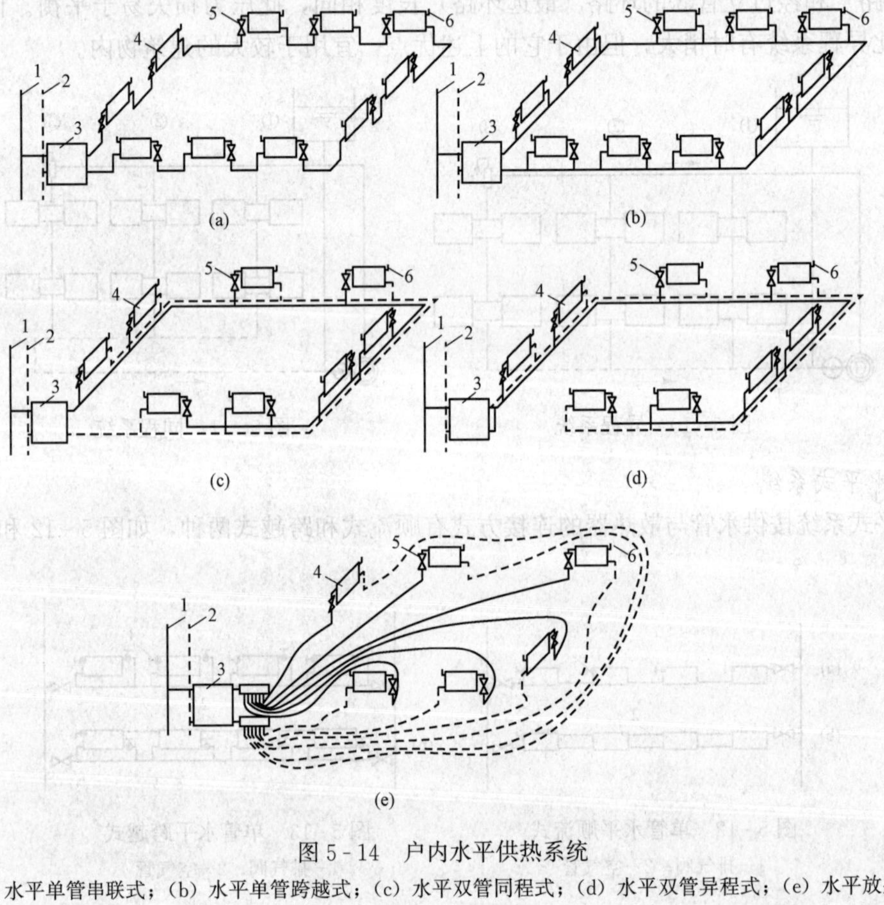

图 5-14 户内水平供热系统

(a) 水平单管串联式；(b) 水平单管跨越式；(c) 水平双管同程式；(d) 水平双管异程式；(e) 水平放射式

1—供水立管；2—回水立管；3—户内系统热力入口；4—散热器；5—温控阀或关断阀门；6—冷风阀

比较这几种连接形式：图 5 - 14（a）中的热媒顺序地流经各个散热器，温度逐次降低。环路简单，阻力最大，各个散热器不具有独立调节能力，工作时相互影响，任何一个散热器出现故障，其他均不能正常工作。散热器组数一般不宜过多，否则，末端散热器热媒温度较低，供热效果不佳。图 5 - 14（b）比图 5 - 14（a）每组散热器下多一根跨越管，热媒一部分进入散热器散热，另一部分经跨越管与散热器出口热媒混合，各个散热器具有一定的调节能力。图 5 - 14（c）中的热媒经水平管道流入各个散热器，并联散热器的热媒进、出口温度相等，水平管道为同程式，即进出散热器的管道长度相等。其比图 5 - 14（a）中多一根水平管道，给管道的布置带来了不便。但热负荷调节能力强，可根据需要对负荷任意调节，且不相互影响。图 5 - 14（d）为双管异程布置。图 5 - 14（e）中热媒由分、集水器提供，可集中调节各个散热器的散热量，此方式常应用于低温辐射地板供热。以上 5 种分户采暖户内连接形式，由于户内供、回水采用的是水平下供下回方式，系统的局部高点是散热器，必须安装冷风阀，以便于排出系统内的空气。户内的水平供、回水管道也可以采用上供下回、上供上回等多种形式。

三、高层建筑热水供热系统

随着城市发展，高层建筑越来越多。目前国内高层建筑热水供热系统，有如下几种形式。

（一）分层式热水供热系统

在高层建筑供热系统中，垂直方向分两个或两个以上的独立系统称为分层式热水供热系统。

下层系统通常与室外热网直接连接。它的高度主要取决于室外热网的压力工况和散热器的承压能力。上层建筑与室外热网采用隔绝式连接，如图 5 - 15 所示，利用热交换器使上层系统的压力与室外热网的压力隔绝。上层系统采用隔绝式连接，是目前常用的一种形式。

当室外热网供水温度较低，使用热交换器所需加热面过大而经济不合理时，可考虑采用如图 5 - 16 所示的双水箱分层式热水供热系统。

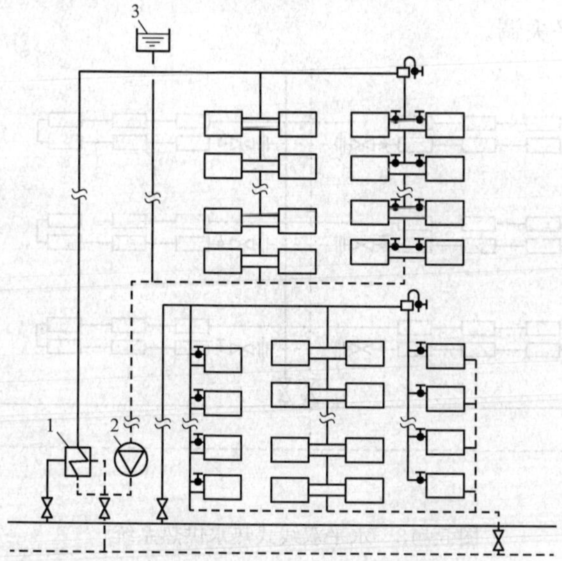

图 5 - 15　分层式热水供热系统

1—换热器；2—循环水泵；3—膨胀水箱

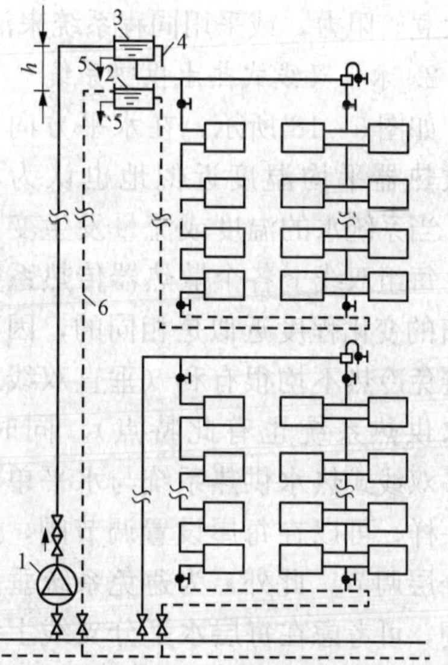

图 5 - 16　双水箱分层式热水供热系统

1—加压水泵；2—回水箱，3　进水箱；
4—进水箱溢流管；5—信号管；6—回水箱溢流管

双水箱分层式热水供热系统，具有如下特点：

(1) 上层系统与室外热网直接连接。当室外热网供水压力低于高层建筑静水压力时，在用户供水管上设加压水泵，利用进、出水箱两个水位高差 h 进行上层系统的水循环。

(2) 上层系统利用非满管流动的溢流管与室外热网回水管连接，溢流管下部的满管高度取决于室外热网回水管的压力。

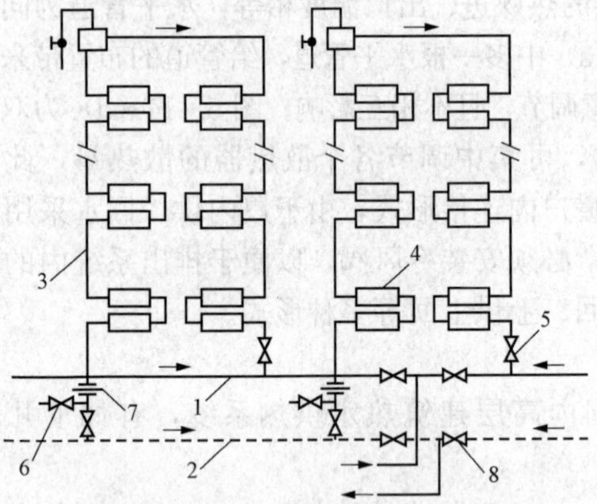

图 5-17 垂直双线式单管热水供热系统
1—供水干管；2—回水干管；3—双线水平管；4—散热器；5—截止阀；6—排水阀；7—节流孔板；8—调节阀

(3) 由于利用两个水箱替代用换热器所引起的隔绝压力作用，可简化入口设备，降低系统造价。

(4) 利用开式水箱，易使空气进入系统，造成系统的腐蚀。

(二) 双线式系统

双线式系统有垂直式和水平式两种形式。

1. 垂直双线式单管热水供热系统

如图 5-17 所示，垂直双线式单管热水供热系统是由竖向Ⅱ形单管式立管组成的。双线式系统的散热器通常采用蛇形管或辐射板式（单块或砌入墙内形成整体式）结构。由于散热器立管是由上升立管和下降立管组成的，因此各层散热器的平均温度近似地可以认为相同。这种各层散热器平均温度近似相同的单管式系统，尤其对高层建筑，有利于避免系统垂直失调。这是双线式系统的突出优点。

垂直双线式单管热水供热系统的每一组Ⅱ形单管式立管最高点处应设置排气装置。此外，由于立管的阻力较小，容易引起水平失调，可考虑在每根立管的回水立管上设置孔板，增大立管阻力，或采用同程系统来消除水平失调。

2. 水平双线式热水供热系统

如图 5-18 所示，在水平方向各组散热器平均温度近似地也认为相同。当系统水的温度或流量发生变化时，每组双线上各个散热器传热系数 K 值的变化程度近似是相同的，因而对避免冷热不均很有利（垂直双线式热水供热系统也有此特点）。同时，水平双线式热水供热系统与水平单管式一样，可以在每层设置调节阀，进行分层调节。此外，为避免系统垂直失调，可考虑在每层水平分支线上设置截流孔板，以增加各水平环路的阻力损失。

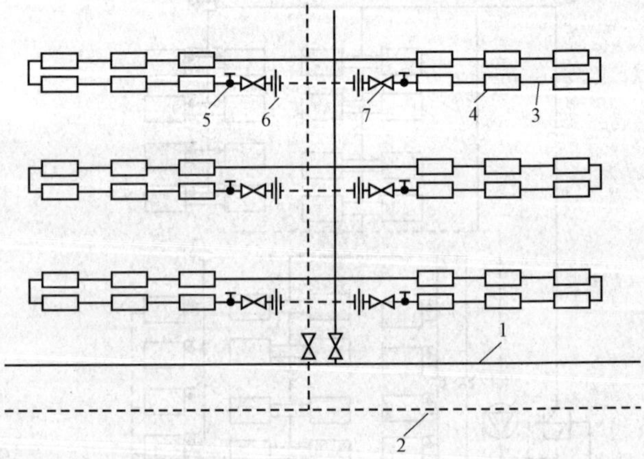

图 5-18 水平双线式热水供热系统
1—供水干管；2—回水干管；3—双线水平管；4—散热器；5—截止阀；6—节流孔板；7—调节阀

四、室内蒸汽供热系统

（一）蒸汽供热系统的工作原理与分类

水在锅炉中被加热成具有一定压力和温度的蒸汽，蒸汽靠自身压力作用通过管道流入散热器内，在散热器内放出热量后，蒸汽变成凝结水，凝结水靠重力经疏水器后沿凝结水管道返回凝结水池内，再由凝结水泵送入锅炉重新被加热变成蒸汽。

蒸汽供热系统按照供汽压力的大小，可分为三类：

（1）供汽的表压力等于或低于 70kPa 时，称为低压蒸汽供热系统。

（2）供汽的表压力高于 70kPa 时，称为高压蒸汽供热系统。

（3）当系统中的压力低于大气压力时，称为真空蒸汽供热系统。

（二）低压蒸汽供热系统

低压蒸汽供热系统一般都采用开式系统，根据凝结水回收的动力可分为重力回水和机械回水两大类。根据供汽干管位置可分为上供下回式、下供下回式和中供式。低压蒸汽供热系统一般适用于有蒸汽汽源的工业辅助建筑和厂区办公楼。

1. 重力回水低压蒸汽供热系统

在重力回水低压蒸汽供热系统中，凝结水在有一定坡度的管道中依靠其自身的重力回流到热源。系统形式采用上供式和下供式都可以，原则上可以不装疏水器，以降低系统造价。一般重力回水低压蒸汽供热系统的锅炉位于一层地面以下。

2. 机械回水低压蒸汽供热系统

在机械回水低压蒸汽供热系统中，凝结水依靠水泵的动力送回热源重新加热。

（1）双管上供下回式系统。如图 5-19 所示，是低压蒸汽供热系统常用的一种形式。从锅炉产生的低压蒸汽经分汽缸分配到管道系统，蒸汽在自身压力作用下，克服流动阻力经室外蒸汽管道，室内蒸汽主管，蒸汽干管、立管和散热器支管进入散热器。蒸汽在散热器内放出汽化潜热变成凝结水，凝结水从散热器流出后，经凝结水支管、立管、干管进入室外凝结水管网流回锅炉房内凝结水箱，再经凝结水泵注入锅炉，重新被加热变成蒸汽后送入供热系统。

（2）双管下供下回式系统。如图 5-20 所示，室内蒸汽干管与凝结水十管同时敷设在地下室或特设地沟中。在室内蒸汽干管的末端设置疏水器以排除管内沿途凝结水。但该系统供汽立管中凝结水与蒸汽逆向流动，运行时容易产生噪声，特别是系统开始运行时，因凝结水较多，容易发生水击现象。

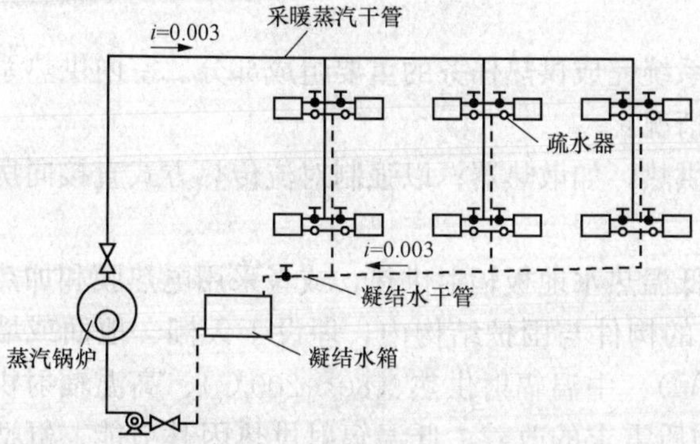

图 5-19　双管上供下回式系统

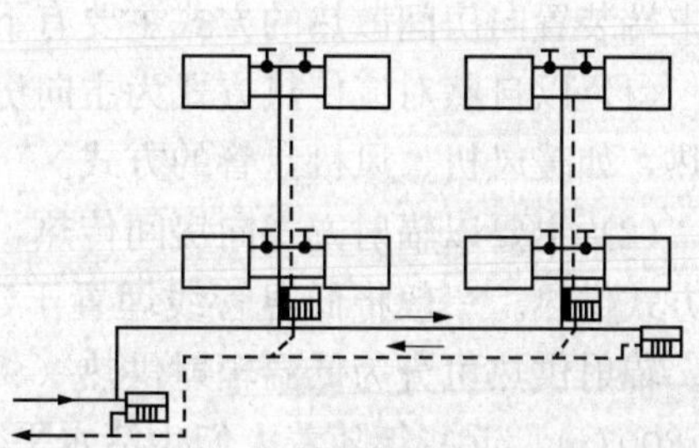

图 5-20　双管下供下回式系统

除上述两种典型系统外，还可以采用双管中供式系统和单管上供下回式系统，各有优劣。若多层建筑顶层或顶棚下不便设置蒸汽干管时可采用中供式系统。这种系统不必像下供式系统那样需设置专门的蒸汽干管末端疏水器，总立管长度也比上供式小，蒸汽干管的沿途散热也可得到有效的利用。单管上供下回式系统采用单根立管，可节省管材，蒸汽与凝结水同向流动，不易发生水击现象；但低层散热器易被凝结水充满，散热器内的空气无法通过凝结水干管排除。

（三）高压蒸汽供热系统的特点

与低压蒸汽供热系统相比，高压蒸汽供热系统有下述技术经济特点：

（1）高压蒸汽供气压力高、流速大，系统作用半径大，但沿程热损失也大。

（2）散热器内蒸汽压力高，因而散热器表面温度高。对同样的热负荷所需散热面积较小；但易烫伤人，易烧焦落在散热器上面的有机灰尘而发出难闻的气味，安全条件与卫生条件较差。

（3）凝结水温度也高。高压蒸汽供热多用在有高压蒸汽热源的工厂里。室内高压蒸汽供热系统可直接与室外蒸汽管网相连。在室外蒸汽管网蒸汽压力较高时可在用户入口处设减压装置。因为高压蒸汽和凝水温度高，管路应注意设置补偿器与固定支架。

（四）蒸汽供热系统和一般热水供热系统的比较

（1）在低压或高压蒸汽供热系统中，散热器内热媒的温度等于或高于100℃，一般热水供热系统中的供水温度是95℃。所以，蒸汽供热系统所需要的散热器片数要少于热水供热系统。

（2）蒸汽供热系统管道内壁的氧化腐蚀要比热水供热系统快，寿命短，特别是凝结水管道更易损坏。

（3）真空蒸汽供热系统要求的严密度很高，并需要有抽气设备。

（4）蒸汽供热系统加热和冷却过程都很快，适用于间隔供热、迅速供热的场所，如大剧院、会议室、工业车间等。

（5）热水供热系统的散热器表面温度低；蒸汽供热系统的散热器表面温度高，容易使有机灰尘剧烈升华，对卫生不利。例如，住宅、学校、医院、幼儿园等，不宜采用蒸汽供热系统。

第三节　室内供热系统的末端设施

室内供热系统的末端散热装置是供热系统完成供热任务的重要组成部分。室内供热系统的末端装置向房间散热的方式主要有下列情况：

（1）以自然对流传热方式为主向房间供热，如散热器；以强制对流传热方式直接向房间供热，如暖风机、风机盘管的方式。

（2）主要以辐射方式向房间传热，如低温热水地板辐射供热，或者采用电热膜和加热电缆方式供热。一般将低温管线埋置于建筑的构件与围护结构内，埋设于天棚、地面或墙壁中。辐射供热可分为低温辐射供热（≤60℃）、中温辐射供热（80～200℃）、高温辐射供热（≥200℃）。近些年随着人们生活水平与物质需求的改善，低温辐射供热因其节能、舒适与不占用室内空间等优点得到了广泛应用。

本节主要围绕散热器、低温热水地板辐射供热、低温发热电缆地板辐射供热、低温电热膜辐射供热和暖风机相关内容进行阐述。风机盘管具体内容详见第六章。

一、散热器

散热器是最常见的室内供热系统末端散热装置，随着经济的发展及物质技术条件的改善，市场上的散热器种类很多。

（一）选择散热器的基本要求

在选择散热器的过程中，主要考虑以下几个方面：

1. 热工性能方面的要求

散热器的传热系数 K 值越高，说明其散热性能越好。提高散热器的散热量，增大散热器传热系数的方法，可以采用增大外壁散热面积（在外壁上加助片）、提高散热器周围空气流动速度和增加散热器向外辐射强度等途径。

2. 经济方面的要求

散热器传给房间的单位热量所需金属耗量越少，成本越低，其经济性越好。

散热器的金属热强度是衡量散热器经济性的一个标志。金属热强度是指散热器内热媒平均温度与室内空气温度差为1℃时，每千克质量散热器单位时间所散出的热量，即

$$q = K/G$$

式中　q——散热器的金属热强度，W/(kg・℃)；

K——散热器的传热系数，W/(m^2・℃)；

G——散热器每 $1m^2$ 散热面积的质量，kg/m^2。

q 值越大，说明散出同样的热量所耗的金属量越小，可作为衡量同一材质散热器经济性的一个指标。对各种不同材质的散热器，其经济评价标准宜以散热器单位散热量的成本(元/W)来衡量。

3. 安装、使用和生产工艺方面的要求

散热器应具有一定的机械强度和承压能力；散热器的结构形式应便于组合成所需要的散热面积，结构尺寸要小，少占房间面积和空间；散热器的生产工艺应满足大批量生产的要求。

4. 卫生和美观方面的要求

散热器外表光滑，不积灰和易于清扫，散热器的装设不应影响房间观感。

5. 使用寿命的要求

散热器应不易于被腐蚀和破损，使用年限长。

目前，国内外生产的散热器种类繁多，样式新颖。按其制造材质，主要有铸铁散、钢制散、复合散热器三大类。按其构造形式，主要分为柱型、翼型等。

（二）散热器的类型及特点

1. 铸铁散热器

铸铁散热器长期以来得到广泛的应用，它具有结构简单，防腐性好，使用寿命长及热稳定性好的优点；但其金属耗量大、金属热强度低于钢制散热器。

铸铁散热器按照结构形式可分为柱型散热器、翼型散热器、柱翼型散热器、板翼型散热器、导流型散热器，代号分别为 Z、Y、ZY、BY、D，如图 5-21 所示。

如图 5-21 所示，L 代表长度；H_1 代表同侧进、出水口中心距；B 代表宽度；H 代表中

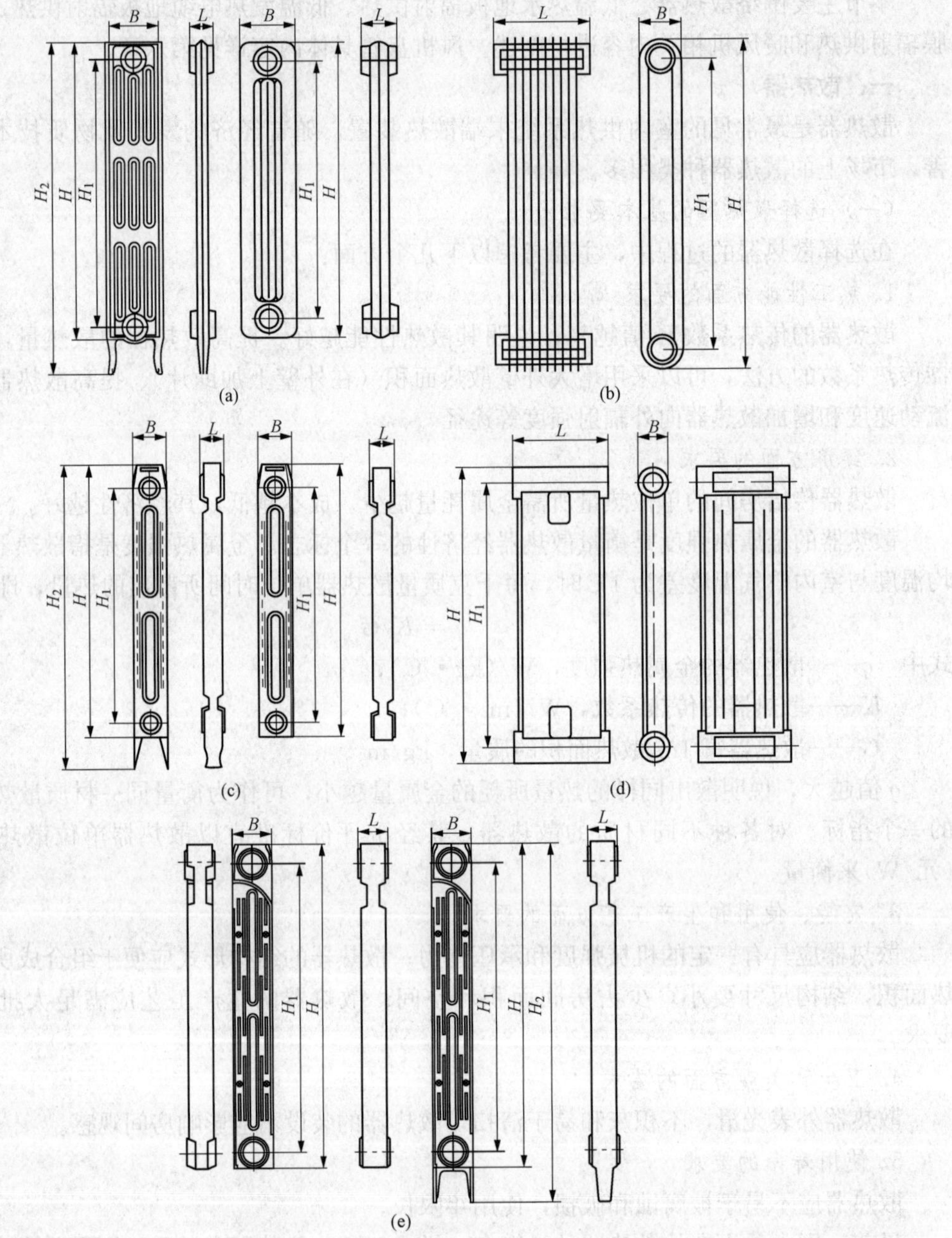

图 5-21 铸铁散热器结构型式示意图

(a) 柱型散热器；(b) 翼型散热器；(c) 柱翼型散热器；(d) 板翼型散热器；(e) 导流型散热器

片高度；H_2代表足片高度。柱型、柱翼型和导流型散热器工作压力不应大于 0.8MPa；翼型和板翼型散热器的工作压力不应大于 0.6MPa，以上压力均指热媒为热水，如热媒为蒸汽，工作压力不应大于 0.2MPa。其中，翼型和柱型散热器应用比较广泛。

（1）翼型散热器。翼型散热器分圆翼型和长翼型两类。

圆翼型散热器是一根内径为 50mm 或 75mm 的管子，外面带有许多圆形肋片的铸件。管子两端配置法兰，可将数根组成平行叠置的散热器组，管子长度分 750、1000mm 两种规格。因其单片散热量大，所占空间小，常用于工业厂房、车间及其附属建筑中。

长翼型散热器的外表面具有许多竖向肋片，外壳内部为一扁盒状空间。长冀型散热器的标准长度 L 分 200、280mm 两种，宽度 B=115mm，同侧进、出水口中心距 H_1=500mm，高度 H=595mm。

翼型散热器制造工艺简单，长翼型的造价也较低；但翼型散热器的金属热强度和传热系数比较低，外形不美观，灰尘不易清扫，特别是它的单体散热量较大，设计选用时不易恰好组成所需的面积，因而目前不少设计单位趋向不选用这种散热器。

（2）柱型散热器。柱型散热器是呈柱状的单片散热器，外表面光滑，每片各有几个中空的立柱相互连通，根据散热面积的需要，可把各个单片组装在一起形成一组散热器。

我国目前常用的散热器主要有二柱、四柱两种类型散热器。根据国内标准，散热器每片长度 L 为 60、80mm 两种；宽度 B 有 132、143、164mm 三种，散热器同侧进出口中心距 H_1 有 300、500、600、900mm 四种标准规格尺寸。例如，标记 TZ4-600-5（8），TZ4 表示灰铸铁四柱型，600 表示同侧进、出水口中心距为 600mm，5 表示最高工作压力 0.5MPa（稀土灰铸铁 0.8MPa）。

柱型散热器有带脚和不带脚的两种片型，便于落地或挂墙安装。

柱型散热器与翼型散热器相比，其金属热强度及传热系数高，外形美观，易清除积灰，容易组成所需的面积，因而得到较广泛的应用。

2. 钢制散热器

目前市场主流的钢制散热器主要有以下两种形式：

（1）钢管散热器。钢管散热器由立柱钢管与上下片头或联箱组合焊接成型的散热器。片头是冷轧钢板冲压成型，与钢管对接焊组成钢制供热散热器的部件，如图 5-22 所示。

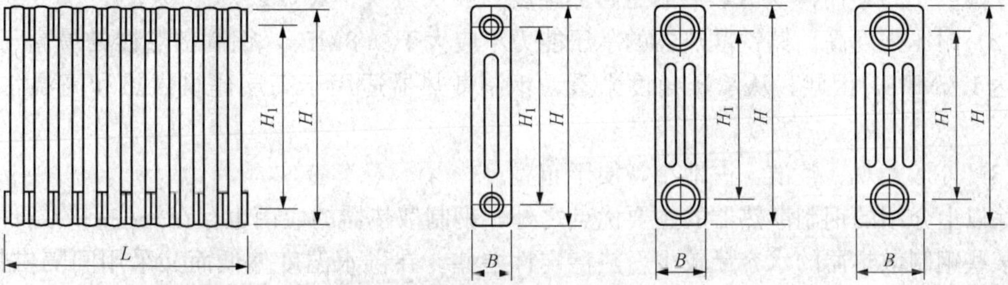

图 5-22　钢制圆管柱型散热器示意图

钢管散热器按结构形式可分为圆管柱型、椭圆管柱型、椭圆管搭接型；按照同侧进、出水口中心距可分为 300、400、500、600、900、1200、1500、1800mm 八种。此种散热器工作压力应不大于 1.0MPa。例如，单片柱数为 3，宽度为 100mm，同侧进出口中心距为 500mm，工作压力为 1.0MPa 的圆管柱型钢管散热器，标记为 GYZ3-100/500-1.0。

如图 5-22 所示，L 代表组合长度；H_1 代表同侧进、出水口中心距；B 代表宽度；H 代表高度。

（2）钢制板型散热器。此种散热器按外形高度可分为 200、300、400、500、600、900mm 六种；按水道板层数可分为单板、双板和多板。散热器在设计制造过程中应设置侧边盖板和顶部格栅。散热器工作压力应不大于 1.0MPa。例如，双板带双对流片，高度为

600mm，长度为1000mm，工作压力为1.0MPa，有内置阀芯（底进底出）的钢制板型散热器（见图5-23），标记为GB22-600-1000-1.0-V。

如图5-23所示为双板带双对流片内置阀芯散热器，L代表组合长度；H_1代表同侧进、出水口中心距；B代表宽度；H代表高度。

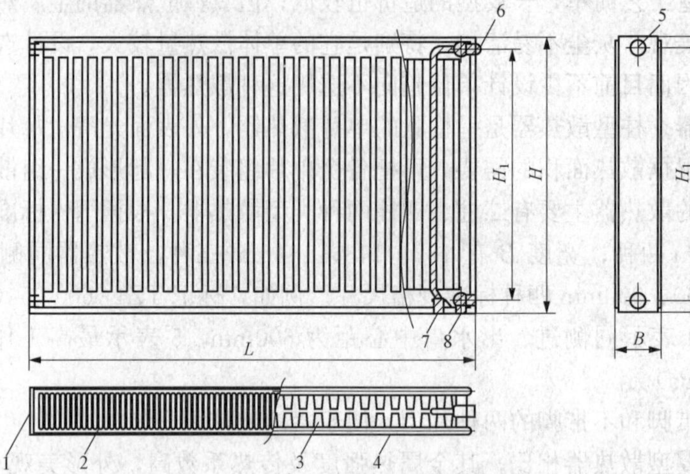

图5-23 双板带双对流片内置阀芯散热器示意图

1—侧边盖板；2—顶部格栅；3—对流片；4—水道板；5—接口；6—内置阀芯；7—进水口；8—出水口

钢制散热器与铸铁散热器相比，具有如下一些特点：

(1) 金属耗量少。钢制散热器大多数是薄钢板压制焊接而成。金属热强度可达0.8～1.0W/(kg·℃)，而铸铁散热器的金属热强度一般仅为0.3W/(kg·℃)左右。

(2) 耐压强度高。铸铁散热器的承压能力不应大于0.8MPa。钢制散热器的最高工作压力可达1.0MPa，因此，从承压角度来看，钢制散热器适用于高层建筑供热和高温水供热系统。

(3) 外形美观、整洁，占地小，便于布置。

除以上介绍的钢制散热器的主要优点之外，钢制散热器的应用也存在一些制约条件。例如，某些钢制散热器的水容量较少，热稳定性差些。在供水温度偏低而又采用间隔供热时，散热效果明显降低；容易被腐蚀，使用寿命比铸铁散热器短，因此，在蒸汽供热系统中不应采用钢制散热器，同时，对具有腐蚀性气体的生产厂房或相对湿度较大的房间，不宜设置钢制散热器。

3. 钢铝复合散热器

这是一种由立柱钢管与铝翼管胀接复合后，再与上、下钢管联箱组合焊接成型的散热器。

钢铝复合散热器工作压力可分为0.8、1.0MPa和1.2MPa；同侧进、出水口中心距可分为300、400、500、600、700、900、1200、1500mm和1800mm；宽度可分为40、60mm和80mm。例如，柱间距为60mm，宽度为60mm，同侧进、出水口中心距为500mm，工作压力为1.0MPa的钢铝复合散热器，标记为GL60-60/500-1.0。

图5-24所示为装饰罩整组卡装钢铝复合散热器，L代表组合长度；H_1代表同侧进、出

水口中心距；B 代表宽度；H 代表高度；L_1 代表柱间距。此外，还有装饰罩单柱卡装，不管哪种形式卡装，都应该安装牢固，不得松脱和滑动。

钢铝复合散热器具有传热性能好、质量轻、耐压力强、使用寿命长的特点。

4. 铜铝复合柱翼型散热器

这是一种由立柱铜管与铝翼管胀接复合后，再与上、下铜管联箱组合焊接成型的散热器。

此种散热器同侧进、出水口中心距可分为 300、400、500、600、700、900、1200、1500mm 和 1800mm；宽度可分为 60、70、80mm 和 100mm。例如，柱间距为 80mm，宽度为 60mm，同侧进、出水口中心距为 500mm，工作压力为 1.0MPa 的铜铝复合柱翼型散热器，标记为 TLZ80 - 60/500 - 1.0。

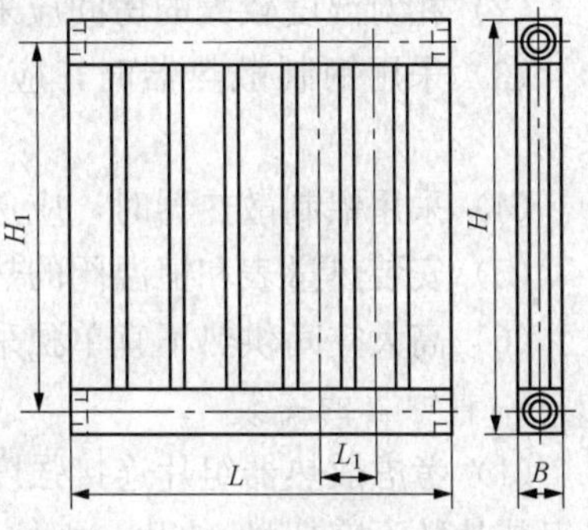

图 5 - 24 装饰罩整组卡装钢铝复合散热器示意图

除上述介绍的散热器外，也有采用其他材质制造的散热器。在意大利、匈牙利等国，铝及铝合金散热器也得到应用。我国也有生产铝串片和铝合金的散热器。铝制散热器的质量轻、外表美观；铝的辐射系数比铸铁和钢的小，为补偿其辐射放热的减少，外形上应采取措施以提高其对流散热量。同时，铝的导热系数大，适合于二次表面传热，因此铝制散热器的翼片比其他形式的散热器多，并且人而长。

（三）散热器的布置、选择与安装原则

散热器制造完成后应进行试压，试压合格后才可进行布置与安装。

1. 散热器试压方法与基本要求

上述介绍的散热器试验压力均应为工作压力的 1.5 倍。

铸铁散热器试压应排除干净体内空气，压力应逐渐提高到规定的要求，稳压时间为 1min，散热器不应渗漏。钢管、钢制板型、钢铝复合、铜铝复合和铝制散热器压力应采用水压或气压试验方法，在专用试验台上逐组检验，水压试验时稳压时间应为 2min，散热器不渗漏为合格；气压试验时稳压时间应为 1min，散热器在试验水槽中不冒气泡为合格。成品散热器宜采用气压试验方法；如采用水压试验，试验后应将残存在内腔的水吹干。

散热器试压合格后，即可以进行布置安装。

2. 散热器的布置

（1）散热器应布置在外墙的窗台下，从散热器上升的对流热气流能阻止从玻璃窗下降的冷气流，使流经生活区和工作区的空气比较暖和，给人以舒适的感觉，因此推荐把散热器布置在外墙的窗台下；为了便于户内管道的布置，散热器也可靠内墙安装。

（2）为了防止把散热器冻裂，在两道外门之间的门斗内不应设置散热器。

（3）把散热器布置在楼梯间的底层，可以利用热压作用，使加热的空气自行上升到楼梯间的上部补偿其耗热量，因此规定楼梯间的散热器应尽量布置在底层或按一定比例分配在下部各层。

3. 散热器的选择

（1）应根据供热系统的压力要求，确定散热器的工作压力，并符合国家现行有关产品标准的规定。

（2）相对湿度较大的房间应采用耐腐蚀的散热器。

（3）采用钢制散热器时，应满足产品对水质的要求，在非供热季节供热系统应充水保养。

（4）采用铝制散热器时，应选用内防腐型，并满足产品对水质的要求。

（5）安装热量表和恒温阀的热水供热系统不宜采用水流通道内含有粘砂的铸铁散热器。

（6）高大空间供热不宜单独采用对流型散热器。

4. 散热器的安装

（1）考虑散热器组片连接强度及施工安装的限制，要求粗柱型（包括柱翼型）铸铁散热器组装片数不宜超过 20 片；细柱型不宜超过 25 片。

（2）为了保护儿童、老年人、特殊人群的安全健康，避免烫伤和碰伤，幼儿园、老年人和特殊功能要求的建筑（指精神病院、法院审查室等）的散热器必须暗装或加防护罩。除此之外，散热器应明装。

散热器暗装在罩内时，不但散热器的散热量会大幅度减少；而且，由于罩内空气温度远远高于室内空气温度，从而使罩内墙体的温差传热损失大大增加，应避免这种错误做法。

（3）散热器的散热量是在特定条件下通过实验测定给出的，在实际工程应用中该值往往与测试条件下给出的有一定差别，因此，确定散热器数量时，应根据其连接方式、安装形式、组装片数、热水流量及表面涂料等对散热量的影响，对散热器数量进行修正。

二、低温热水地板辐射供热

（一）低温热水地板辐射供热的地面构造

低温热水地板辐射供热地面构造由与土壤相邻的地面或楼板、绝热层、铝箔反射层、现浇（填充）层、防水层、干硬性水泥砂浆找平层、地面装饰层组成。固定地热加热盘管采用塑料管卡或用扎带绑扎在铁丝网上的方式。低温热水地板辐射供热的散热表面就是敷设加热盘管的地面。低温热水地板辐射供热地面构造如图 5-25 所示。

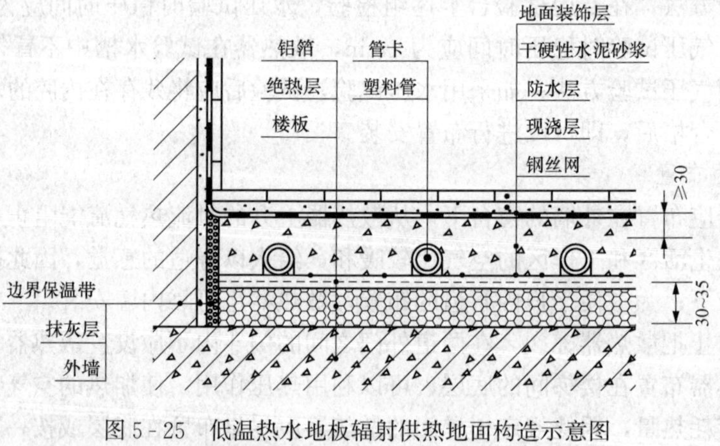

图 5-25　低温热水地板辐射供热地面构造示意图

（二）低温热水地板辐射供热加热盘管的敷设

根据实际工程的需要，低温热水地板辐射供热加热盘管的敷设方式多种多样，最为常用的布置方式有回折型（旋转型）与平行型（S 型）两种，如图 5-26 所示。

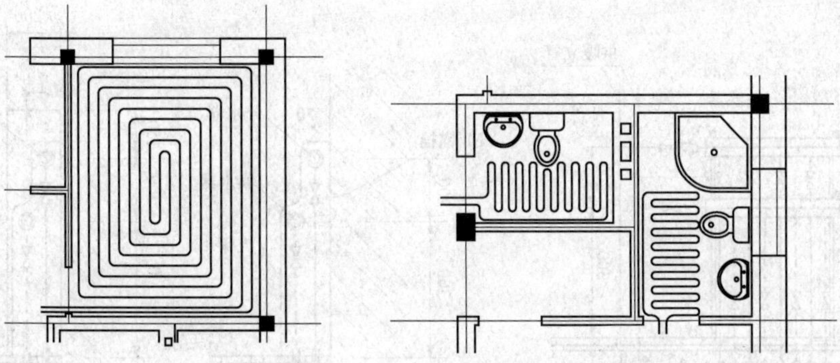

图 5-26　低温热水地板辐射供热常用敷设方式
(a) 回折形敷设；(b) 平行型敷设

回折型敷设方式施工时比平行型复杂，施工时取整个盘管的中心位置，按设计从中心向外铺，盘管的高温管段与低温管段相互间隔，使房间内温度分布均匀，适合敷设于卧室、房厅等住宅中较宽敞的房间。平行型敷设方式简单，这种敷设方式的地面温度是随着水流动的方向逐步降低，温度分布显然不如回折型均匀，但在实际施工时由于盘管所采用的塑料管材一般较硬，不适合小曲率半径弯曲。平行型敷设方式比较适宜于房间内空间相对狭小的厨房、卫生间及阳台等处的敷设。在实际中，应根据房间的情况因地制宜采用各种适当的布置方式，并且各种方式可混合使用。

加热盘管敷设时一般采用由远及近逐个环路分圈敷设，加热盘管若穿越膨胀缝处，需用膨胀条将地面分隔开，并在此处加设伸缩节。上述管路都是均匀敷设的，加热盘管的间距100～300mm，加热盘管与墙面保持150～200mm的距离。但实际的情况是房间的热损失主要发生在与室外相邻的外墙、外窗、外门等处，在这些部位加热盘管的间距可适当减小（加密敷设），其他部位间距适当扩大。为保证室内温度分布均匀，还应该使各个环路的长度尽可能地保证一致，不宜超过120m，对于盘管敷设较多的房间可以一个房间敷设几个环路；相反的，一个环路也可以合并盘管敷设较少的几个房间。但盘管内水流速度不宜小于0.25m/s，目的是使水能将管内空气裹挟带走，便于排气。

随着供热技术的发展，地暖模块作为地热供热系统末端主要的可选组件之一，用于取代传统地热系统中的保温板、反射膜、卡钉等辅材。地热模块的出现及应用，大大简化地地热安装程序，根据材质划分有EPS模块、挤塑板模块、金属与保温材料复合模块、水泥模块等，根据外观形式划分有蘑菇头式模块、管槽式模块、M型地暖模块等。

（三）分、集水器的设置和结构

在居住建筑中，热水辐射供热系统应按户划分系统，并配置分水器、集水器；户内的各主要房间，宜分环路布置加热管。每个环路加热管的进、出水口，应分别与分水器、集水器相连接。分、集水器结构样式如图5-27所示，可以按图5-28采用明装与暗装。在分水器之前的供水连接管道上，顺水流方向应安装阀门（主要起关断作用）、过滤器，回水不安装过滤器。分水器与集水器的内径不应小于盘管的供、回水总内径，且分、集水器最大断面流速不宜大于0.8m/s。每个分、集水器分支环路不宜多于8路，且每个分支环路供、回水管上均应设置可关断阀门。分、集水器上均应设置手动或自动排气阀。

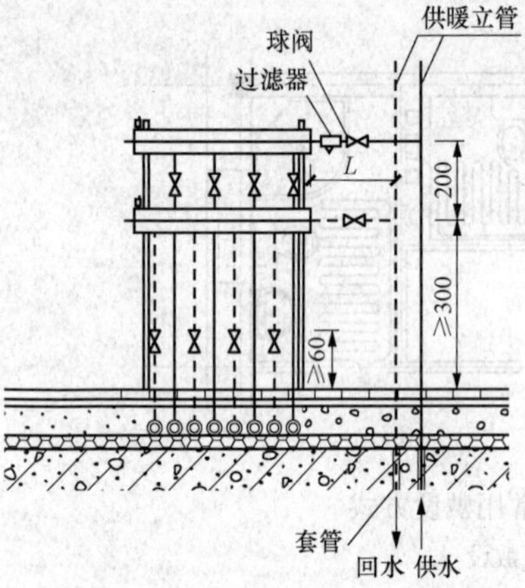

图 5-27 分、集水器结构样式图

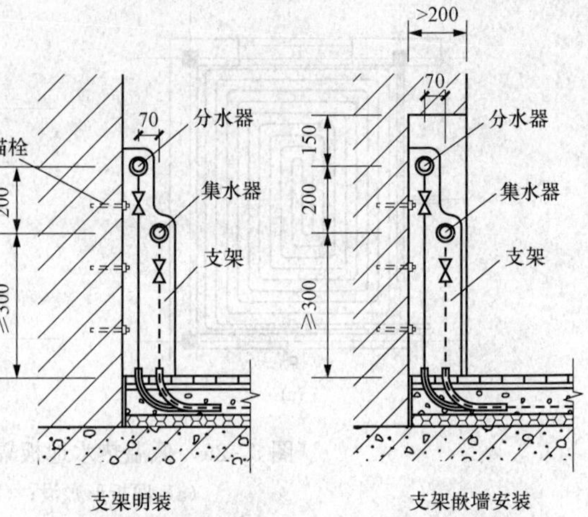

图 5-28 分、集水器的明装与暗装侧视图

（四）低温热水地板辐射供热的设计、布置及安装要求

（1）系统供水温度宜采用 35～45℃，不应大于 60℃。

（2）绝热层的设置要求：

1）绝热层采用的聚苯乙烯泡沫塑料板属承受有限荷载型泡沫塑料，密度不宜小于 $20kg/m^3$。

2）楼层之间楼板上的绝热层，厚度为 20mm，当工程允许地面按双向散热设计时，各楼层间的楼板上部可不设绝热层；与土壤或不供热房间相邻的地板，必须设置绝热层，厚度为 30mm，且在绝热层下还应该设置防潮（水）层；直接与室外空气相邻的楼板，必须设置绝热层，厚度为 40mm。

3）对卫生间、洗衣间、浴室和游泳池等潮湿房间，在现浇填充层上应设置防水层进行隔离，防水层上翻的高度可满足相关专业要求。

（3）铝箔反射层的设置主要是反射来自热源侧的辐射，增强隔热效果，若允许地面双向散热设计时，也可不设置反射层。

（4）现浇（填充）层一般是地热盘管敷设、固定后，由土建专业人员协助填充浇筑完成，宜采用 C15 豆石混凝土，豆石粒径宜为 5～12mm，其厚度不宜小于 50mm。当地面层采用带龙骨的架空木地板时，地热盘管可设置于木地板与龙骨间的绝热层上，可不设置豆石混凝土现浇填充层。找平层采用较细的 10～20mm 厚的干硬性水泥砂浆进行处理，目的是使地表面层坚固，避免室内扬尘，为地面装饰层的敷设做准备。面层可采用地板、瓷砖、地毯及塑料类砖装饰面材。

（5）墙边需设置边界保温带；各房间门口、房间面积超过 40m 或边长超过 8m 时，为防止混凝土开裂，宜设置伸缩缝，伸缩缝要有一定压缩量，并且伸缩缝上面采用密封膏密封。

（6）系统的工作压力不宜大于 0.8MPa。

（7）塑料加热管的材质和壁厚的选择，应根据工程耐久年限、管材性能，以及系统的运行水温、工作压力等条件确定。加热管的敷设间距，应根据地面散热量、室内设计温度、平均水温及地面传热热阻等通过计算确定。

（8）盘管隐蔽前必须进行水压试验，试验压力为工作压力的 1.5 倍，但不小于

0.6MPa。具体检验方法为稳压1h内压力降不大于0.05MPa，且不渗不漏。

三、低温发热电缆地板辐射供热

低温发热电缆地板辐射供热与低温热水地板辐射供热不同之处在于加热元件，低温发热电缆地板辐射供热的加热元件为通电后能发热的电缆，由发热导线、绝缘层、接地屏蔽层和外护套等部分组成，一根完整的电缆还包括与发热部分连接的冷线及其接头。

低温发热电缆地板辐射供热的原理及连接方式，如图5-29所示。系统由发热导线和控制部分组成。发热电缆铺设于地面上，发热电缆与驱动器之间用冷线相连，接通电源后，通过驱动器驱动发热电缆发热。温度控制器安装在墙面上，也可以放置于远端实现集中控制，通过铺设于地面以下的温度传感器（感温探头）探测温度，控制驱动器的连通和断开。当温度达到设定值后，温度控制器控制驱动器动作，断开发热电缆的电源，发热电缆停止工作；当温度低于设定值时，发热电缆又开始工作。

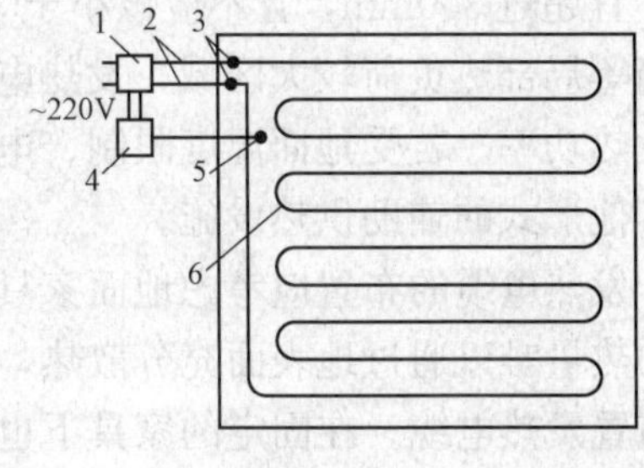

图5-29　低温发热电缆地板辐射供热原理及连接方式图

1—驱动器；2—冷线；3—冷热线连接点；4—温度控制器；5—温度传感器；6—发热电缆

低温发热电缆地板辐射供热适合于住宅、宾馆、商场、医院、学校等居民及公共建筑。对于电供热，仅可应用于无集中供热、用电成本较低（水电、核电）、对电力有"移峰填谷"作用或对环保要求较高地区的建筑内使用。

（一）低温发热电缆地板辐射供热的地面构造

发热电缆地板辐射供热的地面构造如图5-30所示，结构类似于低温热水地板辐射供热。现浇混凝土厚度一般为20～30mm，具有蓄热功能的混凝土厚度可达100mm。

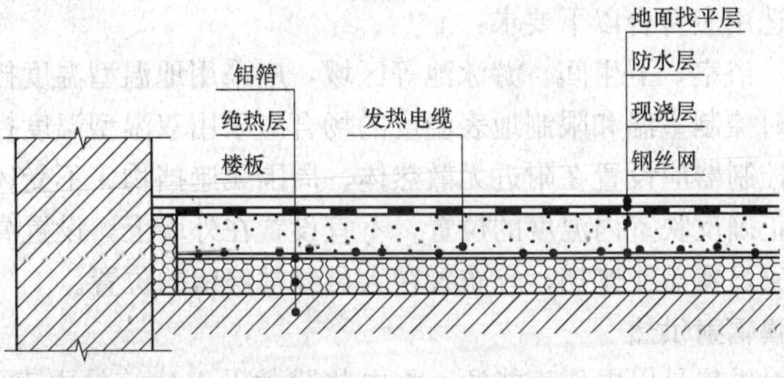

图5-30　低温发热电缆地板辐射供热地面构造示意图

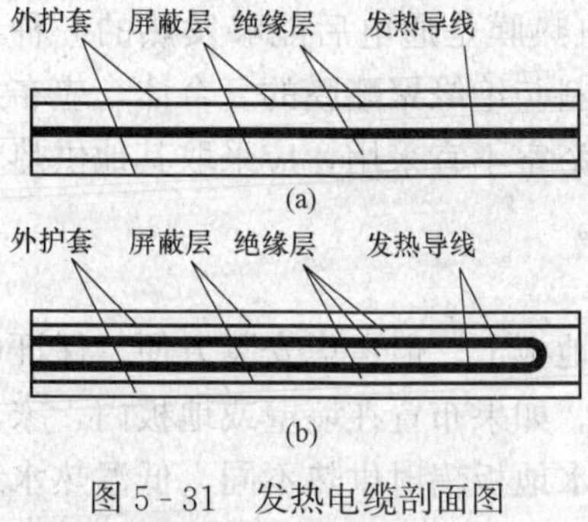

图5-31　发热电缆剖面图

(a) 单导线电缆；(b) 双导线电缆

（二）低温发热电缆的布置与敷设

常见的室内供热用发热电缆从发热芯的数量上看，可分为单导线电缆与双导线电缆。由图5-31可知，对于单导线的两端都需连接供电电源，敷设时应考虑电缆的首尾接线问题，这种情况同低温热水地板辐射供热，有时受房间面积、形状等现场条件的限制，很难敷设；而双导线电缆很好地解决了这一问题，电缆本身制成回路，简化了施工，因此实际应用中较为常见。

在居民供热建筑中，采用的发热电缆的功率一般为

10、18、25W/m，通常采用18W/m。敷设的电缆长度可根据所需敷设房间计算的热负荷与发热电缆单位长度的发热功率计算得到。敷设的方式同低温热水地板辐射供热，常采用回折型（旋转型）与平行型（S型）敷设，可铺设在快速安装带或铁丝网上。但与低温热水地板辐射供热不同的是发热电缆的发热量均匀，而不像低温热水辐射盘管那样水温沿水流方向不断降低。为保证地面温度的均匀性对发热电缆的间距做出限制，发热电缆热线之间的最大间距不宜超过300mm，且不应该小于50mm，距离外墙内表面不得小于100mm。在靠近外窗、外墙等局部热负荷较大区域，发热电缆应较密铺设。当局部热负荷较大时，应增加单位面积的发热功率。若受地面温度限制、电缆间距等原因，发热电缆不能提供足够热量，应考虑提供其他形式的辅助供热设施。

发热电缆的布置应考虑地面家具的影响。在地面家具遮挡覆盖的情况下，地表面供热系统的热量难以通过地表面充分散热，就会造成局部升温。地面的固定设备和卫生洁具下面不应布置发热电缆。在固定的家具下也不应布置发热电缆，同时应尽量选用有腿的家具，以减少局部热阻。每个房间宜独立安装一根发热电缆，不同温度要求的房间不宜共用一根发热电缆，每个房间宜通过发热电缆温度控制器单独控制温度。

（三）温度控制器的安装与选用要求

温度控制器是指具有室温设定与调节功能的房间恒温器，有电子式、机械式等多种形式。每个房间至少应设置一个温度控制器，安装在便于操作、测温准确的内墙上，安装高度为1.3～1.4m，温度控制器应避免阳光直射，其主要功能就是温度开关，即当室内温度低于温度控制器所设置的最低温度时，温度控制器启动电源，电热膜通电发热，达到预先设置的室内温度，温度控制器关闭电源，周而复始，室内温度始终维持在设定的正常波动范围内。按照控制方法的不同主要可分为室温型、地温型和双温型温度控制器。

温度控制器的选用应符合以下要求：

（1）高大空间、浴室，卫生间、游泳池等区域，应采用地温型温度控制器。

（2）对需要同时控制室温和限制地表温度的场合应采用双温型温度控制器。

发热电缆温度控制器应设置在附近无散热体、周围无遮挡物、不受风直吹、不受阳光直晒、通风干燥、能正确反映室内温度的位置，不宜设置在外墙上，设置高度宜距地面1.4m。低温感温器不应被家具覆盖或遮挡，宜布置在人员经常停留的位置。

四、低温电热膜辐射供热

低温电热膜辐射供热是以电作为能源，将电热膜敷设于建筑的内表面（顶棚、墙面等）的一种供热方式，在顶棚的安装如图5-32所示。由于工作时表面温度较低，辐射表面温度宜控制在28～30℃，属于低温辐射供热的范围。通常的电热膜是通电后能够发热的一种半透明聚酯薄膜，是载流条、可导电特制油墨或金属丝等材料与绝缘聚酯膜的复合体，应布置于卧室、起居室、餐厅、书房等房间内；厨房、卫生间、浴室不宜采用，应采取其他供热方式。低温电热膜辐射供热集中了电供热与辐射供热的优点。

（一）电热膜供热的布置与敷设

低温辐射电热膜理论上可安装在房间的顶棚、墙面和地板上，但考虑安装方便、保证电热膜的供热效果与防止电热膜的损坏，常将其安装于顶棚。如果布置在墙壁或地板内，家具遮挡时辐射表面与电热膜的温度就会升高。这点与低温热水地板辐射供热不同，低温热水地板辐射供热辐射表面的最高温度也就等于热水温度；与低温发热电缆地板辐射供热也不同，

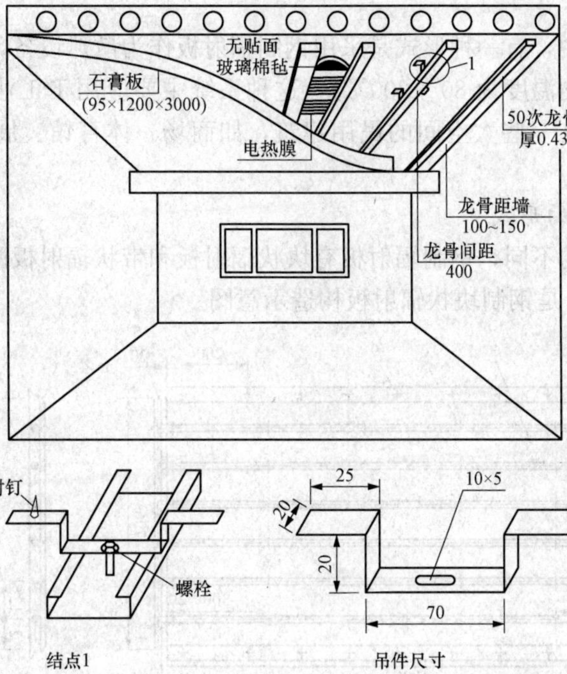

图 5-32 低温电热膜辐射供热顶棚安装及其构件示意图

低温发热电缆地板辐射供热的金属网与金属固定件可在一定程度上降低表面温度。但电热膜只要产生的热量散不出去，温度就会继续升高，达到 80～100℃时电热膜就可能被破坏，如果温度再高，遮挡物又有可能燃烧引起火灾。

低温辐射电热膜辐射供热的顶棚构造依次为楼板、龙骨、绝热层、电热膜和饰面层，如图 5-33 所示。

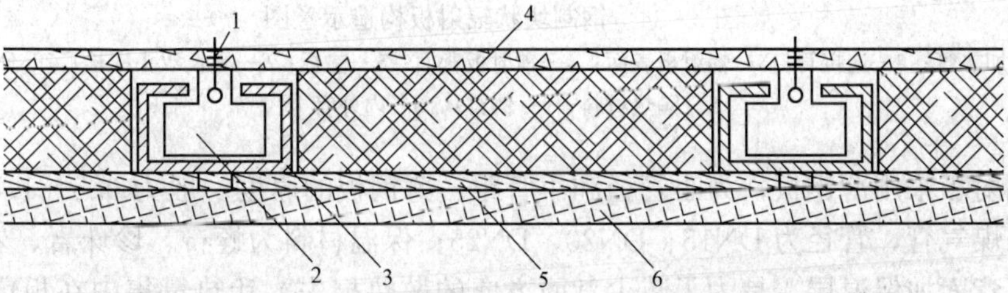

图 5-33 电热膜辐射供热顶棚安装剖面图

1—射钉；2—吊件；3—轻钢龙骨；4—绝热层；5—电热膜；6—饰面层

（二）电热膜的配电与安装

电热膜供热房间的用电应采用独立的配电线路与电能表，以便于监测与计量系统的用热情况，并做好绝缘、漏电保护工作。

（三）温度控制器的选用与安装

温度控制器的选用原则同低温发热电缆地板辐射供热。

五、钢制辐射板

在辐射供热系统中，有一种形式是采用钢制辐射板作为散热设备，一般设置为中温辐射供热系统（其板面平均温度为80～200℃），这种系统主要应用于工业厂房，用在高大工业厂房中的效果更好。在一些大空间的民用建筑，如商场、体育馆、展览厅、车站等也得到应用。

（一）钢制辐射板的形式

根据辐射板长度的不同，钢制辐射板有块状辐射板和带状辐射板两种形式。

如图5-34所示，是钢制块状辐射板构造示意图。

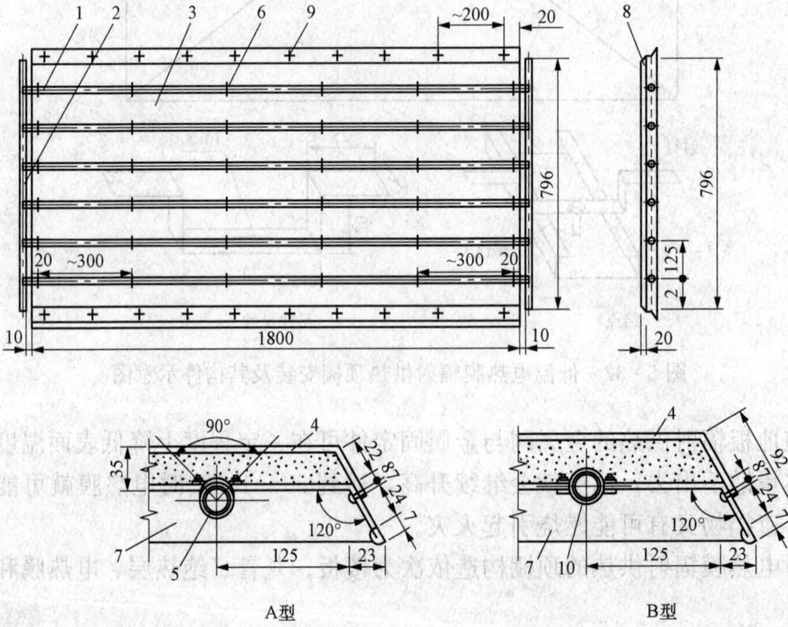

图5-34 钢制块状辐射板构造示意图

1—加热管；2—连接管；3—辐射板表面；4—辐射板背面；5—垫板；6—等长双头螺栓；7—侧板；8—隔热材料；9—铆钉；10—内外管卡

钢制辐射板采用薄钢板，为小管径和小管距。薄钢板的厚度一般为0.5～1.0mm，加热管通常为水煤气管，管径为DN15、DN20、DN25；保温材料为蛭石、珍珠岩、岩棉等。

辐射板背面加保温层，是为了减少背面方向的散热损失，让热量集中在板前辐射出去，这种辐射板称为单面辐射板。背面不保温的辐射板，称为双面辐射板。

钢制块状辐射板构造简单，加工方便，便于就地生产，在同样的放热情况下，它的耗金属量可比铸铁散热器供热系统节省50%左右。

带状辐射板是将单块辐射板按长度方向串联而成。带状辐射板通常采用沿房屋的长度方向布置，长达数十米，水平吊挂在屋顶下或屋架下弦下部，如图5-35所示。带状辐射板适用于大空间建筑。带状辐射板与块状辐射板比较，由于排管较长，加工安装不便；而且排管的热膨胀、排空气及排凝结水等问题也较难解决。

（二）影响钢制辐射板散热量的因素

钢制辐射板的散热量，包括辐射散热和对流散热两部分。

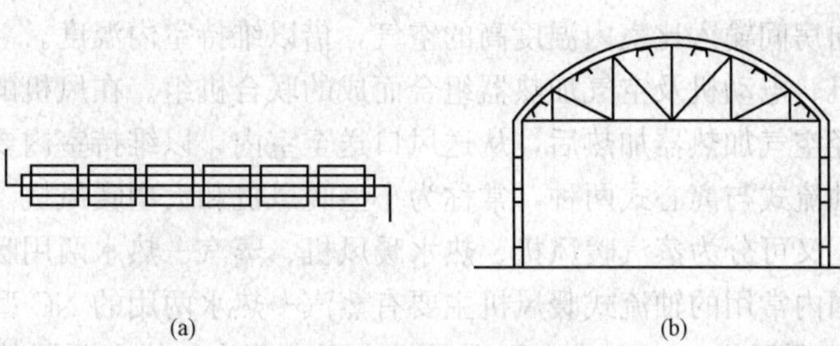

图 5-35　带状辐射板示意图

(a) 组成；(b) 布置

实际上，辐射板的散热量受许多因素影响：受辐射板的制造情况（如板厚、加热管的间距、加热管与钢板的接触情况、板面涂料、板背面保温程度等）和辐射板的使用条件（如使用热媒温度、辐射板附近空气流速、板的安装高度和角度等）的综合影响。应着重指出，辐射板的加工质量，对板的散热量影响很大，特别是板面与排管应接触紧密。如板面与排管接触不良，辐射板的表面平均温度降低很多，整个辐射板的散热量将会大幅度下降。

（三）钢制辐射板的设计与安装

实验表明，在适当的辐射强度影响下，即使室内空气温度比采用散热器对流供热系统的室温低 2～3℃，人们在房间内仍感到舒适，而无冷感；同时，在高大工业厂房内，采用辐射供热时，车间的温度梯度比采用对流供热系统小，也一定程度地降低了车间的供热设计热负荷。

辐射板的辐射散热量与板的表面平均温度的四次方呈单调增加函数关系。因此，应尽可能提高辐射板供热系统的热媒温度。一般宜以蒸汽作为热媒，蒸汽表压力宜高于或等于400kPa，不应低于200kPa；以热水作为热媒时，热水平均温度不宜低于110℃。钢制辐射板的安装形式如图 5-36 所示。

(1) 水平安装，热量向下辐射。

(2) 倾斜安装，倾斜安装在墙上或柱间，热量倾斜向下方辐射。采用时应注意选择合适的倾斜角度，一般应使辐射板中心的法线通过工作区。

(3) 垂直安装，单面板可以垂直安装在墙上。双面板可以垂直安装在两个柱子之间，向两面散热。

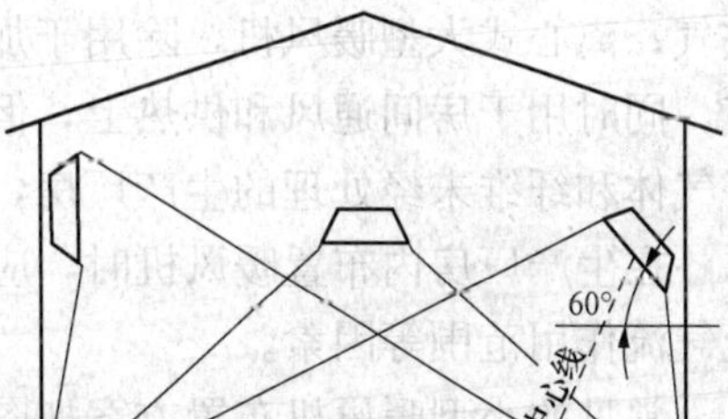

图 5-36　辐射板安装示意图

辐射板的安装高度，变化范围较大，通常不宜安装得过高。尤其是沿外墙水平安装时，如装置过高，则有相当一部分辐射热被外墙吸收，从而增加了车间的耗热。在多尘车间里，辐射板散出的辐射热，有一部分会被尘粒吸收和反射，变为对流热，因而使辐射供热的效果降低。但辐射板安装的高度过低，会使人有烧烤的不舒适感。因此，钢制辐射板的最低安装高度，应根据热媒平均温度和安装角度来确定。

此外，在布置全面采暖的辐射板时，应尽量使生活地带或作业地带的辐射照度均匀，并应适当增多外墙和大门处的辐射板数量。

六、暖风机

前面几节所介绍的供热末端装置的高温表面均是采用非强制方式向房间供热的，而暖风机以强制对流方式向房间输入比室内温度高的空气，借以维持室内温度。

暖风机是由风机、电动机及空气加热器组合而成的联合机组。在风机的作用下，空气由吸风口进入机组，经空气加热器加热后，从送风口送至室内，以维持室内要求的温度。

暖风机可分为轴流式与离心式两种，常称为小型暖风机和大型暖风机。根据其结构特点及适用的热媒不同，又可分为蒸汽暖风机、热水暖风机、蒸汽—热水两用暖风机及冷热水两用暖风机等。目前国内常用的轴流式暖风机主要有蒸汽—热水两用的 NC 型和 NA 型暖风机和冷热水两用的 S 型暖风机；离心式大型暖风机主要有蒸汽—热水两用的 NBL 型暖风机，如图 5-37、图 5-38 所示。

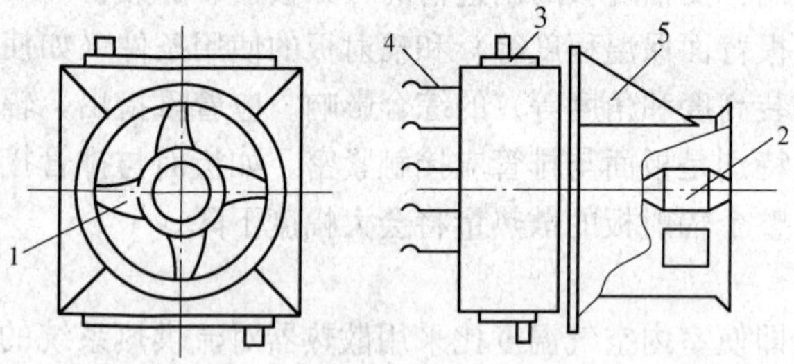

图 5-37 NC 型轴流式暖风机

1—轴流式风机；2—电动机；3—空气加热器；4—百叶片；5—支架

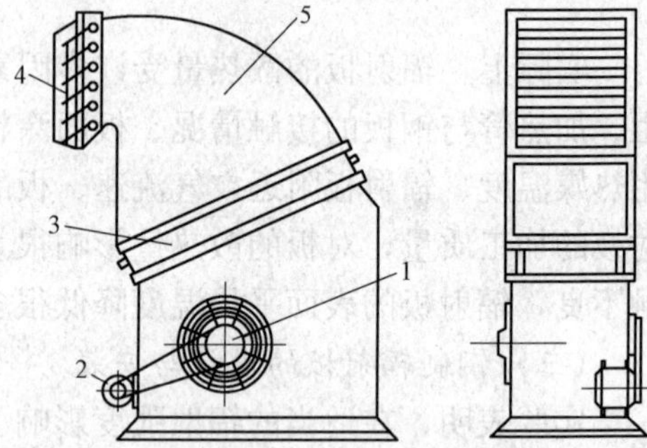

图 5-38 NBL 型离心式暖风机

1—离心式暖风机；2—电动机；3—空气加热器；4—导流叶片；5—外壳

轴流式暖风机体积小，结构简单；但它送出的热风气流射程短，出口风速低。离心式暖风机是用于集中输送大量热风的供热设备，它比轴流式暖风机的气流射程长，送风量和产热量大，常用于集中送风供热系统。

暖风机供热具有热惰性小、升温快的特点。轴流式小型暖风机主要用于加热室内再循环空气；离心式大型暖风机，除用于加热室内再循环空气外，也可用来加热一部分室外新鲜空气，同时用于房间通风和供热上，但应注意：对于空气中含有燃烧危险的粉尘、产生易燃易爆气体和纤维未经处理的生产厂房，从安全角度考虑，不得采用循环空气。

在生产厂房内布置暖风机时，应考虑车间的几何形状、工作区域、工艺设备位置及暖风机气流作用范围等因素。

常见的小型暖风机布置方案如图 5-39 所示。

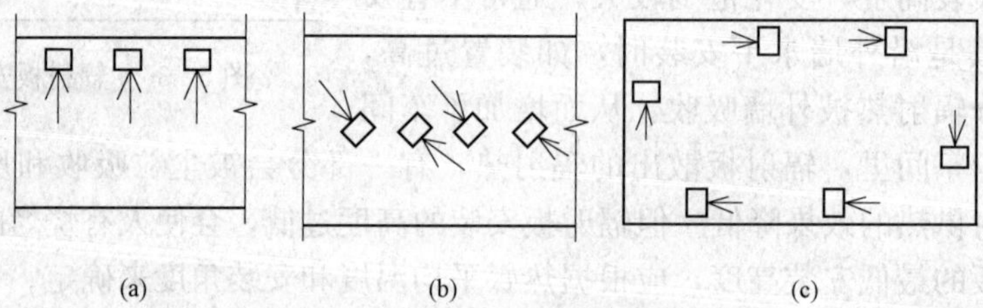

图 5-39 轴流式暖风机布置方案

（a）直吹；（b）斜吹；（c）顺吹

图 5-39（a）为直吹布置，暖风机布置在内墙一侧，射出热风与房间短轴平行，吹向外

墙或外窗方向，以减少冷空气渗透。

图 5-39（b）为斜吹布置，暖风机在房间中部沿纵轴方向布置，把热空气向外墙斜吹。此种布置用在沿房间纵轴方向可以布置暖风机的场合。

图 5-39（c）为顺吹布置，若暖风机无法在房间纵轴线上布置，可使暖风机沿四边墙串联吹射，避免气流互相干扰，使室内空气温度较均匀。

在暖风机热风供热设计中，主要是确定暖风机的型号、台数、平面布置及安装高度等。

第四节　室内供热系统的管道及辅助设备

供热管道及其附件是供热管线输送热媒的主体部分。供热管道附件是供热管道上的管件（三通、弯头等）、阀门、补偿器、支座的统称。这些附件是构成供热管线和保证供热管线正常运行的重要部分。

一、供热系统的管道

（一）供热系统的管材及基本要求

近几年来，随着供热技术的不断发展和新材料的研发，供热管道的材质也呈现多样化。

供热管道材质的选择应根据其工作温度、工作压力、使用寿命、施工与环保性能等因素，经综合考虑和技术经济比较后确定。

根据以上因素分析，室内外供热干管宜选用焊接钢管、冷镀锌钢管或热镀锌钢管，室内明装支、立管宜选用冷镀锌钢管、热镀锌钢管、外敷铝保护层的铝合金衬 PB 管等，散热器供热系统的室内埋地暗装供热管道宜选用耐温较高的聚丁烯（PB）管、交联聚乙烯（PE-X）管等塑料管道，铝塑复合管（XPAP）将金属和塑料管的优点结合起来，很受市场欢迎，例如，PP-R（无规共聚聚丙烯管）和铝质管材结合形成的铝塑复合管，特别适用做散热器供热系统明装管道。地面辐射供热系统的室内埋地暗装供热管道宜选用耐高温（可耐 95℃高温）、能热熔的聚乙烯（PE-RT）管等塑料管道。另外，铜管也是一种适用于低温热水地面辐射供热系统的有色金属加热管道，具有导热系数高、阻氧性能好、易于弯曲且符合绿色环保要求的特点，正逐渐为人们所接受。各管道的规格表示方法和连接方式可以参照本书第二章管材的内容学习，此处不再累述。

（二）室内供热系统管道的布置与敷设

基本原则：应根据建筑物的具体条件（如建筑平面的外形、结构尺寸等），与外网连接的形式及运行情况等因素来选择合适供热系统类型和形式，力求系统管道走向布置合理，节省管材，而且要求各并联环路的阻力损失易于平衡。

室内供热管路敷设方式有明装、暗装两种。除了在对美观装饰方面有较高要求的房间内采用暗装外，一般均采用明装。明装有利于散热器的传热和管路的安装、检修。暗装时应确保施工质量，并考虑必要的检修措施。

根据供热系统的不同需要，应选择具备相应功能的阀门。用于维修时关闭的阀门，宜选用低阻力阀门，如闸阀、球阀或蝶阀等；需承担调节及控制功能的阀门，应选用高阻力阀门，如截止阀、静态水力平衡阀、自力式压差控制阀等。阀门具体类型和特点参照本书第二章相关内容学习。

管道敷设在管沟、管井、技术夹层、阁楼及顶棚内等导致无益热损失较大的空间内或易被冻结的地方应采取保温措施。

室内供热管道的敷设一般按总管及其入口装置、干管、立管和支管的施工顺序进行。

1. 热力入口装置

(1) 室外热网与用户系统连接的节点称为热力入口，安装热力入口装置的目的是对用户系统进行调节、检测和计量。

(2) 入口装置的供、回水管上均设关断阀门、温度计和压力表；在供、回水阀门前设旁通管；在供水管上设除污器或过滤器；热量表设在与热网连接的回水管上。

(3) 为便于安装和检修，热力入口装置应尽量明装，可安装在楼梯间、库房或辅助房间内。如明装困难可安装在入口地沟内，但地沟盖板应能活动，地沟内检修宽度不应小于0.6m，当热力入口装置材料较多时，应设专用检查井。

(4) 带热计量表的热水供热入口装置，应设置在专用表计小室或热量表箱中。有地下室的建筑，宜设置在地下室的专用空间内，净高不应低于2m，前操作面净距不应小于0.8m；无地下室的建筑，宜于楼梯间下部设置小室，净高不应低于1.4m，前操作面净距不应小于1.0m。图5-40所示为带热计量表热水供热入口装置。需要注意：图5-40中控制阀应根据室外管网平衡的需求和建筑物内供热系统的调节方式，设置自力式压差控制阀或动态阻力平衡阀；图5-40中静态水力平衡阀应根据室外管网水力计算由单体工程设计确定是否安装。

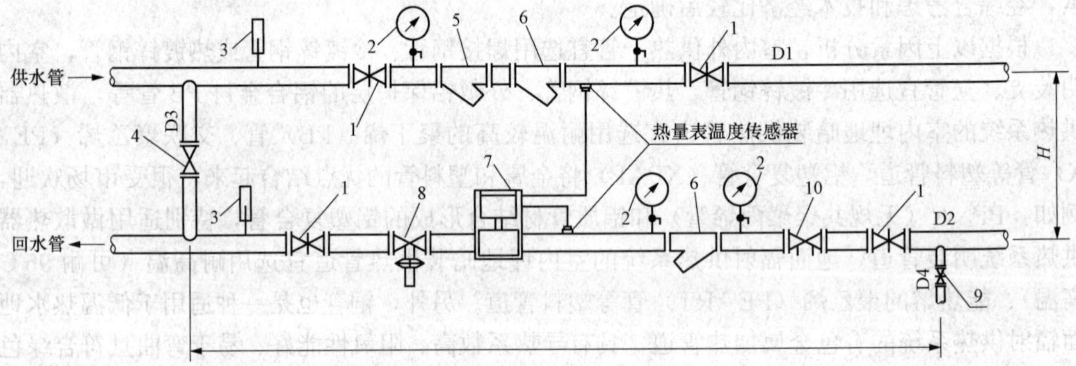

图5-40 带热计量表热水供热入口装置

1—阀门（闸阀或全焊接球阀）；2—压力表；3—温度计；4—闸板阀1；5—粗过滤器（Y型，6～10目）；6—细过滤器（Y型，60目）；7—热量表；8—控制阀；9—闸板阀2；10—静态水力平衡阀

(5) 供热系统热力入口可以设置在建筑物热负荷对称分配的位置，一般宜在建筑物的中部。这样可以缩短系统的作用半径。

(6) 热力入口处的阀门除特别注明外，通常按以下原则选用：热水供热系统中，管径大于DN100采用全焊接球阀或蝶阀，管径小于或等于DN100采用全焊接球阀或闸阀；蒸汽系统均采用铸钢型截止阀；凝结水系统采用截止阀或闸板阀。

2. 干管

(1) 在布置供、回水干管时，首先应确定供、回水干管的走向。系统应合理地分成若干支路，而且尽量使各支路的阻力损失易于平衡。如图5-41（a）所示为有4个分支环路的异程系统布置方式。它的特点是容易调节；各环的供、回水干管管径较小，但如各环的作用半径过大，容易出现水平失调。如图5-41（b）所示为有两个分支环路的同程系统布置方式。

一般宜将供、回水干管的始端放置在朝北向一侧，而末端设在朝南向一侧。在各分支环路上，应设置关闭和调节装置。

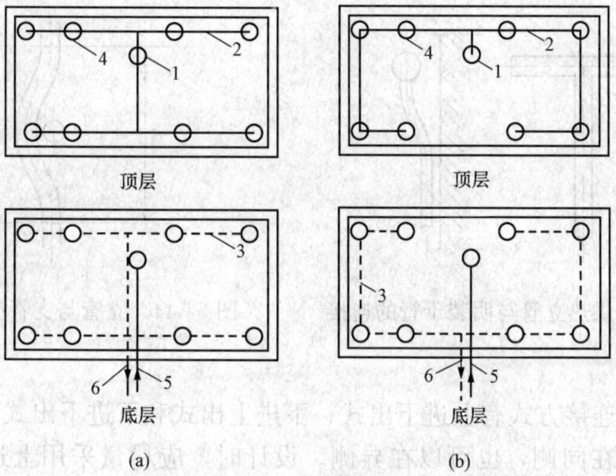

图 5-41　常见供、回水干管的走向布置方式

(a) 异程布置方式；(b) 同程布置程式

1—供水总立管；2—供水干管；3—回水干管；4—立管；5—供水进口管；6—回水出口管

(2) 干管的安装可按管道定位、安装支架、管道就位、管道连接、水压试验和防腐保温的施工顺序进行。

(3) 无论是明装还是暗装，回水干管均应保证设计坡度的要求。地沟底应有 0.3% 的坡向供热系统引入口的坡度用以排水。地沟应设活动盖板或检修人孔。

(4) 干管一般采用焊接，管道变径的位置应在三通后 200mm 处，如图 5-42 所示。上供下回式系统的热水干管变径应顶平偏心连接，蒸汽干管变径应底平偏心连接。

(5) 供热干管安装完毕，隐蔽前应进行水压试验，验收合格后，再进行防腐保温。

3. 立管

(1) 室内热水供热系统的立管应尽可能地布置在房间的角落，如布置在房间的窗间墙处或墙身转角处。

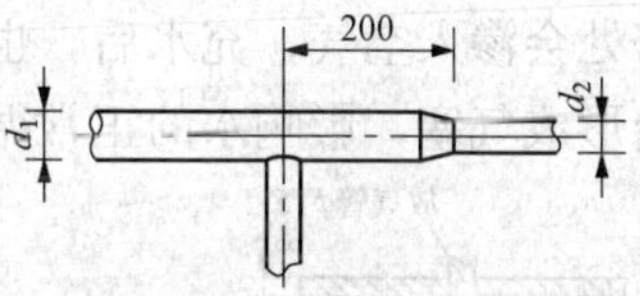

图 5-42　管道变径

(2) 对于有两面外墙的房间，立管宜设置在外墙转角处，因为外墙与外墙的交接处温度较低，容易结露或结霜。

(3) 楼梯间除可以与辅助房间（如厕所、厨房）合用一根立管外，一般应尽量单独设置，以防结冻后影响其他立管的正常供热。

(4) 要求暗装时，立管可敷设在墙体内预留的沟槽中，也可以敷设在管道竖井内。管道竖井每层应用隔板隔断，以减少井中空气对流而形成无效的立管传热损失。此外，每层还应设检修门供维修之用。

(5) 立管应垂直地面安装，穿越楼板时应设套管加以保护，以保证管道自由伸缩且不损坏建筑结构。

(6) 从上供式供热干管接出的供热立管，为保证立管与后墙的安装净距，应采用乙字弯连接，如图 5-43 所示。

（7）供热立管与散热器支管垂直交叉时，立管上应设抱弯，绕过支管，弯曲部分侧向室内，如图 5-44 所示。

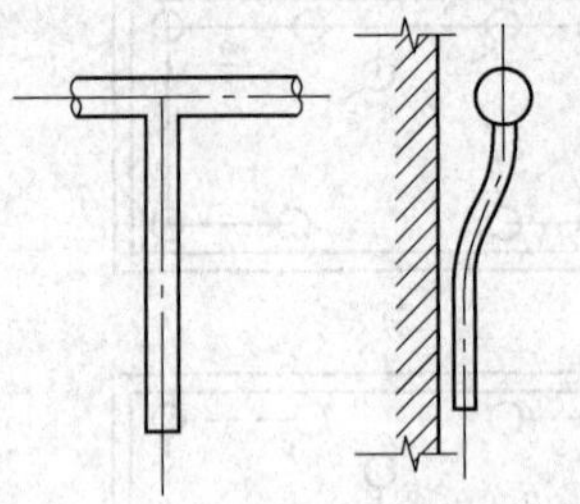

图 5-43 供热立管与明装干管的连接

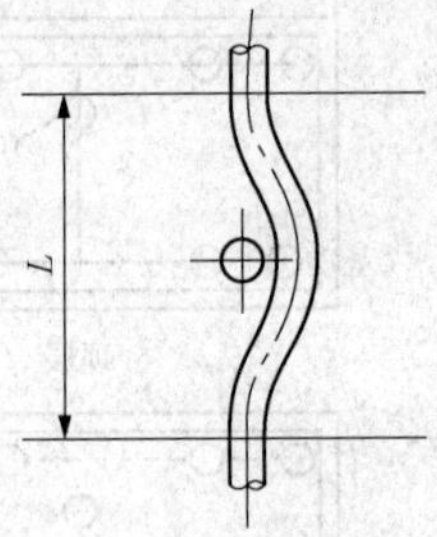

图 5-44 立管与支管交叉的连接

4. 支管

支管与散热器的连接方式有上进下出式、下进上出式和下进下出式三种，散热器支管进水、出水口可以布置在同侧，也可以在异侧。设计时，应尽量采用上进下出、同侧连接方式，这种连接方式具有传热系数大、管路最短、外形美观的优点。下进下出的连接方式散热效果较差，但在水平串联系统中可以使用，因为安装简单，对分层控制散热量有利。下进上出的连接方式散热效果最差，这种连接有利于排气。在蒸汽供热系统中，双管系统均采用上进下出的连接方式，以便于凝结水的排放，并应尽量采用同侧连接。

连接散热器的支管应有坡度以利排气，当支管全长小于 500mm 时，坡度值为 5mm；大于 500mm 时，坡度值为 10mm，进水、回水支管均沿流向顺坡。

支管与散热器连接时，应采用乙字弯。

二、热水供热系统的排气装置

在大气压力下，1kg 水在 5℃时，水中的含气量超过 30mg，而加热到 95℃时，水中的含气量只有 3mg，系统的水被加热时，会分离出空气。此外，在系统停止运行时，通过不严密处会渗入空气，充水后，也会有些空气残留在系统内。如前所述，系统中如积存空气，就会形成气塞，影响水的正常循环。

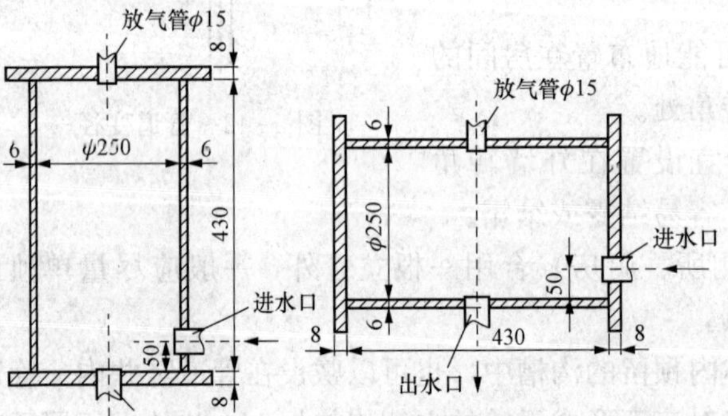

图 5-45 集气罐

国内目前常见的排气设备主要有集气罐、自动排气阀和冷风阀。

（一）集气罐

集气罐用直径 DN100～250 的无缝钢管制成，它有立式和卧式两种，如图 5-45 所示。图 5-45 中尺寸取国家标准图集中最大型号的规格，顶部连接 DN15 的排气管。

集气罐的安装要求：

（1）在机械循环的上供下回系统中，集气罐应设在系统各分环环路的供水干管末端的最高处，如图 5-46 所示。

（2）一般应安装于供热房间内，否则应采取防冻措施。

(3) 排气管上应设截止阀，中心距地面以1.8m为宜。

在系统运行时，定期手动打开阀门将热水分离出来并将聚集在集气罐内的空气排除。

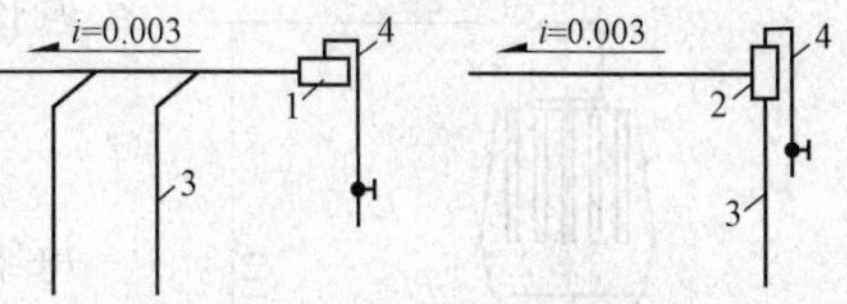

图 5-46　集气罐安装位置示意图

1—卧式集气罐；2—立式集气罐；3—末端立管；4—DN15 放气管

(二) 自动排气阀

目前国内生产的自动排气阀形式较多，其工作原理很多都是依靠水对浮体的浮力，通过杠杆机构传动，使排气孔自动启闭，实现自动阻水排气的功能。

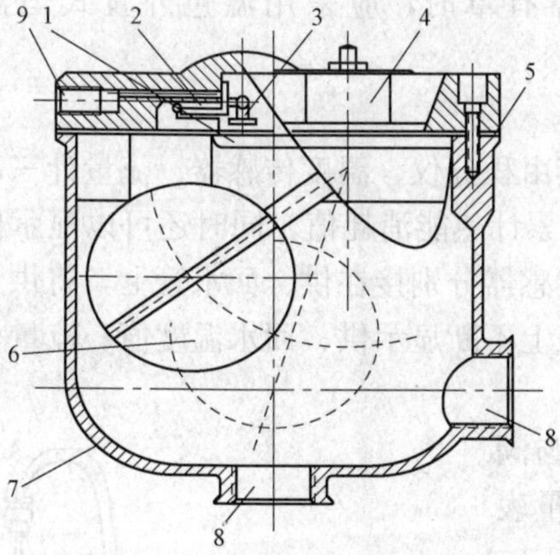

图 5-47　立式自动排气阀

1—杠杆机构；2—垫片；3—阀堵；4—阀盖；5—垫片；6—浮子；7—阀体；8—接管；9—排气孔

如图 5-47 所示为立式自动排气阀。当阀体内无空气时，水将浮子浮起，通过杠杆机构将排气孔关闭；当空气从管道进入，浮子的浮力减小，依靠自重下落，排气孔打开，使空气自动排出。

自动排气阀的安装要求：

(1) 自动排气阀一般采用丝扣连接，安装后应保证不漏水。

(2) 为避免杂物进入自动排气阀的浮动装置内，影响关闭严密性，导致漏水，应在管道安装完毕冲洗后，再安装自动排气阀。

(3) 自动排气阀应垂直安装在干管或立管上。

(4) 排气口一般不需接管，如接管时排气管上不得安装阀门，排气口应避开建筑设施。

(三) 冷风阀

冷风阀多用于水平式和下供下回系统中，它旋紧在散热器上部专设的丝孔上，以手动方式排除空气。如图 5-48 所示。

三、散热器温度控制阀

散热器温度控制阀是一种自动控制散热器散热量的设备。它由两部分组成：一部分为阀体部分；另一部分为感温元件控制部分。当室内温度高于给定的温度时，感温元件受热，其顶杆就压缩阀杆，将阀口关小，进入散热器的水流量减小，室温下降。当室内温度下降到低于设定值时，感温元件开始收缩，其阀杆靠弹簧的作用，将阀杆抬起，阀孔开大，水流量增大，散热器散热量增加，室内温度开始升高，从而保证室内温度处在设定的温度值上。温度控制阀控温范围为 13～28℃，控温误差为±1℃，如图 5-49 所示。

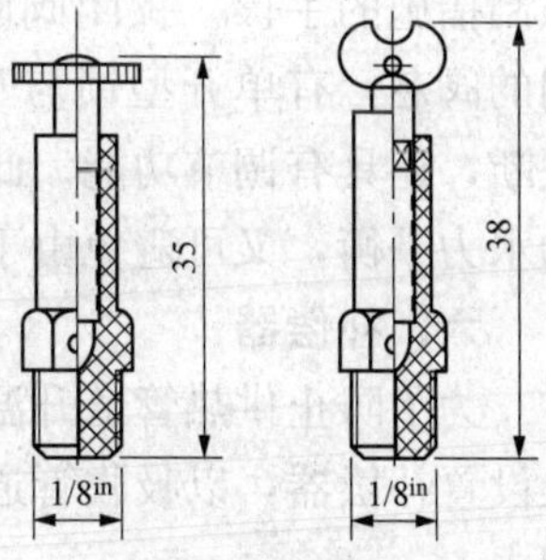

图 5-48　冷风阀

散热器温度控制阀具有恒定室内温度，节约热能的主要优点，在欧美国家得到广泛应用。

根据《民用建筑供暖通风与空气调节设计规范》(GB 50736—2012) 的规定，新建和改扩建散热器室内供热系统，应设置散热器温度控制阀或其他自动温度控制阀进行室内温度

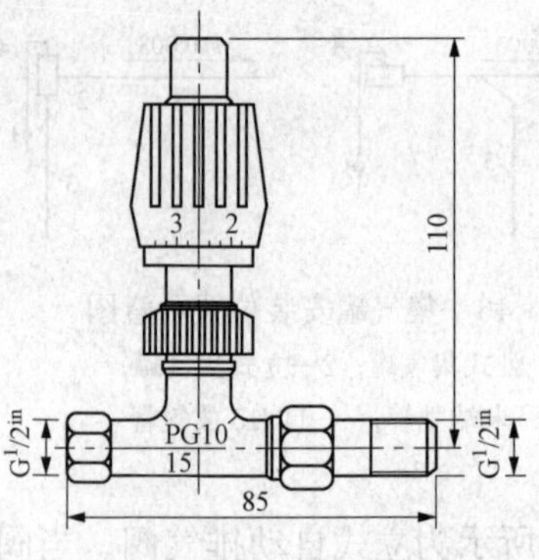

图 5-49 散热器温度控制阀外形图

调控。

散热器温度控制阀的选用和设置应符合下列要求：

(1) 当室内供热系统为垂直或水平双管系统时，应在每组散热器的供水支管上安装高阻力恒温控制阀；超过5层的垂直双管系统宜采用有预设阻力调节功能的恒温控制阀。

(2) 单管跨越式系统应采用低阻力两通恒温控制阀或三通恒温控制阀。

(3) 当散热器有罩时，应采用温包外置式恒温控制阀。

四、热计量表

热计量表是用来累积计量热能消耗量的仪表，其由积分仪、温度传感器、流量计三部分组成，如图 5-50 所示。积分仪可以直观地不断显示累计热能消耗值，同时还可以显示供回水温度、温度差、累计工作小时以及总流量；温度传感器分别接在供、回水管上，将供、回水温度的信号通过电缆线输入积分仪，从而在积分仪上不断显示供、回水温度值；流量计用来测定通过系统的流量值。

热计量表为超声波热量表，安装时流量计部分与阀门距离满足管道前5倍和后2倍管直径间距。热计量表可水平或垂直安装，垂直安装时水流方向应由下至上。

热计量表应按公称流量选型，可按设计流量的 80% 对应热计量表的公称流量确定热计量表型号。

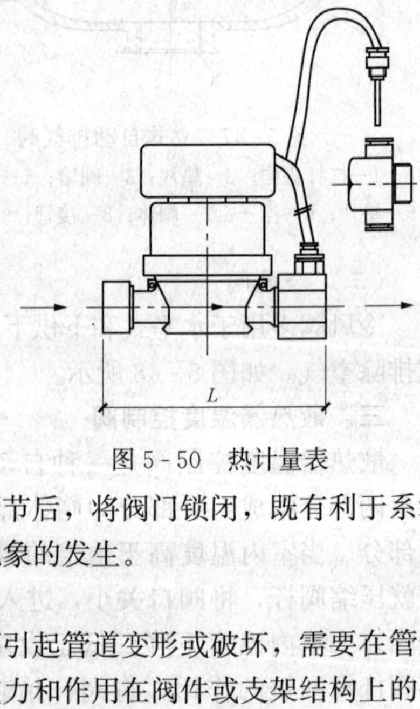

图 5-50 热计量表

五、锁闭阀

锁闭阀是随着既有建筑供热系统分户改造工程与分户供热工程的实施而出现的，前者常采用三通型，后者常采用两通型。其主要作用是关闭功能，是必要时采取强制措施的手段。锁闭阀阀芯可采用闸阀、球阀、旋塞阀的阀芯，有单开型锁与互开型锁。有的锁闭阀不仅可关断，还具有调节功能。此类型的阀门可在系统试运行调节后，将阀门锁闭，既有利于系统的水力平衡，又可避免由于用户的随意调节而造成失调现象的发生。

六、补偿器

为了防止供热管道升温时，由于热伸长或温度应力而引起管道变形或破坏，需要在管道上设置补偿器，以吸收管道的热伸长，从而减小管壁的应力和作用在阀件或支架结构上的作用力。

（一）补偿器的类型及特点

供热管道上采用补偿器的种类很多，主要有管道的自然补偿、方形补偿器、波纹管补偿器、套筒补偿器和球形补偿器等。前三种是利用补偿器材料的变形来吸收热伸长，后两种是利用补偿器内外套管之间的相对位移来吸收热伸长。

1. 自然补偿

利用供热管道自身的弯曲管段（如L形或Z形等）来补偿管段的热伸长的补偿方式，

称为自然补偿。自然补偿不必特设补偿器，因此考虑管道的热补偿时，应尽量利用其自然弯曲的补偿能力。自然补偿的缺点是管道变形时会产生横向位移，而且补偿的管段不能很长。

2. 方形补偿器

它是由四个 90°弯头构成 U 形的补偿器，如图 5-51 所示，靠其弯管的变形来补偿管段的热伸长。方形补偿器通常用无缝钢管煨弯或机制弯头组合而成。

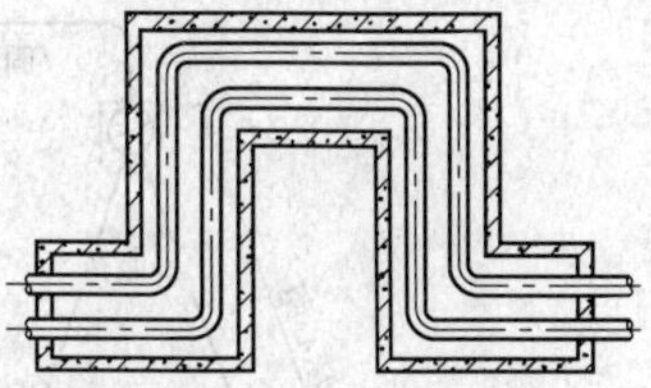

图 5-51　方形补偿器

方形补偿器的优点是制造方便；不用专门维修，因而不需要为它设置检查室；工作可靠，补偿能力大；作用在固定支架上的轴向推力相对较小。其缺点是介质流动阻力大，占地多。方形补偿器在供热管道上应用很普遍。为了提高补偿器的补偿能力（或减少其位移量）常采用预先冷拉的办法，一般预拉伸量为管道伸长量的 50%，在极限情况下，其补偿能力可比无预拉时提高一倍。

3. 波纹管补偿器

它是用单层或多层薄金属管制成的具有轴向波纹的管状补偿设备。工作时，它利用波纹变形进行管道热补偿。供热管道上使用的波纹管，多用不锈钢制造。波纹管补偿器按补偿方式可分为轴向、横向和铰接等形式。轴向补偿器可吸收轴向位移。如图 5-52 所示为轴向式波纹管补偿器的结构示意图。

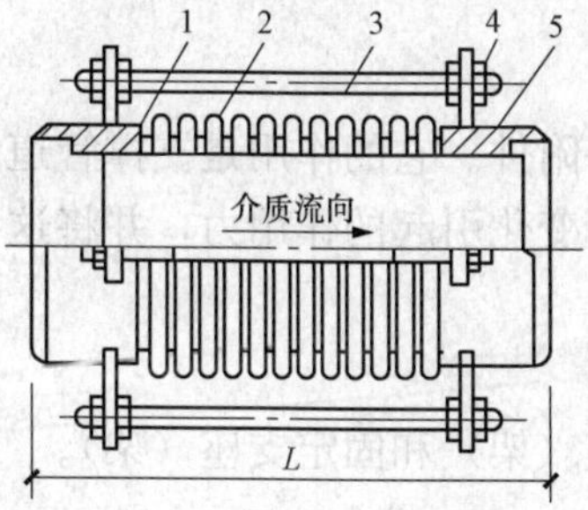

图 5-52　轴向式波纹管补偿器

1—导流管；2—波纹管；3—限位拉杆；4—限位螺母；5—端管

波纹管补偿器的主要优点是占地少，密封性能好，不用专门维修，介质流动阻力小。因此，轴向式波纹管补偿器在国内热网工程上应用逐步增多；但其补偿能力小，造价较贵些。

4. 套筒补偿器

它是由芯管和外壳管组成的，是两者同心套装并可轴向移动的补偿器。如图 5-53 所示为一单向套筒补偿器。芯管与套管之间用柔性密封填料密封，柔性密封填料可直接通过套管小孔注入补偿器的填料函中，因而可以在不停止运行情况下进行维护和抢修，维修工艺简便。

套筒补偿器的补偿能力大，一般可达 250～400mm，占地少，介质流动阻力小，造价低；但其维修工作量大，同时管道地下敷设时，为此要增设检查室。

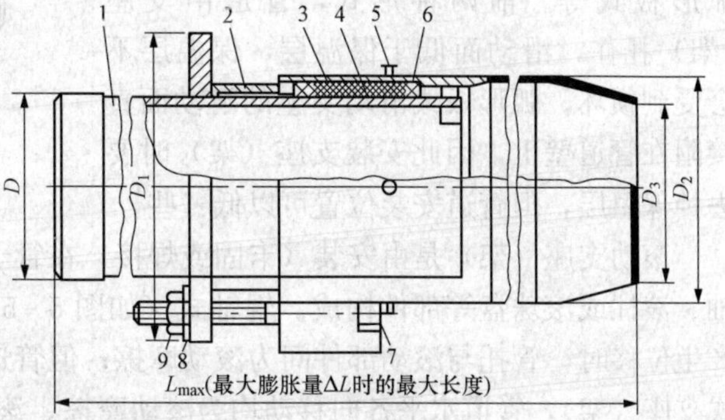

图 5-53　套筒补偿器

1—芯管；2—前压兰；3—套管；4—柔性密封填料；5—注料螺栓；6—后压兰；7—T 形螺栓；8—垫圈；9—螺母

5. 球形补偿器

它是由球体及外壳组成。球体与外壳可相对折曲或旋转一定的角度（一般可达 30°），以此进行热补偿。

该补偿器应成对使用，单台使用没有补偿能力，但它可作管道万向接头使用，其动作原理如图 5-54 所示。球形补偿器的球体与外壳间的密封性能良好，寿命较长。它的特点是能作空间变形，补偿能力大，适用于架空敷设。

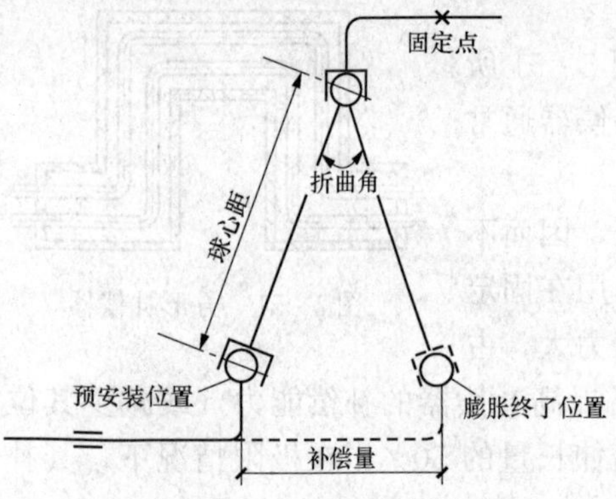

图 5-54 球形补偿器动作原理图

（二）供热管道补偿器的布置与敷设

（1）在供热系统中，不但要考虑干管的热膨胀，也要考虑立管的热膨胀。

（2）自然补偿不能满足要求时，要优先采用方形补偿器。

（3）采用套筒补偿器或波纹管补偿器时，需设置导向支架。

（4）户内长度大于 10m 的供、回水立管与水平干管相连接时，以及供、回水支管与立管相连接处，应设置 2～3 个过渡弯头或弯管，避免采用 T 形直接连接。

七、管道支座（架）

管道支座（架）是直接支承管道并承受管道作用力的管路附件。它的作用是支撑管道和限制管道产生位移。支座承受管道重力和由内压、外载和温度变化引起的作用力，并将这些荷载传递到建筑结构或地面的管道构件上。

（一）管道支座（架）的类型和特点

根据支座（架）对管道位移的限制情况，可分为活动支座（架）和固定支座（架）。

1. 活动支座（架）

活动支座（架）是允许管道和支承结构有相对位移的管道支座（架）。活动支座（架）按其构造和功能可分为滑动、滚动、弹簧、悬吊和导向等支座（架）形式。

滑动支座（架）是由安装（采用卡固或焊接方式）在管子上的钢制管托与下面的支承结构构成。它承受管道的垂直荷载，允许管道在水平方向滑动。根据管托横截面的形状，有曲面槽式（如图 5-55 所示）、丁字托式和弧形板式等。前两种形式，管道由支座（架）托住，滑动面低于保温层，保温层不会受到损坏。弧形板式滑动支座的滑动面直接附在管道壁上，因此安装支座（架）时要去掉保温层，但管道安装位置可以低一些。

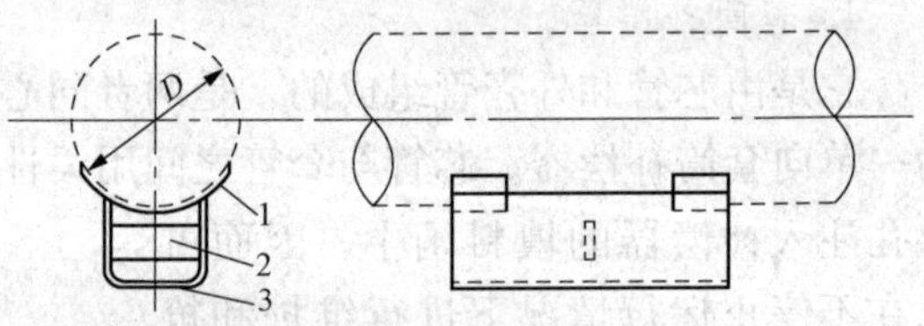

图 5-55 曲面槽滑动支座（架）

1—弧形板；2—肋板；3—曲面槽

滚动支座（架）是由安装（卡固或焊接）在管子上的钢制管托与设置在支承结构上的辊轴、滚柱或滚珠盘等部件构成。辊轴式（如图 5-56 所示）和滚柱式支座（架），管道轴向产生位移时，管托与滚动部件间为滚动摩擦；但管道横向产生位移时仍为滑动摩擦。滚珠盘式支座（架），管道水平各向移动均为滚动摩擦。滚动支座（架）需进行必要的维护，使滚动部件保持正常状态，一般只用在架空敷设管道上。

悬吊支架常用在室内供热管道上。管道用抱箍、吊杆等杆件悬吊在承力结构下面；如图 5-57 所示为几种常见的悬吊支架。悬吊支架构造简单，管道伸缩阻力小；管道产生位移时吊杆摇动，因各支架吊杆摆动幅度不一，难以保证管道轴线为一直线，因此管道热补偿需用不受管道弯曲变形影响的补偿器。

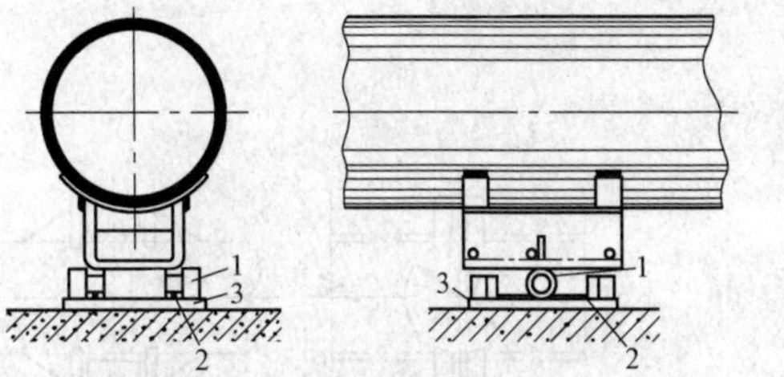

图 5-56　辊轴式滚动支座（架）
1—辊轴；2—导向板；3—支承板

弹簧支座（架）的构造一般由在滑动支座（架）、滚动支座（架）的管托下或在悬吊支座（架）的构件中加弹簧构成，如图 5-58 所示。其特点是允许管道产生水平位移，并可适应管道的垂直位移，使支座（架）承受的管道垂直荷载变化不大，常用于管道有较大的垂直位移处，以防止管道脱离支座（架），致使相邻支座（架）和相应管段受力过大。

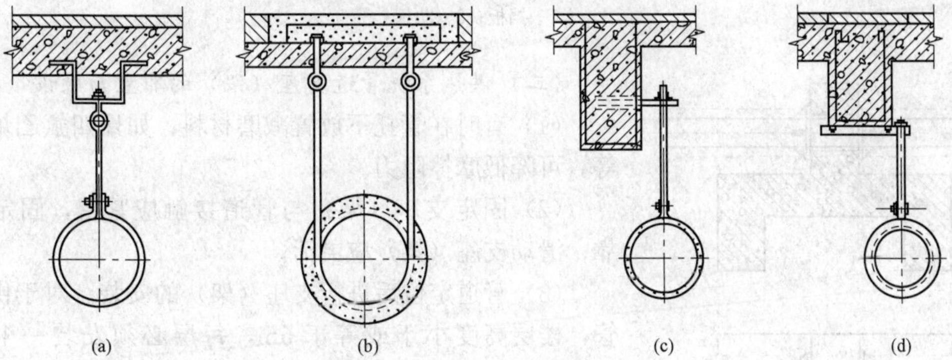

图 5-57　悬吊支架
（a）可在纵向及横向移动；（b）只能在纵向移动；（c）焊接在钢筋混凝土构件里埋置的预埋件上；
（d）箍在钢筋混凝土梁上

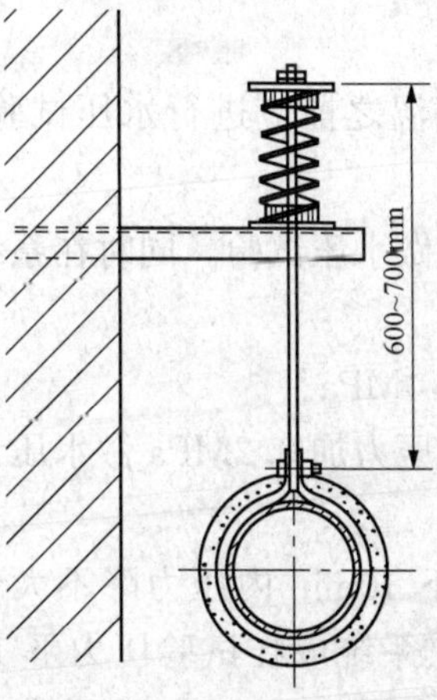

图 5-58　弹簧悬吊支架

导向支座（架）是只允许管道轴向伸缩，限制管道径向产生位移的支座（架）形式。其构造通常是在滑动支座（架）或滚动支座（架）沿管道轴向的管托两侧设置导向挡板。导向支座（架）的主要作用是防止管道纵向失稳，保证补偿器正常工作。

2. 固定支座（架）

固定支座（架）是不允许管道和支承结构有相对位移的管道支座（架）。它主要用于将管道划分成若干补偿管段，分别进行热补偿，从而保证补偿器的正常工作。

最常用的是金属结构的固定支座（架），有卡环式固定支座（架）、焊接角钢固定支座（架）、曲面槽固定支座（架）和挡板式固定支座（架）（如图 5-59 所示）等，前三种承受的轴向推力较小，通常不超过 50kN，固定支座（架）承受的轴向推力超过 50kN 时，多采用挡板式固定支座（架）。

在无沟敷设或不通行地沟中，固定支座（架）也有做成钢筋混凝土固定墩的形式。

如图 5-60 所示为直埋敷设所采用的一种固定支座（架）形式，管道从固定墩上部的立板穿过，在管子上焊有卡板来进行固定。

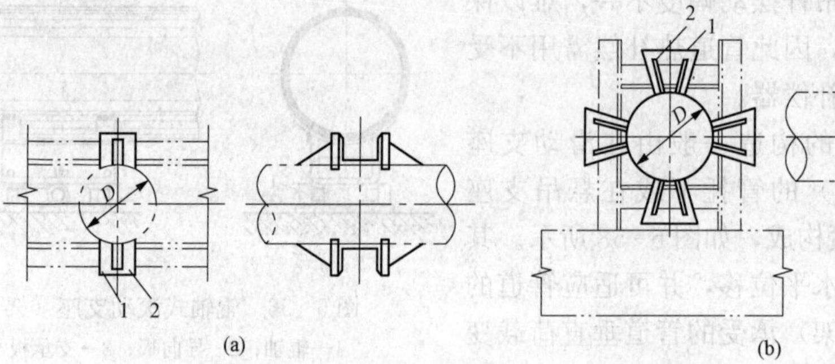

图 5-59 挡板式固定支座（架）

（a）双面挡板式固定支座（架）；（b）四面挡板式固定支座（架）

1—挡板；2—肋板

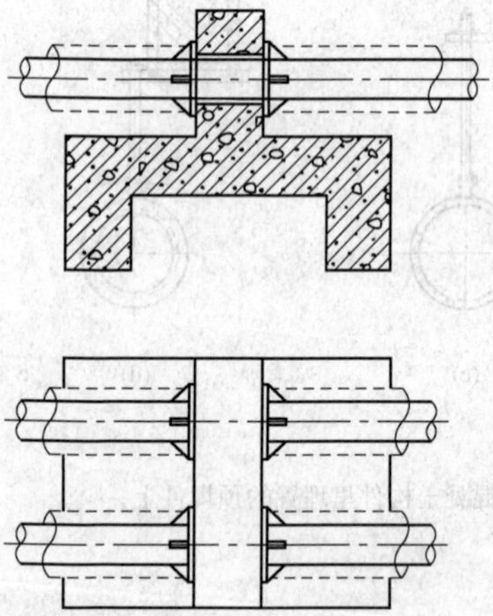

图 5-60 直埋敷设固定墩

（二）供热系统管道支座（架）的布置与敷设

（1）有时在管托下放置减磨材料，如聚四氟乙烯塑料等，可降低摩擦阻力。

（2）固定支座（架）与管道接触应紧密，固定应牢靠；滑动支座（架）应灵活。

（3）管道定位后进行支座（架）的安装。对于供热立管，楼层高度小于或等于 5m，每层必须安装一个支座（架）；楼层高度大于 5m，每层不得少于两个支座（架）；管卡安装高度，距地面应为 1.5～1.8m，两个以上支座（架）应匀称安装，同一房间管卡应安装在同一高度上。对于长度超过 1.5m 的散热器支管，应安装支座（架）。

八、供热系统水压试验

供热系统安装完毕，管道保温之前应进行水压试验，试验压力应符合设计要求。当设计未注明时，应符合下列规定：

（1）蒸汽、热水供热系统，应以系统顶点工作压力加 0.1MPa 做水压试验，同时在系统顶点的试验压力不小于 0.3MPa。

（2）高温热水供热系统，试验压力应为系统顶点工作压力加 0.4MPa。

（3）使用塑料管及复合管的热水供热系统，应以系统顶点工作压力加 0.2MPa 做水压试验，同时在系统顶点的试验压力不小于 0.4MPa。

（4）检验方法：使用钢管及复合管的供热系统应在试验压力下 10min 内压力降不大于 0.02MPa，降至工作压力后检查，不渗、不漏；使用塑料管的供热系统应在试验压力下 1h 内压力降不大于 0.05MPa，然后降压至工作压力的 1.15 倍，稳压 2h，压力降不大于 0.03MPa，同时各连接处不渗、不漏。

（5）系统试压合格后，应对系统进行冲洗并清扫过滤器及除污器。通过现场观察，直至排出水不含泥沙、铁屑等杂质，且水色不浑浊为合格。

（6）系统冲洗完毕应充水、加热，进行试运行和调试。通过观察、测量，室温应满足设计要求。

九、供热管道的防腐工艺概述

为了延长供热系统的使用寿命，防止供热系统的管道设备受到腐蚀，需要对其进行防腐工艺处理。防腐涂料的型号、名称、特性及用途丰富多样，防腐结构层常用的有冷底子油（石油沥青和溶剂调配而成）、石油沥青玛蹄脂。

暗装不保温管道、管件、支架除锈后刷樟丹两遍；明装不保温管道、管件、支架除锈后刷樟丹一遍、银粉两遍；保温管道除锈后刷樟丹两遍再做保温。具体工艺流程如下：

1. 表面清理

管道在安装刷油前，先将表面的铁锈、污物、毛刺和内部的砂粒、铁屑等除净。方法一般是除油、除锈。

（1）除油。管道表面粘有较多的油污时，可先用汽油或浓度为5%的热氢氧化钠溶液洗刷，然后用清水冲洗，干燥后再进行除锈。

（2）除锈。方法有喷砂、酸洗（化学）等方法。

2. 涂漆

涂漆一般采用刷漆、喷漆、浸漆、浇漆等方法。管道工程大多采用刷漆和喷漆方法。

3. 管道着色

管道涂漆除为了防腐外，还有装饰和辨认作用。特别是工厂厂区和车间内，各类工业管道很多，为了便于操作者管理和辨认，在不同介质的管道表面或保温层表面，涂上不同颜色的油漆和色环。

十、供热管道的保温

供热管道及其附件保温的主要目的在于减少热媒在输送过程中的热损失，节约燃料；保证操作人员安全，改善劳动条件；保证热媒的使用温度等。

热网运行经验表明，热水管网即使有良好的保温，其热损失仍占总输热量的5%～8%，蒸汽管网为8%～12%；因此，保温工作对保证供热质量，节约投资和燃料都有很大影响。

（一）保温材料的特点及种类

良好的保温材料应质量轻、导热系数小，在使用温度下不变形或变质，具有一定的机械强度、不腐蚀金属、可燃成分小，吸水率低、易于施工成型，且成本低廉。根据规定，供热介质设计温度高于60℃的热力管道、设备、阀门应保温。

目前常用的管道保温材料有石棉、膨胀珍珠岩、膨胀蛭石、岩棉、矿渣棉、玻璃纤维及玻璃棉、微孔硅酸钙、泡沫混凝土、聚氨酯硬质泡沫塑料等。

（二）管道的保温结构及方式

管道的保温结构由保温层和保护层两部分组成。

1. 保温层

供热管道常用的保温方法有涂抹式、预制式、缠绕式、填充式、灌注式和喷涂式等。

（1）涂抹式保温。将不定型的保温材料加入胶粘剂等用水拌和成塑性泥团，分层涂抹于需要保温的设备、管道表面上，干后形成保温层的保温方法。该法不用模具，整体性好，特别适用于填堵洞孔和异形表面的保温，属于传统的保温方式；但其施工方法落后，进度慢，在室外管网工程中已很少应用。适用此法保温的材料有膨胀珍珠岩、脚胀蛭石及石棉灰、石棉硅藻土等。

（2）预制式保温。将保温材料制成板状、弧形块、管壳等形状的制品，用捆扎或粘接方法安装在设备或管道上形成保温层的保温方法。该方法由于操作方便和保温材料多以制品形式供货，目前被广泛采用。适用此法保温的材料主要有泡沫混凝土、石棉、矿渣棉、岩棉、玻璃棉、膨胀珍珠岩和硬质泡沫塑料等，如图 5-61 所示。

（3）缠绕式保温。用绳状或片状的保温材料缠绕捆扎在管道或设备上形成保温层的保温方法，如石棉绳、石棉布、纤维类保温毡都采用此施工方法。其特点是操作方便，便于拆卸。用纤维类（如岩棉、矿渣棉、玻璃棉）保温毡进行管道保温，在管道工程上应用较多，如图 5-62 所示为其保温结构示意图。

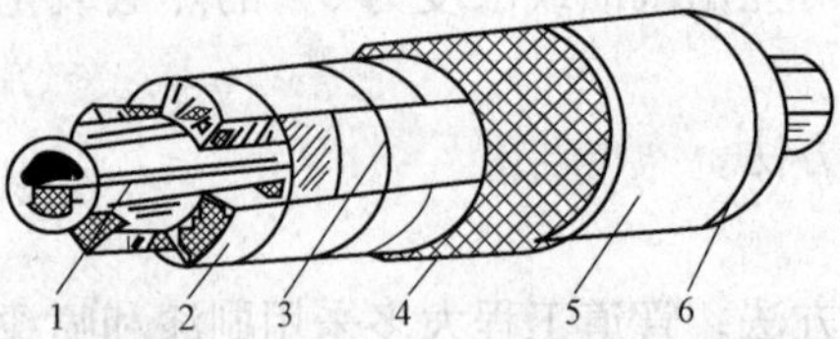

图 5-61　弧形预制保温瓦保温结构

1—管道；2—保温层；3—镀锌铁丝；4—镀锌铁丝网；5—保护层；6—油漆

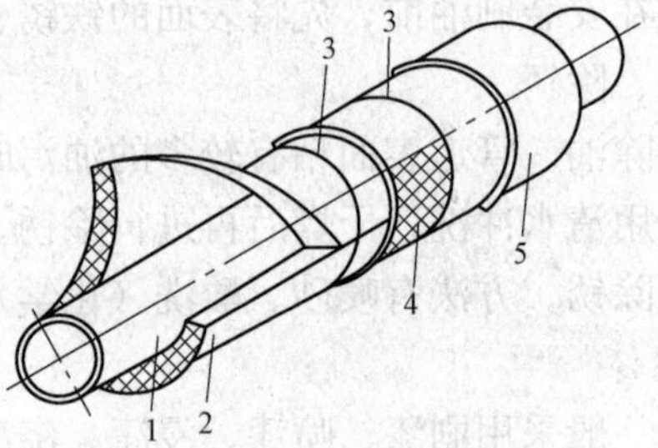

图 5-62　缠绕式保温结构示意图

1—管道；2—保温毡或布；3—镀锌铁皮；4—镀锌铁丝网；5—保护层

（4）填充式保温。将松散的或纤维状保温材料（矿渣棉、玻璃棉及超细玻璃棉），填充于管道、设备外围特制的壳体或金属网中，或直接填充于安装好的管道的地沟或沟槽内形成保温层的保温方式。近年来由于多把松散的或纤维状保温材料做成管壳式，这种方式已使用不多。

（5）灌注式保温。将流动状态的保温材料，用灌注方法成型硬化后，在管道或设备外表面形成保温层的保温方法。如在套管或模具中灌注聚氨酯硬质泡沫塑料，发泡固化后形成管道保温层。灌注式保温的保温层为一连续整体，有利于保温和对管道的保护。

（6）喷涂式保温。利用喷涂设备，将保温材料喷射到管道、设备表面上形成保温层的保温方法。无机保温材料（膨胀珍珠岩、膨胀蛭石、颗粒状石棉等）和泡沫塑料等有机保温材料均可用喷涂法施工。其特点是施工效率高，保温层整体性好。

2. 保护层

供热管道保护层的作用主要是防止保温层的机械损伤和水分浸入，有时它还兼起美化保温结构外观的作用。保护层是保证保温结构性能和寿命的重要组成部分，需具有足够的机械强度和必要的防水性能。

根据保护层所用的材料和施工方法不同，可分为涂抹式保护层、金属保护层和毡、布类保护层三类。

（1）涂抹式保护层。就是将塑性泥团状的材料涂抹在保温层上，常用的材料有石棉水泥砂浆和沥青胶泥等。涂抹式保护层造价较低，但施工进度慢，需要分层涂抹。

（2）金属保护层。一般采用镀锌钢板，也可采用薄铝板、铝合金板等材料。金属保护层的优点是结构简单，质量轻、使用寿命长；但其造价高，易受化学腐蚀，只宜在架空敷设上应用。

（3）毡、布类保护层。目前多采用玻璃布沥青油毡、铝箔、玻璃钢等。由于它具有较好的防水性能和施工方便的优点，近年来得到广泛地应用。玻璃布长期遭受日光曝晒容易断裂，宜在室内或地沟管道上应用。

第五节　燃气供应系统

在人们日常生活中，应用燃气作为燃料对改善人们生活条件、减少空气污染、保护环境等方面都具有重大的意义；在工业生产上，燃气供应可以满足多种生产工艺的特殊要求，可达到提高产量、保证产品质量及改善劳动条件的目的。

一、燃气的分类和用途

城镇燃气是以可燃组分为主的混合气体，可燃组分一般有碳氢化合物、氢和一氧化碳，不可燃组分有二氧化碳、氮和氧等。燃气的种类有很多，可以作为城镇燃气气源供应的主要是天然气和液化石油气，人工煤气将逐步被以上两种燃气所取代，生物气可以在农村或乡镇作为以村或户为单位的能源。根据来源不同，燃气主要有人工燃气、液化石油气、天然气和沼气四大类。

（一）人工燃气

人工煤气包括干馏煤气和发生炉煤气。将煤放在专用的工业炉中，隔绝空气，从外部加热，分解出来的气体经过处理后得到干馏煤气。将煤或焦炭放入煤气发生炉，通入空气、水蒸气或二者的混合物，使其吹过赤热的煤（焦）层，在空气供应不足的情况下进行氧化和还原作用，生成以一氧化碳和氢为主的可燃气体为发生炉煤气。由于它的热值低，一氧化碳含量高，因此不适合作为民用煤气，多供工业用。

人工燃气具有强烈的气味及毒性，含有硫化氢、萘、苯、氨、焦油等杂质，容易腐蚀及阻塞管道，因此，人工燃气需加以净化才能使用。供应城市的人工燃气发热量一般在14.7MJ/m^3（标准状况下）以上。

（二）液化石油气

在对石油进行开采和加工处理中（如减压蒸馏、催化、裂化等）所获得的副产品，主要组成成分是丙烷、丙烯、丁烷、丁烯等，在标准状况下呈气相，当温度低于临界值时或压力升高至某一数值时变为液相。气态液化石油气的发热量通常为92.1～121.4MJ/m^3（标准状况下），液态液化石油气的发热值为42.5～46.1MJ/kg。

（三）天然气

从钻井中开采出来的可燃气体，是理想的城市气源。一种是气田气，即自由喷出地面的燃气，是纯天然气；另一种溶解于石油中，从开采出的石油中分离而获得，称作石油伴生气；还有一种含石油轻质馏分的凝析气田气，从井下煤层抽出的煤矿矿井气。

天然气的主要成分是甲烷，占总体积的80%～95%，发热量为39.4～41.8MJ/m^3（标准状况下），天然气的密度比空气密度低，极难溶于水，能充分燃烧且没有固体产物，属于清洁能源，因此，目前天然气作为主要城市供气。天然气通常没有气味，故在使用时需混入某种无害而又有臭味的气体（加嗅剂，如乙硫醇 C_2H_5SH），以便于发现漏气，避免发生中毒或爆炸燃烧事故。

（四）沼气

沼气也称为生物气，是由各种有机物（如蛋白质、纤维素、脂肪、淀粉等）在隔绝空气条件下，在微生物的作用下，发酵分解而成的可燃气体。沼气的生产原料为粪便、垃圾、杂草、落叶等，发热量约为 20.9MJ/m³（标准状况下）。

由于用气设备是按确定的燃气组成设计的，城市燃气的组分必须维持稳定。《城镇燃气设计规范》（GB 50028—2006）规定，作为城市的人工燃气，其低位发热值应大于 14.7MJ/m³（标准状况下）。输送高发热量的燃气、输配系统较为经济。

沼气中甲烷的含量约为 60%，属于可再生能源，由于条件限制，目前还不能作为城市供气。

二、燃气用户

城市燃气的用户有居民生活用户、公共建筑用户、工业企业生产用户、建筑物供热用户。

（1）居民生活用户。主要供人们日常生活中炊事和加热生活热水用气。

（2）公共建筑用户。包括职工食堂、饮食业、托儿所、医院旅馆、理发店、洗衣房、机关、学校和科研院所等，燃气主要用于炊事和热水供应；对于学校和科研院所，燃气还用于实验室。

（3）工业企业用户。燃气主要用于生产工艺，改用燃气后，产品的产量及质量有很大提高的工业企业。

（4）供热用户。只有在技术经济论证合理时，才能将燃气用作供热的燃料。

三、城镇燃气的供应方式

（一）管道输送

天然气和人工煤气经过净化后即可输入城镇燃气管网。我国城镇燃气管网根据输送压力可分为七级，见表 5-1。管道内燃气的压力不同对管道材质、安装质量、检验标准和运行管理的要求也不同。

表 5-1　城镇管道燃气设计压力（表压）分级

名称		压力 p（MPa）	名称		压力 p（MPa）
高压燃气管道	A	$2.5<p\leqslant4.0$	中压燃气管道	A	$0.2<p\leqslant0.4$
	B	$1.6<p\leqslant2.5$		B	$0.01<p\leqslant0.2$
次高压燃气管道	A	$0.8<p\leqslant1.6$	低压燃气管道		$p<0.01$
	B	$0.4<p\leqslant0.8$			

城镇燃气管网通常包括市政燃气管网和居住小区燃气管网两部分。

在大城市，市政燃气管网大多布置成环状，只有边远地区才采用枝状管网。燃气由高压管网或次高压管网，经过两级或三级调压进入居住小区管网而接入用户。邻近街道的建筑物也可直接由街道管网引入。在小城市，一般采用中低压或低压燃气管网。

居住小区燃气管网是指庭院管网总阀门井以后至各建筑物前的户外管路。当燃气进气管埋设在一般土质的地下时，常用铸铁管，连接方式为青铅接口或水泥接口；也可采用涂有沥青防腐层的钢管，连接方式为焊接。如埋设在土质松软及容易受振的地段，应采用无缝钢管，连接方式为焊接；也可采用 PE 管，采用电熔连接或者热熔连接。

居住小区燃气管道敷设在土壤冰冻线以下的土层内，根据建筑群的总体布置，居住小区燃气管道宜与建筑物轴线平行，并埋于人行道或草地下；根据燃气的性质及含湿状况，当有必要排除管网中的冷凝水或者凝析油时，管道应具有不小于 0.003 的坡度坡向凝水器。

为了保证在施工和检修期间互不影响，同时避免由于漏出的燃气影响相邻管道的正常运行，甚至逸入建筑物内，地下燃气管道与建筑物、构筑物及其他各种管道之间应保持必要的水平净距及垂直净距，具体规定详见《城镇燃气设计规范》(GB 50028—2006)。

(二) 液化石油气瓶装供应

液化石油气在石油炼厂产生后，可用管道、汽车或火车槽车、槽船运输到储配站或灌瓶站，再用管道或钢瓶灌装，经供应站供应用户。

供应站到用户根据供应范围、户数、燃烧设备的需用量大小等因素可采用单瓶、瓶组和管道系统。其中，单瓶供应常用 15kg 钢瓶供居民用。瓶组供应系统应用于用气量较大的用户，如公共福利事业、建筑群及小型工业用户。

钢瓶内液态液化石油气的饱和蒸汽压按绝对压力计一般为 70～800kPa，靠室内温度可自然气化。但供燃气用具及燃烧设备使用时，还要经过钢瓶上调压器减压到 (2.8±0.5) kPa。单瓶系统的钢瓶一般置于厨房，而瓶组供应系统的并联钢瓶、集气管及调压阀等应设置在单独房间。居民用户室内液化石油气气瓶的布置应符合下列要求：

(1) 气瓶不得设置在地下室、半地下室或通风不良的场所。

(2) 气瓶与燃气用具的净距不应小于 0.5m。

(3) 气瓶与散热器的净距不应小于 1m，当散热器设置隔热板时，可减小到 0.5m。

四、建筑燃气供应系统

(一) 建筑燃气供应系统的组成

建筑燃气供应系统由用户引入管、建筑燃气管网（包括水平干管、立管、水平支管、下垂管、燃气用具接管等）、燃气表、燃气用具等组成，如图 5-63 所示。这样的系统直接连接于城市的低压管道上。目前，在一些城市也有采用中压进户表前调压的系统。

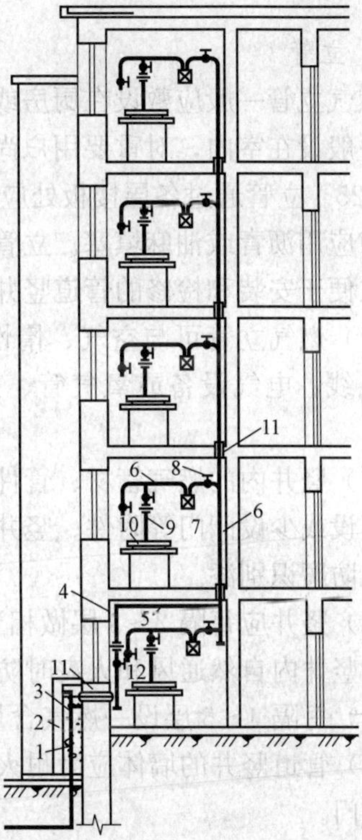

图 5-63　建筑燃气供应系统剖面图

1—用户引入管；2—转台；3—保温层；4—水平干管；5—用户支管；6—立管；7—燃气表；8—表前阀门；9—燃气灶具连接管；10—燃气灶；11—套管；12—燃气热水器接头

(二) 建筑燃气管的布置与敷设

室内燃气管道均应明管敷设。当建筑物或工艺有特殊要求时，也可采用暗管敷设，但应敷设在有人孔的闷顶或有活盖的墙槽内。为了满足安全、防腐和便于检修需要，室内燃气管道不得敷设在卧室、浴室、地下室、电缆沟、暖气沟、烟道、进风道、垃圾道和电梯井、易燃易爆品仓库、配电间、通风机室、计算机房、潮湿或有腐蚀性介质的房间内。当输送湿燃气的室内管道敷设在可能冻结的地方时，应采取防冻措施。

1. 引入管

用户引入管与城市或居住小区的低压分配管道连接。燃气引入管宜沿外墙地面上穿墙引入。室外明露管段的上端弯曲处应加不小于 DN15 的清扫用三通和丝堵，并做防腐处理。输送湿燃气的引入管一般由地下引入室内，当采取防冻措施时也可由地上引入，引入管宜有不小于0.01的坡度，坡向城市燃气分配管。引入管穿过承重墙、基础或管沟时，均应设置在套管内，套管与燃气引入管之间的间隙应采用柔性防腐、防水材料密封。引入管进入建筑物后应在短距离内出室内地面，不得在室内地面下水平敷设，并应考虑沉降的影响，必要时应采取补偿措施。

2. 水平干管

引入管上既可连一根燃气立管，也可连若干根立管，后者则应设置水平干管。水平干管可沿楼梯间或辅助房间的墙壁敷设，坡向引入管，坡度不小于0.002。管道经过的楼梯间和房间应有良好的通风。

燃气水平干管宜明设，当建筑设计有特殊美观要求时可敷设在能安全操作、通风良好和检修方便的吊顶内，管材、管件、阀门等的公称压力应按提高一个压力等级进行设计；当吊顶内设有可能产生明火的电气设备或空调回风管时，燃气水平干管宜设在与吊顶底平的独立密封管槽内，管槽底宜采用可卸式活动百叶或带孔板。燃气水平干管不宜穿过建筑物的沉降缝。

3. 立管

燃气立管一般应敷设在厨房或走廊内。当地下引入室内时，立管在第一层处应设阀门，阀门一般设在室内，对重要用户尚应在室外设阀门。立管的下端应装丝堵，其直径一般不小于DN25。立管通过各层楼板处应设套管，套管高出地面至少50mm，套管与燃气管道之间的间隙应用沥青或油麻填塞。立管穿过通风不良的吊顶时应设在套管内。燃气立管宜明设，当设在便于安装和检修的管道竖井内时，应符合下列要求：

(1) 燃气立管可与空气、惰性气体、上下水、热力管道等设在一个公用竖井内，但不得与电线、电气设备或氧气管、进风管、回风管、排气管、排烟管、垃圾道等共用一个竖井。

(2) 竖井内的燃气管材、管件、阀门等的公称压力应按提高一个压力等级进行设计，并尽量不设或少设阀门等附件。竖井内的燃气管道的最高压力不得大于0.2MPa；燃气管道应涂黄色防腐识别漆。

(3) 竖井应每隔2～3层做相当于楼板耐火极限的不燃烧体进行防火分隔，且应设法保证平时竖井内自然通风和火灾时防止产生“烟囱”作用的措施。

(4) 每隔4～5层设一燃气含量检测报警器，上、下两个报警器的高度差不应大于20m。

(5) 管道竖井的墙体应为耐火极限不低于1.0h的不燃烧体，井壁上的检查门应采用丙级防火门。

(6) 高层建筑的燃气立管应有承受自重和热伸缩推力的固定支架和活动支架。

(7) 燃气水平干管和高层建筑立管应考虑工作环境温度下的极限变形，当自然补偿不能满足要求时，应设置补偿器。补偿器宜采用方形或波纹管形，不得采用填料型。

4. 支管

由立管引出的用户支管，在厨房内高度不低于1.7m，敷设坡度不小于0.002，并有燃气表分别坡向立管和燃气用具。支管穿过墙壁时，应装在套管内。住宅内暗埋的燃气支管应符合下列要求：

(1) 暗埋部分不宜有接头，且不应有机械接头；暗埋部分宜有涂层或覆塑等防腐蚀措施。

（2）暗埋的管道应与其他金属管道或部件绝缘；暗埋的柔性管道宜采用钢盖板保护。

（3）暗埋管道必须在气密性试验合格后覆盖。

（4）覆盖层厚度不应小于10mm；覆盖层面上应有明显标志，标明管道位置，或采取其他安全保护措施。

住宅内暗封的燃气支管应符合下列要求：

（1）暗封管道应设在不受外力冲击和暖气烘烤的部位。

（2）暗封部位应可拆卸，检修方便，并应通风良好。

5. 下垂管

在支管上连接燃气用具的垂直管段，其上的旋塞应距地面1.5m以上。

6. 燃气表

燃气用户应单独设置燃气表。燃气表应根据燃气的工作压力、温度、流量和允许的压力降（阻力损失）等条件选择。用户燃气表宜安装在不燃或难燃结构的室内通风良好和便于查表、检修的地方。燃气表严禁安装在下列场所：

（1）卧室、卫生间及更衣室内。

（2）有电源、电器开关及其他电器设备的管道井内，或有可能滞留泄漏燃气的隐蔽场所。

（3）环境温度高于45℃的地方。

（4）经常潮湿的地方。

（5）堆放易燃、易爆、易腐蚀和有放射性物质等危险的地方。

（6）有变、配电等电器设备的地方。

（7）有明显振动影响的地方。

（8）高层建筑中的避难层及安全疏散楼梯间内。

住宅内燃气表可安装在厨房内，当有条件时也可设置在户门外。住宅内高位安装燃气表时，表底距地面不宜小于1.4m；当燃气表装在燃气灶具上方时，燃气表与燃气灶的水平净距不得小于30cm；低位安装时，表底距地面不得小于10cm。商业和工业企业的燃气表宜集中布置在单独房间内，当设有专用调压室时，可与调压器同室布置。燃气表保护装置的设置应符合下列要求：

（1）当输送燃气过程中可能产生尘粒时，宜在燃气表前设置过滤器。

（2）当使用加氧的富氧燃烧器或使用鼓风机向燃烧器供给空气时，应在燃气表后设置止回阀或泄压装置。

（三）管材

室内低压燃气管道可采用热镀锌钢管、铜管、薄壁不锈钢管、铝塑复合管等管材。热镀锌钢管可采用螺纹连接，并以聚四氟乙烯生料带、尼龙密封绳等性能良好的填料密实；大于DN100的镀锌钢管不宜采用螺纹连接，可焊接，但应加强防腐。铜管道应采用硬钎焊连接。铜管道不得采用对焊、螺纹或软钎焊（熔点小于500℃）连接。薄壁不锈钢管应采用承插氩弧焊式管件连接或卡套式管件机械连接，并宜优先选用承插氢弧焊式管件连接。不锈钢波纹管应采用卡套式管件机械连接。铝塑复合管应采用卡套式管件或承插式管件机械连接。

上述接头及管件均应符合相应的标准，且铜管、薄壁不锈钢管和不锈钢波纹管必须有防外部损坏的保护措施。铝塑复合管安装时必须对铝塑复合管材进行防机械损伤、防紫外线（UV）伤害及防热保护。管道与燃气用具之间采用橡胶软管或燃气用不锈钢波纹软管连接，连接处采用压紧螺母（锁母）或管卡（喉箍）固定。在软管的上游与硬管的连接处应设阀门，橡胶软管不得穿墙、顶棚、地面、窗和门。

五、燃气的安全使用

建筑供应的各类燃气都具有易燃、易爆的特点，少量泄漏在空气中形成较低的含量，不会引起着火、爆燃事故。但是，如果缺乏监控，气体泄漏量较大或慢慢地积累，就会引起空气中有较高含量的可燃性气体，达到一定的含量，遇明火就会产生着火、爆炸的灾祸。若使用的人工煤气（其中含有一氧化碳）泄漏，人吸入一定量后，会引起中毒死亡。为保障建筑燃气的安全使用，要做到如下几点：

(1) 使用任何燃气，都要保持室内空气流通，尤其是使用热水器时应打开排气扇加强通风，避免因通风不良造成的燃烧时氧气不足，产生过量一氧化碳，引起中毒。

(2) 使用燃气时，厨房内应有成人随时照料，避免汤水溢出熄灭炉火，导致燃气泄漏。使用燃气热水器时，家中应有人看管。

(3) 燃气用具每次使用后，必须将燃气用具开关拧到关闭位置，要经常注意和教育小孩不要玩弄燃气用具。

(4) 停止使用燃气或临睡前应对燃气用具进行检查，关闭灶前阀（或角阀）和灶具旋塞阀，防止漏气。

(5) 常用检漏方法是在接头处、管件上涂肥皂液，看是否有气泡产生。严禁用明火检查。

(6) 在管道燃气使用过程中或使用前，发现燃气突然中断或没有燃气时，应将燃气用具开关及用户燃气表表前阀同时关闭，拨打供气单位咨询电话、抢修电话，直至接到正常供气通知后，方可继续使用。

(7) 燃气用橡胶管应使用专用耐油橡胶管，长度宜控制在 1.2～1.5m，最长不应超过 2m。橡胶管不得穿墙越室，并要定期检查，发现老化或损坏应及时更换（橡胶管使用期限不超过 18 个月）。

(8) 已使用一段时间的燃气热水器，应报请维修部门清洗和检修，防止积炭过多，引起一氧化碳中毒或其他事故。

(9) 燃气热水器必须安装在通风良好的厨房里，不准安装在浴室里。

(10) 发现燃气漏气时应采取的措施：

1) 应尽快将门窗打开换气。

2) 尽快将燃气用具及燃气表表前、表后阀门关闭。

3) 尽快与燃气公司维修部门联系。

4) 切勿开启电灯、排风扇等电器设备。

5) 在安全地方切断电源。

(11) 大流量燃气热水器必须装烟道，将烟气排出室外，禁止将其排入公共烟道和公共走廊。

(12) 不准在管道上悬挂杂物。

(13) 长期无人居住或不用燃气用具，须将燃气表前阀门关闭。

（14）使用燃气设备的房间，不要放置电冰箱等电器设备，不能同时使用煤油炉、煤炉或液化石油气等。

（15）在装有燃气设备，或有燃气管道的房间、门厅、过道，不能作为卧室住人，以防燃气泄漏造成危险。

（16）居室在装修时不准将燃气表、燃气热水器、阀门等密闭安装。

（17）燃气管线已经过打压、气密检查，请注意不要碰撞、损坏，更不要私自改动管线，以免造成危险。

第六节　室内供热工程施工图识读案例

一、供热施工图的组成及识读要点

（一）供热施工图的组成

1. 首页

首页包括设计施工说明、设备材料表、图例表及标准图统计表等。具体主要是设计图样无法表达的一些问题，如热源情况和用户要求等设计依据；供热设计概况；管道的敷设方式、防腐、保温、水压试验要求；图中使用图例说明；设备材料的型号、规格等内容，简单的工程首页内容可与首层平面图放在一张图上。

2. 平面图

平面图包括底层平面图、标准层平面图、顶层平面图等。平面图中涉及的内容如下：

（1）应绘出墙、柱、门窗、踏步、楼梯、轴线号，注明开间尺寸、总尺寸、室内外地面标高、房间名称，首层右上角绘指北针。

（2）绘出散热器位置并注明片数或长度、立管位置及编号、管道及阀门、放风及泄水、固定卡、伸缩器、入口装置、疏水器、管沟及人孔，管道要注明管径、安装尺寸及起终点标高。

（3）供热入口有两处以上时，应在平面图上分别注明各入口的热量与系统阻力。

3. 轴测图

轴测图应按 45°或 60°轴测投影绘制，比例应与平面图一致。轴测图自入口起，将干、立、支管及散热器、阀门等系统配件全部绘出。轴测图应标注散热器规格、各段管径、起终点标高、伸缩器及固定卡位置等。

4. 详图大样

凡施工安装图册及国家标准图中未有且需详细交待的内容，均需另绘详图大样。

（二）室内供热施工图的识读要点

1. 平面图的识读要点

（1）从平面图上可看出建筑物内散热器的平面位置、种类、片数及散热器安装方式，即散热器是明装还是暗装。

（2）了解供、回水水平干管及凝结水干管的布置、敷设、管径及阀门、支架、补偿器等的平面位置和型号。

（3）通过立管编号查清系统立管的数量和布置位置。

（4）在热水供热平面图上还标有膨胀水箱、集气罐等设备的位置、型号，以及设备上连接管道的平面布置和管径。

（5）在蒸汽供热平面图上还表示有疏水器的平面位置及其规格尺寸，识读时要注意疏水器的规格及疏水装置的组成。一般在平面上仅标出控制阀门和疏水器所在，安装时还要参考有关的详图。

（6）查明热媒入口及入口地沟情况。热媒入口无节点图时，平面图上一般将入口组成的设备如减压阀、分水器、分汽缸、除污器等和控制阀门表示清楚，并标有规格，同时还标出管径、热媒来源、流向、参数等。如果热媒入口主要配件、构件与国家标准图相同时，则注明规格和标准图号，识读时可按给定的标准图号查阅标准图。当有热媒入口节点图时，平面图上标有节点图的编号，识读时可按给定的编号查找热媒入口节点详图进行识读。

2. 系统轴测图的识读要点

（1）查明管道系统的连接，各管段管径大小、坡度、坡向、水平管道和设备的标高，以及立管编号等。有了供热系统轴测图可以对管道的布置形式一目了然，它清楚地表明干管与立管之间，以及立管、支管与散热器之间的连接方式，阀门的安装位置和数量。散热器支管有一定的坡度，其中，供水支管坡向散热器，回水支管坡向回水立管。

（2）了解散热器类型、规格及片数。当散热器为翼型散热器或柱型散热器时，要查明规格与片数及带脚散热器的片数；当采用其他供热设备时，应弄清设备的构造和底部或顶部的标高。

（3）注意查清其他附件与设备在系统中的位置，凡注明规格尺寸者，都要与平面图和材料表等进行核对。

（4）查明热媒入口处各种设备、附件、仪表、阀门之间的关系，同时搞清热媒来源、流向、坡向、标高、管径等，如有节点详图要查明详图编号，以便查找。

3. 详图的识读

室内供热施工图的详图包括标准图和节点详图。标准图是室内供热管道施工图的一个重要组成部分，供热管、回水管与散热器之间的具体连接形式、详细尺寸和安装要求，一般都用标准图反映出来。作为室内供热管道施工图，设计人员通常只画平面图、系统轴测图和通用标准图中没有的局部节点图。供热系统设备和附件的制作与安装方面的具体构造和尺寸，以及接管的详细情况，都要参阅标准图。

供热标准图主要包括：

（1）膨胀水箱和凝结水箱的制作、配管与安装。

（2）分汽缸、分水器、集水器的构造及制作与安装。

（3）疏水器、减压阀、调压板的安装与组成形式。

（4）散热器的连接与安装。

（5）供热系统立、支管的连接。

（6）管道支、吊架的制作与安装。

（7）集气罐的制作与安装。

（8）水泵基础及安装等。

（三）识图步骤

供热施工图所表示的设备和管道一般采用统一的图例。在识读图样前应查阅和掌握有关的图例。按照图样种类，先读平面图，然后对照平面图读系统图，最后读详图。读平面图时，先读底层平面图，再读各楼层平面图。读底层平面图时，按照热水或蒸汽的流向，从锅炉或热媒入口开始，经供水干管、供水立管、回水立管、回水干管、水泵，回到锅炉的顺序识读。读系统图时，先找系统图与平面图相同编号的立管，然后对照平面图识读。另外，还应结合图样说明来识读平面图和系统图，以了解设备管道材料、安装要求及所需的标准图和详图。

二、常用图例

常用图例见表 5-2。

表 5-2　　常　用　图　例

图例	名称	图例	名称
	供热供水管	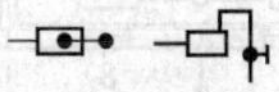	卧式集气阀
	供热回水管	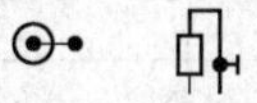	立式集气阀
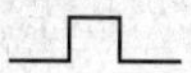	方形补偿器		自动排气阀
	固定支架		温度计
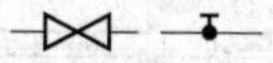	阀门		压力表
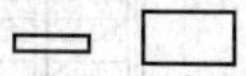	散热器		管道变径

三、散热器供热（垂直单管供热系统）识读案例

图 5-64、图 5-65 所示为某办公楼一层供热平面图和二层供热平面图，如图 5-66 所示为该办公楼的供热系统图。对照阅读平面图、系统图可知，该供热系统为同程式上供下回垂直单管供热系统，供水干管在二层顶棚下，管径由 DN50 渐变为 DN20，供水干管末端装有一个 DN20 自动排气阀。回水干管敷设在地沟内，管径由 DN20 渐变为 DN50。供热立管上下端各装阀门一个。

图纸有关文字说明如下。

（1）工程概况。该工程为某办公楼，建筑面积为 702m^2，建筑高度为 7.2m，室内外高差为 0.45m。

（2）设计依据。

1）《民用建筑供暖通风与空气调节设计规范》（GB 50736—2012）。

2）《公共建筑节能设计标准》（GB 50189—2015）。

3）《建筑给水排水及采暖工程施工质量验收规范》（GB 50242—2002）。

4）设计任务书及业主提供的资料和要求。

5）建筑专业提供的各种图纸。

（3）设计范围。设计范围为室内供热系统。

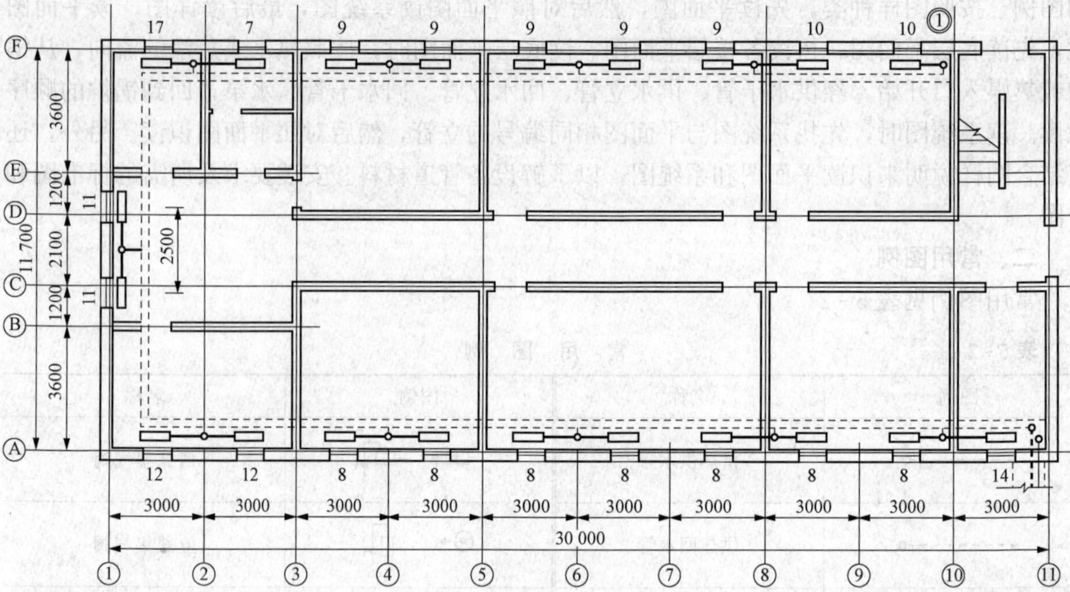

图 5-64 某办公楼一层供热平面图

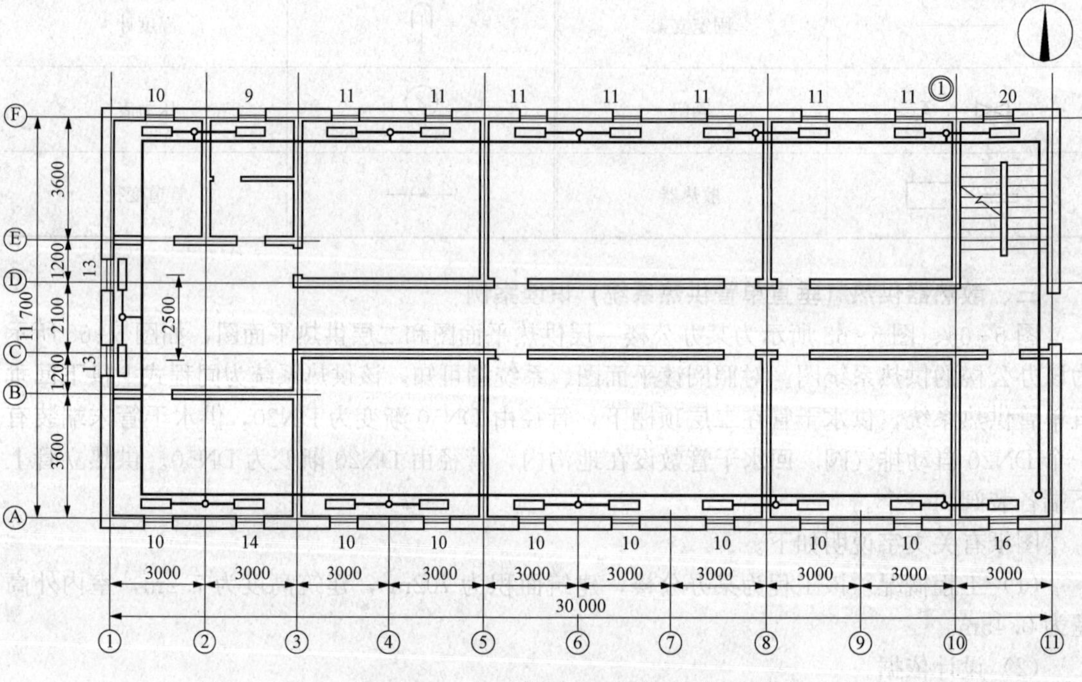

图 5-65 某办公楼二层供热平面图

（4）设计参数。

1）室外供热计算温度为－19℃。

2）室内计算温度：办公室为 18℃，走廊、楼梯间为 14℃，卫生间为 16℃。

3）该供热系统由锅炉房直接供热，设计供回水温度为 95℃/70℃。

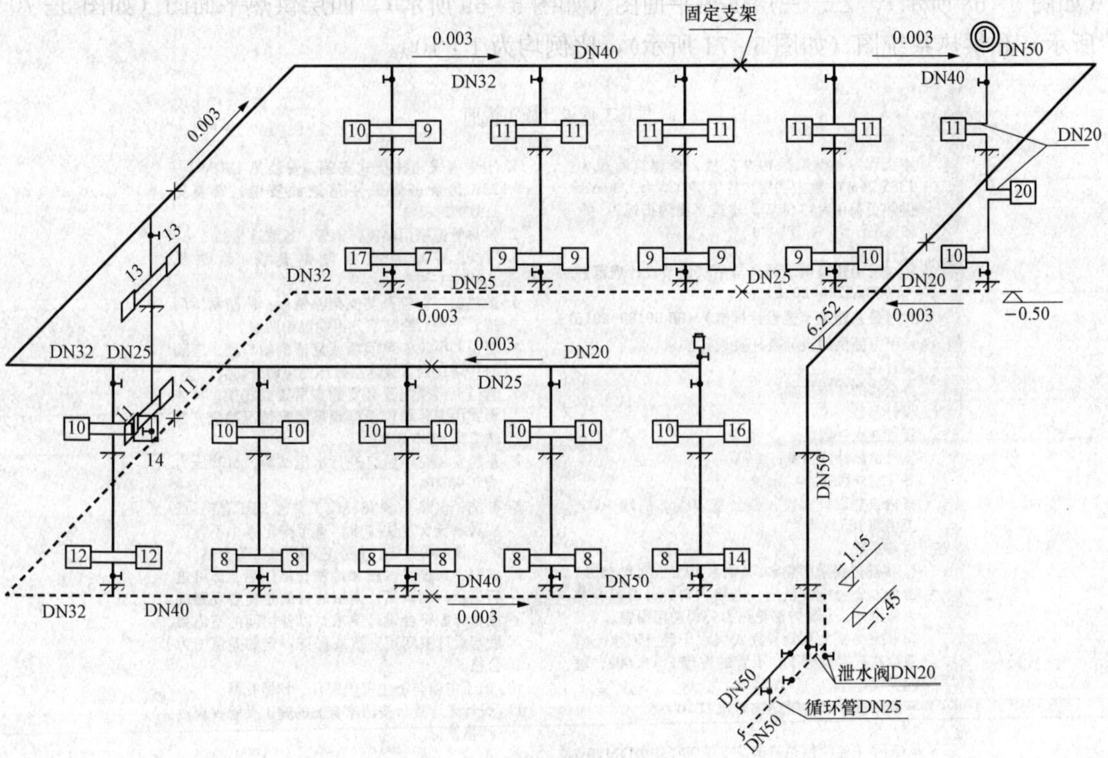

图 5-66　某办公楼供热系统图

(5) 围护结构传热系数。外墙传热系数为 0.35W/(m² · ℃)；外窗传热系数为 2.5W/(m² · ℃)；屋面传热系数为 0.426W/(m² · ℃)。

(6) 散热器采用四柱 760 型。

(7) 供热管道均采用焊接钢管，DN≤32mm 者螺纹连接，DN＞32mm 者焊接。立管管径均为 DN20，连接散热器的支管管径未标注者均为 DN15。

(8) 管道上的阀门均用闸板阀，螺纹连接的管道上用 Z15T-10K 阀门，焊接管道上用 Z45T-10 阀门。

(9) 明装管道、散热器、支架刷红丹防锈漆一遍、银粉漆两遍；地沟内管道、支架刷红丹防锈漆两遍。

(10) 地沟内供热管道用 50mm 厚的超细玻璃棉管壳保温，外包一层玻璃布保护层。

(11) 供热系统安装完毕，应进行系统水压试验。试验压力为 0.60MPa，在试验压力下 10min 内压力降不大于 0.02MPa，外观检查不渗不漏为合格。

(12) 未尽事宜，均按《建筑给水排水及采暖工程施工质量验收规范》（GB 50242—2002）有关规定执行。

四、散热器供热（垂直双管供热系统）识读案例

现以一套 4 层办公楼的供热施工图为例介绍识读过程，由于篇幅限制，本案例仅给出主要施工图样。

(1) 图样构成。该供热施工图包括设计施工说明（如图 5-67 所示），一层供热平面图

（如图 5 - 68 所示），二、三层供热平面图（如图 5 - 69 所示），四层供热平面图（如图 5 - 70 所示）和供热系统图（如图 5 - 71 所示），比例均为 1：100。

供热工程设计施工说明

一、工程概况

本工程为一框架结构办公楼，总建筑面积为：1385.26m²，地上四层，各层层高均为 3.30m。供热负荷 W 为 83.0kW，建筑平面热指标为 52W/m²。

二、设计依据

1.《民用建筑供暖通风与空气调节设计规范》（GB 50736-2012）；

2.《公共建筑节能设计标准》（GB 50189-2015）；

3. 甲方提供的设计委托及设计要求。

三、设计内容

办公楼的冬季供热。

四、设计参数

设计地点：烟台

室外供热计算温度：-9℃

冬季室外风速：4.2m/s

室内供热设计温度：办公室 20℃，门厅 16℃，卫生间 16℃

五、供热系统

1. 供热热媒采用热水，（供水 80℃，回水 55℃）由热力公司集中供应，供热入口处，设置有热力管道井，安装方法见热力公司通用图集。

2. 供热方式为双管异程式供水干管及回水干管敷设在首层顶板下，干管的坡度 $i = 0.002$，坡向见设计图。

3. 散热器采用铸铁定向对流 TDD1-6-5（8）型。

4. 图中未注明供热管道及支管管径均为 DN20。

六、施工

1. 卫生间采用挂壁式安装，安装见 L9ON92—23；其余房间采用落地式安装，安装见 L9ON92—24。

2. 供热管道采用热镀锌钢管，螺纹连接。

3. 管道穿墙及楼板设钢套管，做法见 L9ON91—18。

4. 散热器、钢管及其支架除锈后，刷防锈漆两道，干燥后明装部分再刷银粉两遍。

5. 管道和系统安装间断或完毕的敞口处，应随时封堵；钢管镀体层破坏处应做好防腐。

6. 管道上必须配置必要的支吊架或托架，具体形式由安装单位根据现场实际情况确定，做法参见 91SB 暖气。

7. 系统安装完毕后应进行水压试验，试验压力为 0.90MPa。

8. 冲洗：供热系统安装竣工并经试压合格后，应对系统反复注排水，直至排出水中不含泥砂、铁屑等杂志，且水色不浑浊方为合格。

9. 试调：系统经试压和冲洗合格以后，即可进行试运行和调试，调试的目的是使各环路的流量分配符合设计要求，以各房间的室内温度与设计温度相一致或保持一定的差值方为合格。

10. 施工中应与土建密切配合，预留孔洞。

11. 设计未详处，按国家有关的施工及验收规范严格执行。

图 5 - 67　设计与施工说明

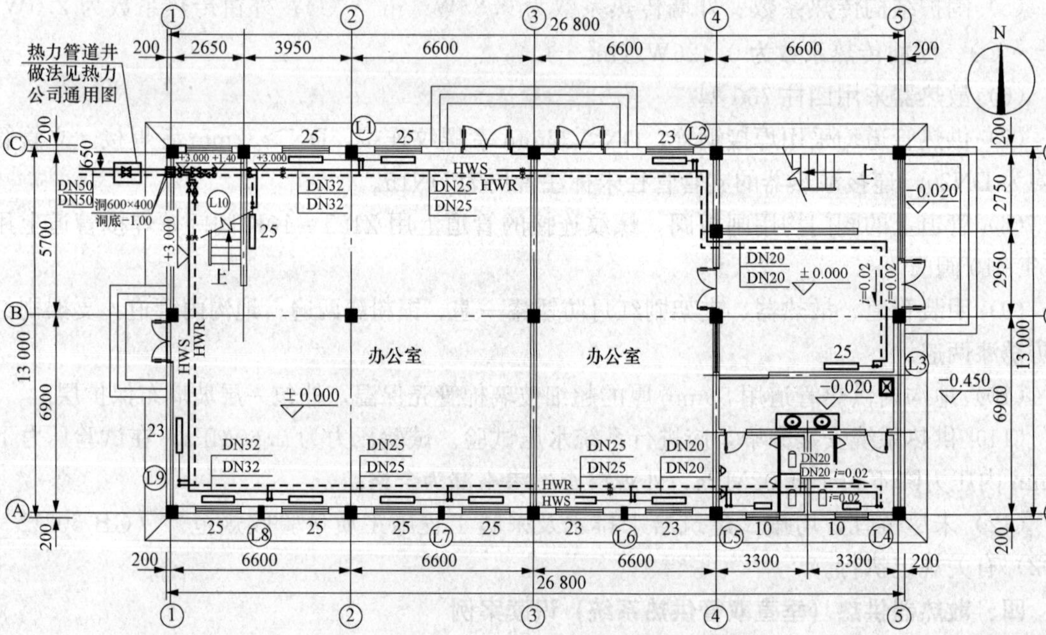

图 5 - 68　一层供热平面图

（2）根据设计与施工说明，该 4 层办公楼位于烟台，层高 3.3m，设计内容为建筑物冬

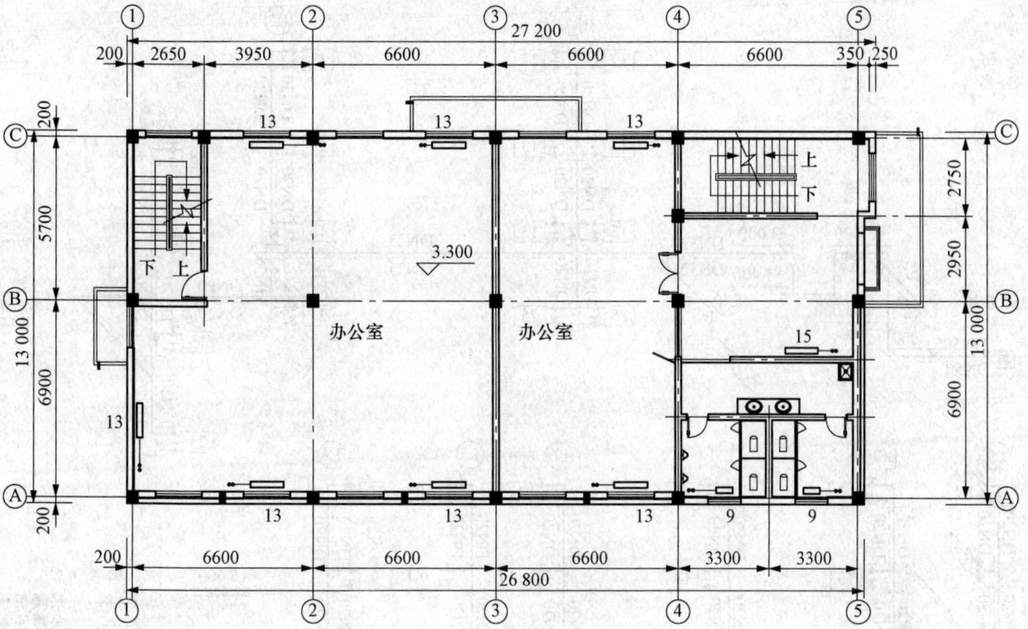

图 5-69　二、三层供热平面图

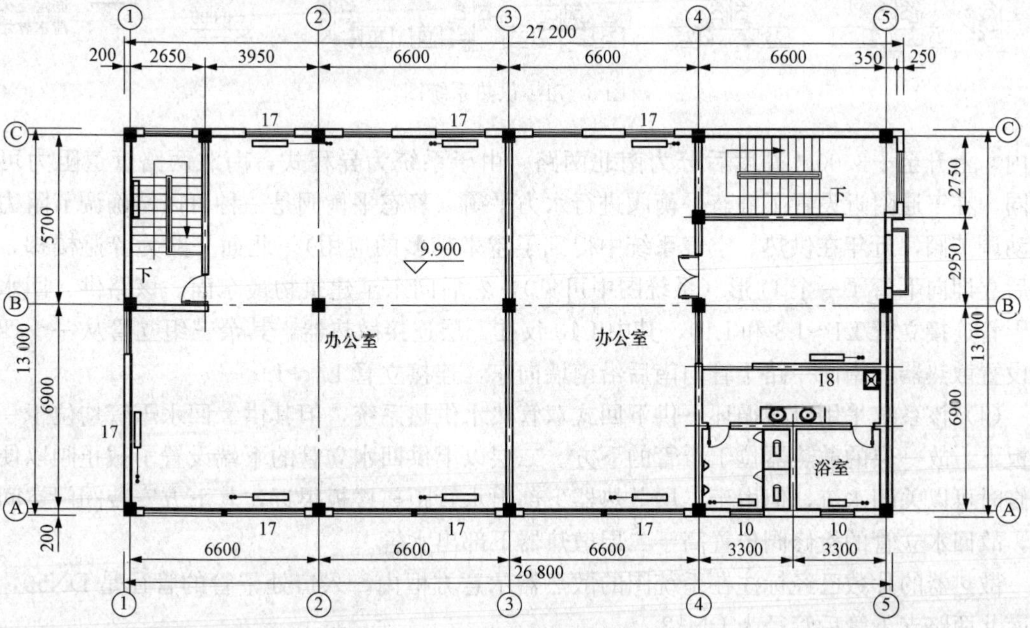

图 5-70　四层供热平面图

季供热。供热系统的供、回水温度为 80℃/50℃，由热力公司集中供应。该供热系统形式为双管异程式，管道材料为热镀锌钢管，螺纹连接。

（3）一层平面图中，热力公司热水供应入口设置在办公楼左上角，并在室外设有热力管道井以便于阀门启闭操作。对照系统图可以更清楚地看出，管道由 -1.00m 高度穿墙进入

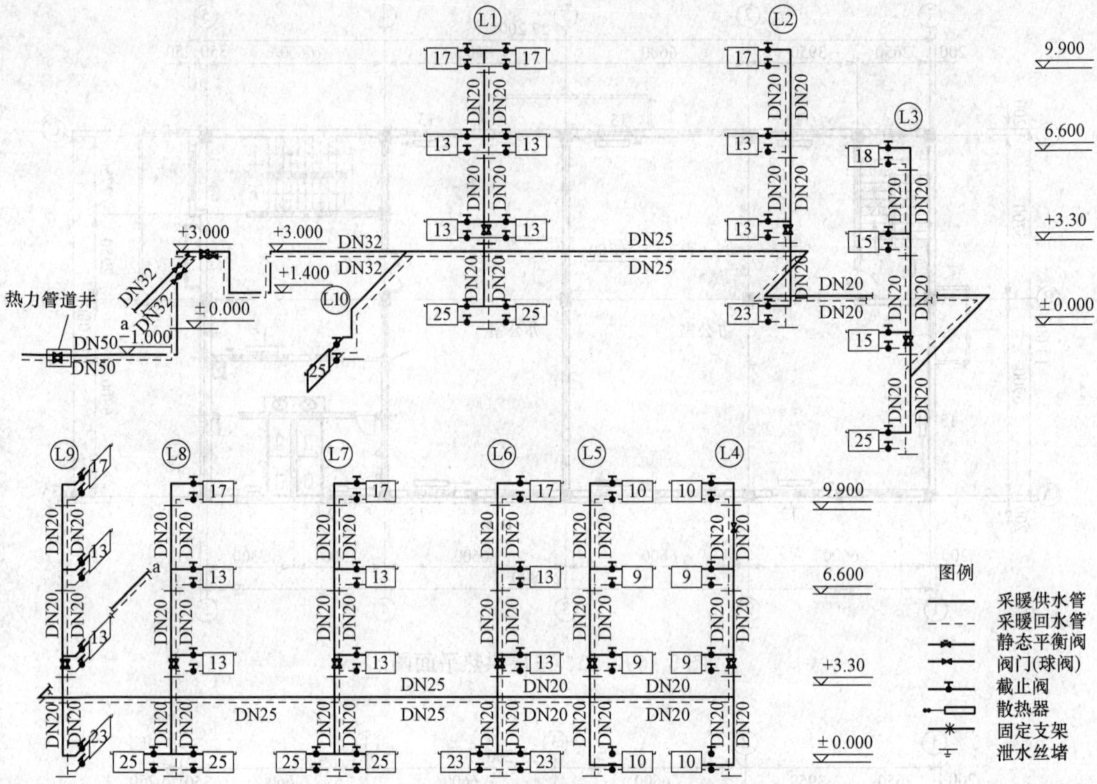

图 5-71　供热系统图

室内，上升至+3.00m 高度后分为南北两路。由于系统为异程式，南北两路管道阻力可能不同，在三通附近设置了静态平衡阀进行水力平衡（静态平衡阀是一种可以精确调节阻力的手动调节阀，近年在供热、空气系统中得到了越来越多的应用）。北面一路为躲避楼梯，入户后立即向下弯了一个 U 形（系统图中可见），然后向东至建筑物最东面。该路供、回水水平干管连接立管 L1～L3 和 L10，其中 L10 仅在一层连接散热器，其余三组立管从一～四层均设置散热器。南面一路干管向南后沿南墙向东，连接立管 L4～L9。

（4）该系统采用机械循环下供下回式双管热水供热系统，但其供、回水干管均位于一层顶板下，故一层的散热器位于干管的下方。二层以上供回水立管的下端设置了截止阀以便在检修时可以关闭水流，但由于二层散热器下部出水管距离楼板很近，其下方安装阀门空间过小，故回水立管的检修阀位置高于二层散热器下部出水管。

散热器的片数已经标注在系统图的散热器示意方框内。入口处干管的管径是 DN50，分为南北两路支干管后管径为 DN32。

（5）平面图一层中在③轴附近的南北水平干管上设置了固定支架，由于其东西侧均有管道转弯处，可以作为自然补偿解决系统中长度最长的水平干管的热胀冷缩问题。

五、低温热水地板辐射供热识读案例

低温热水地板辐射供热施工图属于供热施工图的一种，其图样组成及识读方法均相同。与普通热水供热施工图不同的是，低温热水地板辐射供热施工图不仅要统计管道材料，还要统计辐射地板结构层的材料（保温层、塑料布、钢丝网格、管卡、豆石混凝土等）及施工，其中，豆石混凝土需要有土建公司来完成施工。辐射地板的面层（地砖或地板），则归装饰公司来完成施工。

（一）案例图样概况及分析

（1）图样构成。该案例为某住宅供热施工图中的一个户型系列图样，包括设计与施工说明（如图 5-67 所示）、标准层供热平面图（如图 5-72 所示）、壁挂炉与分集水器连接示意图（相当于流程图，如图 5-73 所示）。

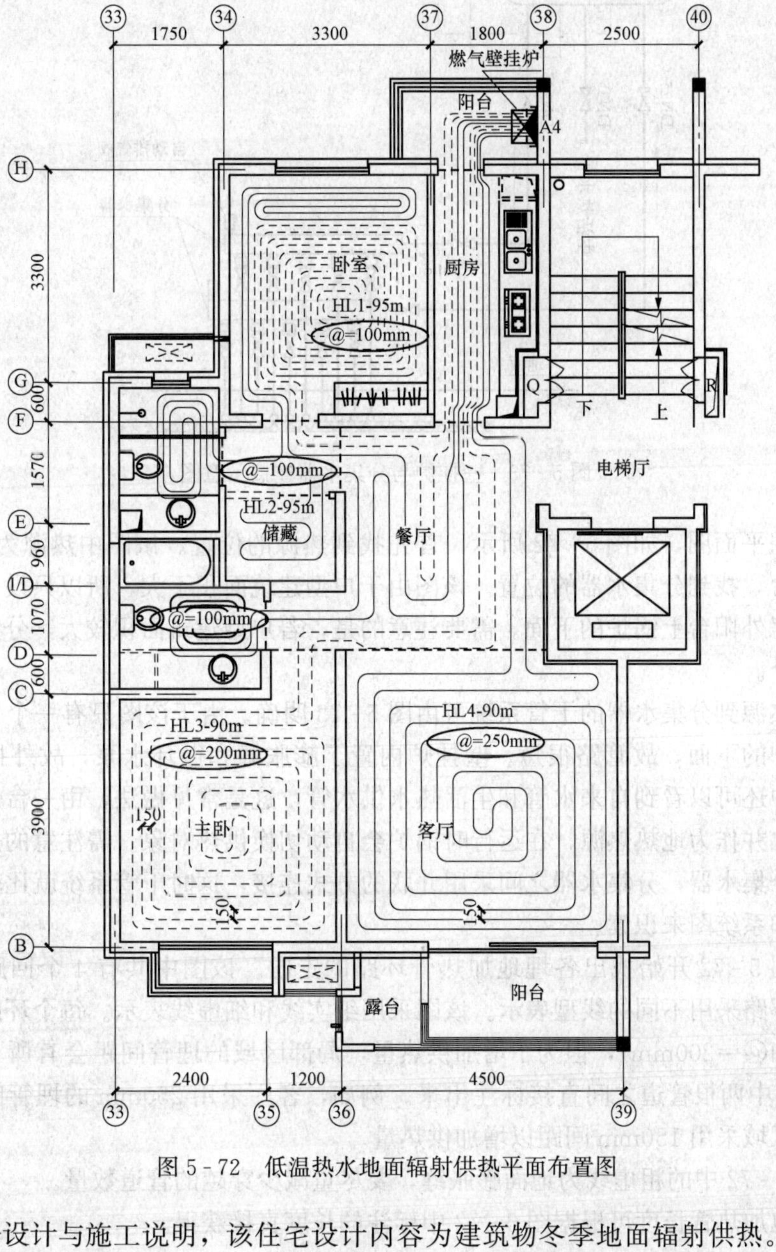

图 5-72　低温热水地面辐射供热平面布置图

（2）根据设计与施工说明，该住宅设计内容为建筑物冬季地面辐射供热。供热系统的供、回水温度为 50℃/40℃，由该户单独设置燃气壁挂锅炉供应。管道材料为 PE-RT 塑料管，热熔连接，管材规格为 $D_e16\times2.0$。保温层为 20mm 厚的聚苯乙烯挤塑板，导热系数为 0.03W/(m·K)，堆密度为 40kg/m³。

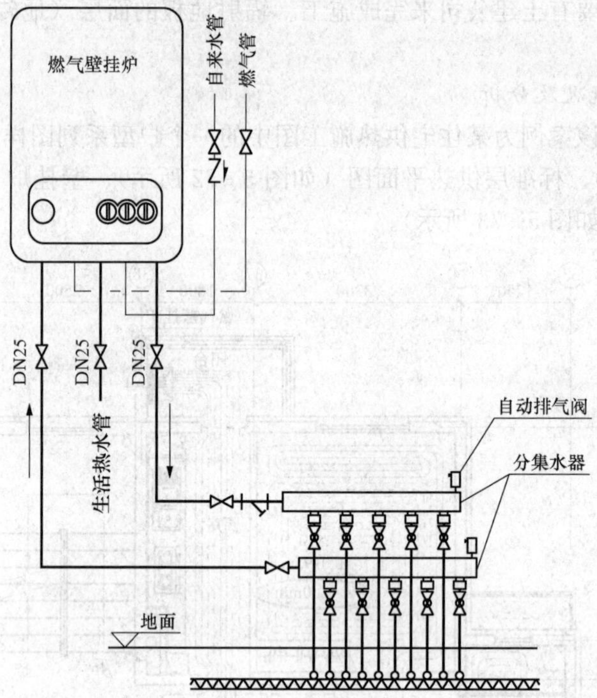

图 5-73　壁挂炉与分集水器连接示意图

(3) 对照平面图，如图 5-72 所示，首先找到热源的位置。该图中热源为燃气壁挂炉，位于北面阳台，找到分集水器的位置。该图由于户型建筑面积不大，所以只设一个分集水器位于北面厨房外阳台上锅炉的下面。需要注意的是，若户型建筑面积较大，分集水器的数量可能不止一个。

(4) 从热源到分集水器的干管系统可由图 5-73 明确。由于该图只有一个分集水器且直接放在壁挂炉的下面，故管路很短。壁挂炉内置了膨胀罐和循环水泵，故外接管道也很简单。在该图中还可以看到自来水管和生活热水供水管，这是常见做法，由一台燃气锅炉同时供应生活热水并作为地热热源，在运行时锅炉会自动切换供热对象。需注意的是，较大的系统会有多个分集水器，分集水器之间采用并联的方式连接，这时干管系统就比较复杂，需要另画平面图和系统图来识读。

(5) 由图 5-72 开始找出各埋地加热管环路的走向。该图中共有 4 个回路，为便于识别，相邻的环路采用不同的线型表示。该图采用细实线和细虚线表示。每个环路标注环路长度和间距（如@=200mm），但为了增加供热量，局部区域的埋管间距会有所不同，这时可以在图 5-72 中两根管道之间直接标注出来。例如，客厅采用 250mm 的埋管间距，但靠近阳台门口的区域采用 150mm 间距以增加供热量。

(6) 图 5-72 中的粗虚线为地面膨胀缝，要尽量减少穿越的管道数量。

(7) 埋地加热管长度可根据图 5-72 中标注的长度直接获得。

(二) 设计与施工说明

1. 工程概况

该工程为北京某居民住宅，户内使用面积约为 75m^2。设计范围为室内低温热水地板辐射供热系统，采用每户独立热源。采用带定压罐和循环水泵型壁挂式燃气锅炉（简称壁挂炉），可同时作为生活热水的热源。在运行时锅炉会自动切换供热对象。燃气锅炉放在厨房间外的封闭式阳台上。

2. 设计依据

(1)《辐射供暖供冷技术规程》(JGJ 142—2012)。

(2)《地面辐射供暖系统施工安装》(12K 404)。

(3)《建筑给排水及采暖工程施工质量验收规范》(GB 50242—2002)。

(4)《北京市居住建筑节能设计标准》(DB11/891—2012)。

(5) 装饰提供的设计图样和文件。

(6) 其他适用于本合约的有关国家规范和国家标准。

3. 设计参数

(1) 热源：壁挂炉，地板供热系统供、回水温度为50℃/40℃。

(2) 冬季室外供热计算温度：－9℃。

(3) 室内设计参数见表5-3。

表5-3　**室内设计参数**

房间名称	卧室、书房	起居室	餐厅	卫生间	备注
设计温度（℃）	20	20	20	22	考虑功能房间的用途，某些房间作适当加密
面层材料	木地板	木地板	瓷砖	瓷砖	

(4) 地板供热加热管材采用PE-RT塑料管，敷设于地面垫层里，管材规格为$D_e16\times2.0$，连接方式为热熔连接。

(5) 保温层为20mm厚的聚苯乙烯挤塑板，导热系数0.03W/(m·k)，堆密度为40kg/m^3。

(6) 分集水器选用意大利进口品牌，材质为铜质镀镍。

(7) 供热控制方式为分室控制。

4. 图例

图例见表5-4。低温热水地面辐射供热平面布置、壁挂炉与分集水器连接如图5-72和图5-73所示。

表5-4　**图　例**

名称	图例	名称	图例
分集水器型号	A4	壁挂炉	⊠4
分水器	▬1		
伸缩缝	-------2	地暖盘管	5
管间距	(@=200m) 3		
地热环路长度	HL1-80m		

习 题

一、填空题（1～6为单选；7～10为多选）

1. 一般而言，供热系统由热源、管网和（　　）三大部分组成。

A. 排气装置　　B. 锅炉　　C. 散热设备

2. 同程式与异程式系统相比，主要能够避免（　　）。

A. 水平失调　　B. 垂直失调　　C. 水击现象

3. 室内燃气管道应为（　　）。

A. 地下埋设　　B. 架空敷设　　C. 明装

4. 下列哪种气体的成分主要是甲烷？（　　）

A. 天然气　　B. 液化石油气　　C. 沼气

5. 钢制散热器与铸铁散热器相比，下列说法不正确的是（　　）。

A. 钢制散热器金属耗量少

B. 铸铁散热器耐压强度高

C. 钢制散热器外形美观整洁，占地小，便于布置

6. 低温热水地板敷设供热中，每个分、集水器分支环路不宜多于（　　）路，每条分支环路长度不宜超过（　　）。

A. 8m；100m　　B. 9m；120m　　C. 8m；120m

7. 供热施工图包括首页、平面图、（　　）、（　　）。

A. 盘管图　　B. 系统图　　C. 详图

8. 蒸汽供热系统和一般热水供热系统比较，下列说法正确地有（　　）。

A. 蒸汽供热系统所需要的散热器片数要少于热水供热系统

B. 蒸汽供热系统寿命短，特别是凝结水管道更易损坏

C. 幼儿园宜采用蒸汽供热系统

9. 高层建筑供热系统可以采用以下（　　）形式。

A. 分层式　　B. 双线式　　C. 重力循环

10. 供热系统常用的排气装置有（　　）。

A. 集气罐　　B. 自动排气阀　　C. 手动排气阀

二、简答题

1. 机械循环热水供热系统有哪些形式？
2. 什么是垂直失调和水平失调？举例说明哪些供热形式会引起上述现象。
3. 常用散热器有哪些类型？选择散热器需要考虑哪些方面？
4. 燃气可以分为哪几类？其分类的根据是什么？
5. 供热施工图的识读中，系统轴测图的识读要点是什么？

第六章 通风与空调系统

第一节 通风系统概述

建筑室内微气候是由诸多因素决定的，它涉及热、空气品质、光线、噪声、环境视觉效果等。而其中空气品质是一个极为重要的因素，它直接影响人体的健康。显然，为保证有一个良好的空气品质，首先必须控制室内的污染物浓度不超过允许浓度。《环境空气质量标准》（GB 3095—2012）规定了环境空气污染物浓度限值。

合格的空气品质应当是空气中没有浓度达到有害程度指标的已知污染物，并且在这种环境中人群绝大多数（80%或更多）没有表示不满意。在民用建筑中，可能出现的污染物种类很多，而建筑环境中的人（包括他的活动）是影响空气品质的主要污染源，人体产生 CO_2、水蒸气、尘埃、体味、微生物等污染物，需要控制 CO_2 的浓度、含尘浓度或其他已知并能测量的污染物浓度。

在工业生产中，很多生产过程会散发各种粉尘、有害蒸汽和气体等有害物污染空气环境，给人类的健康、动植物的生长及工业生产带来许多危害。例如，在采矿、烧结和冶炼等车间，生产过程中能够产生大量粉尘，长期在这种含尘量高的空气中进行工作，会引起严重的矽肺病，甚至危害人的生命。所以，无论在生产工艺中为了保证产品的质量，还是在工业及民用建筑中满足人的活动和舒适的需要，都要维持一定的空气环境。而能够实现这一任务的方法，创造良好的室内空气品质的主要措施是通风。

通风的目的，是把室外新鲜空气经过适当处理（如过滤、加热、冷却等）送至室内，把室内废气经除尘、除害等处理后排至室外，从而保证室内空气的新鲜程度，达到国家规定的卫生标准，以及排放到室外的废气符合排放标准。通风的根本作用就是控制生产过程中产生的粉尘、有毒有害气体、高温、高湿，创造良好的生活和生产环境。

一、通风系统的分类

通风系统可以从服务对象、特征、作用范围、动力等角度进行分类。

（一）按通风系统服务对象的不同来划分

按通风系统服务对象的不同，可分为民用建筑通风和工业建筑通风。

民用建筑通风是对民用建筑中人员及活动所产生的污染物进行治理而进行的通风。

工业建筑通风是对生产过程中的余热、余湿、粉尘和有害气体等进行控制和治理而进行的通风。

（二）按通风系统特征的不同来划分

按通风系统特征的不同，可分为排风和送风。

排风是在局部地点或整个房间内，将不符合卫生标准的污浊空气经过处理排至室外。

送风是把新鲜空气或经过净化符合卫生要求的空气送入室内。

（三）按通风系统作用范围的不同来划分

按通风系统作用范围的不同，可分为全面通风和局部通风。

如图 6-1 所示为全面通风，是对整个车间或房间进行通风换气，目的是将新鲜的空气送入室内，以改变室内的温度、湿度和稀释有害物的浓度，同时把污浊空气不断排至室外，使工作地带的空气环境符合卫生标准的要求。

如图 6-2 所示为局部通风，是指为改善室内局部空间的空气环境，向该空间送入经过处理符合要求的空气或从该空间就地捕捉有害物经过净化后排除室外的通风方式。

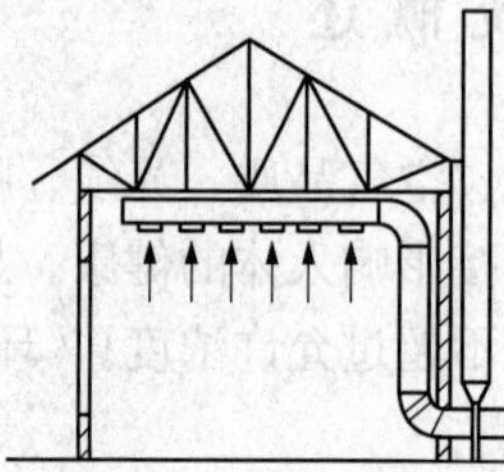
图 6-1　全面通风

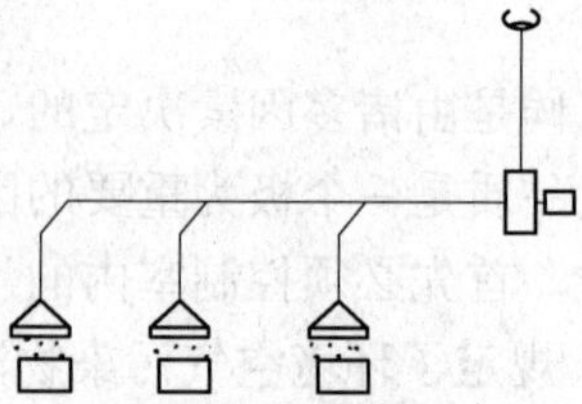
图 6-2　局部通风

防止室内有害物污染空气的最有效方法是采用局部通风，局部通风系统所需要的风量小、控制有害物的效果好、投资小、运行费用低，设计时应优先考虑。但是，如果由于条件限制、有害物源不固定等原因，不能采用局部通风，或者采用局部通风后，室内有害物浓度仍达不到卫生要求时，可采用全面通风。全面通风所需要的风量大大超过局部通风，相应的设备也比较庞大，投资及运行费用相应增高。

（四）按通风系统动力的不同来划分

按通风系统动力的不同，可分为自然通风和机械通风。

自然通风是依靠室内外空气温差所造成的热压和室外风力造成的风压来实现换气的通风方式。自然通风不需要专门的动力，在某些热车间是一种经济有效的通风方式。

图 6-3 所示为热压作用下的自然通风。由于房间内空气的温度高、密度小，因此会产生上升力，使得房间内空气上升后从上部的窗排出，室外冷空气从房间下边门窗孔洞或缝隙进入室内。这种通风方式称为热压作用下的自然通风。

图 6-4 所示为风压作用下的自然通风。气流由建筑物迎风面的门窗进入房间内，同时把房间内的空气从背风面的门窗压出去，因此，在房间内形成了一种由风力引起的自然通风。这种通风方式称为风压作用下的自然通风。

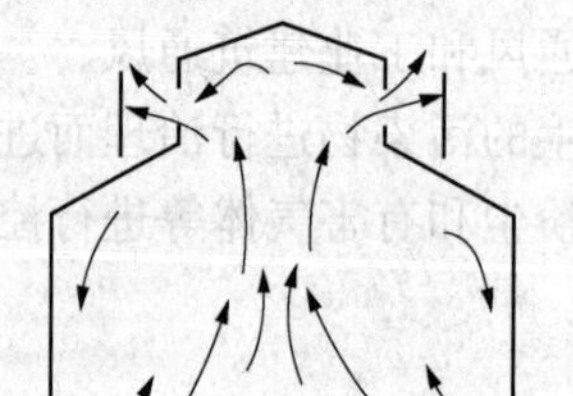

图 6-3　热压作用下的自然通风

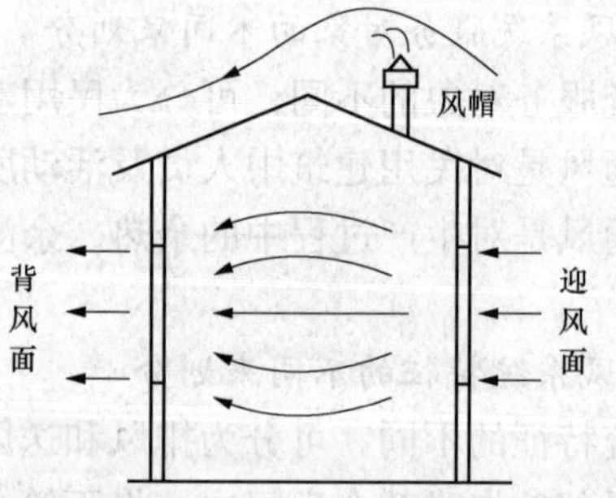

图 6-4　风压作用下的自然通风

由车间的侧窗和天窗进行的通风称为有组织的自然通风，该种方式是通过控制其开启度调节进、排气量。有组织的自然通风是目前冶金等热车间采用的较为经济有效的通风方式。

靠门窗缝隙的通风称为无组织通风，在民用建筑中较为常见。

自然通风的影响因素很多，其风量是变化的，所以要根据具体情况不断进行调节进、排风口的开启度来满足需求。

自然通风的特点是投资小、经济效益好，但是作用范围和适用范围较小，主要用于工业热车间。由于自然界风向的不确定性，一般在设计时不考虑风力作用的自然通风。

机械通风是依靠风机造成的压力作用使空气流动的通风方式。其主要特点是系统的风量和压力稳定，不随自然环境的变化而变化，作用范围大，调节方便；缺点是消耗动力，投资大。机械通风是进行有组织通风的主要技术手段。

针对实际工程中通风方式的选择，《民用建筑供暖通风与空气调节设计规范》（GB 50736—2012）中明确规定，应首先考虑采用自然通风消除建筑物的余热、余湿和进行室内污染物浓度的控制。对于室外空气污染和噪声污染严重的地区，不宜采用自然通风。当自然通风不能满足要求时，应采用机械通风，或自然通风和机械通风相结合的复合通风。对建筑物内放散热、蒸汽或有害物质的设备，宜采用局部通风。当不能采用局部通风或局部通风达不到卫生要求时，应辅以全面通风或采用全面通风。

二、事故通风

在可能突然散发大量有害气体、爆炸或危险性气体或粉尘的建筑物内，应设置事故通风［包括事故排风和事故送风（补风）］装置及与事故排风系统相连锁的泄漏报警装置。

设置事故通风应符合下列要求：

（1）散发有爆炸危险的可燃气体、粉尘或气溶胶等物质时，应设置防爆通风系统或诱导式事故排风系统。

（2）具有自然通风的单层建筑物，所散发的可燃气体密度小于室内空气密度时，宜设事故送风系统。

（3）事故通风宜由经常使用的通风系统和事故通风系统共同保证，但在发生事故时，必须提供足够的送、排风量。

（4）事故排风量宜根据工艺设计条件，通过计算确定，且换气次数不应小于 12 次/h。当房间高度小于或等于 6m 时，应按实际体积计算；当房间高度大于 6m 时，应按 6m 的空间体积计算。

换气次数是房间的小时通风量与房间的通风体积的比值，即

$$n=\frac{L}{V} \tag{6-1}$$

式中　n——换气次数，次/h；

L——通风量，m^3/h；

V——通风体积，m^3。

（5）事故排风的吸风口，应设在有害气体或爆炸危险性物质散发量可能最大或聚集最多的地点，对建筑死角应采取导流措施。

（6）事故排风的排风口，应符合下列规定；

1）不应布置在人员经常停留或经常通行的地点。

2）排风口与机械送风系统进风口的水平距离应不小于 20m，当水平距离不足 20m 时，排风口必须高出进风口并不得小于 6m。

3）当排风中含有可燃气体时，事故通风系统排风口应距可能火花溅落点20m以外。

4）排风口不得朝向室外空气动力阴影区和正压区。

（7）事故通风的通风机应分别在室内及靠近外门的外墙上设置电器开关。

三、通风的组成

（一）自然通风

管道式自然通风，是依靠热压通过管道输送空气的一种有组织的自然通风方式。集中供热地区的民用和公共建筑，常采用自然通风作为寒冷季节的排风措施，或做成热风供热系统，如图6-5所示，该系统由排风管道、送风管道和加热设备组成。

利用风压和热压，以及无风时只利用热压进行全面换气，是一些工业厂房，特别是对产生大量余热的锻造、铸造、转炉、平炉等车间最经济、最有效的通风措施，系统可由排气罩、排气管和风帽组成，如图6-6所示。

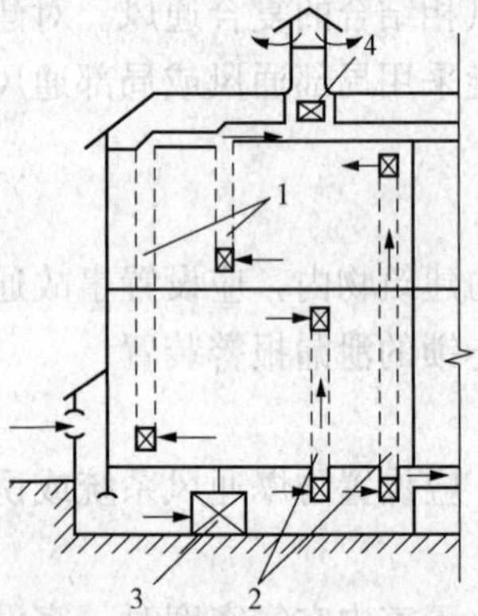

图6-5 管道式自然通风系统

1—排风管道；2—送风管道；3—送风加热设备；4—排风加热设备

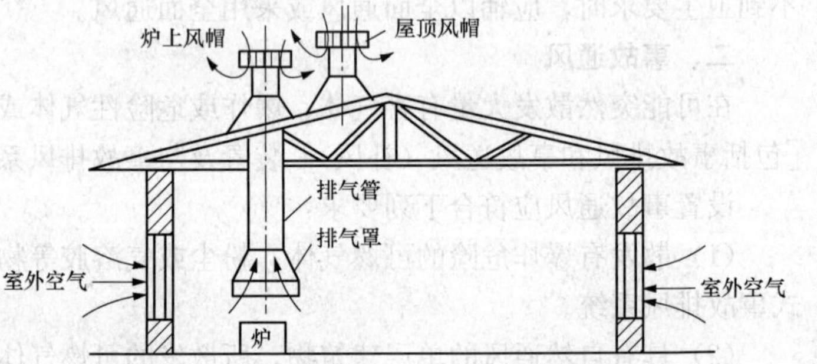

图6-6 利用热压的自然通风系统

（二）机械通风

1. 全面机械送风系统

如图6-7所示，该系统是利用风机将室外的新鲜空气（必要时经过滤、加热等方式处理）送入室内，室内造成正压，把室内污浊的空气排出，达到全面通风的效果。此种方式多用于不希望邻室或室外空气渗入室内，又希望进入的空气是经过简单处理的情况。送风口应设于室外空气较清洁的地点，设百叶窗以阻挡空气中的杂物，通常把过滤、加热设备及通风机集中设于一个专用房间内，称为通风室，空气经送风管由送风口送入室内。

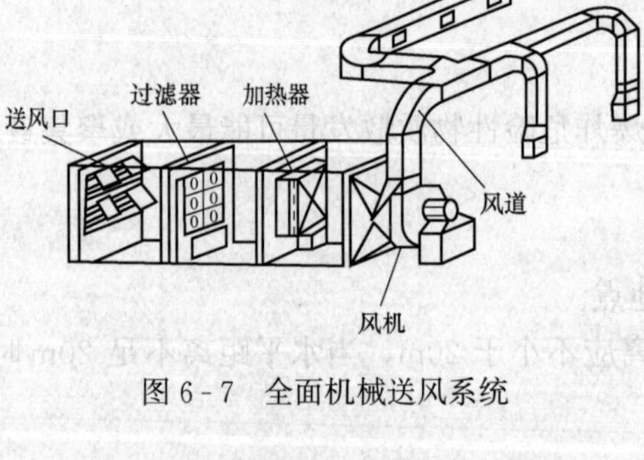

图6-7 全面机械送风系统

2. 全面机械排风系统

为了使室内产生的有害物质尽可能不扩散到其他区域或邻室去，可以在有害物质比较集中产生的区域或房间采用全面机械排风。

如图6-8所示，该系统能够使室内造成一定的负压，可防止有害物质向卫生条件好的区域或邻室扩散。

3. 全面机械送、排风系统

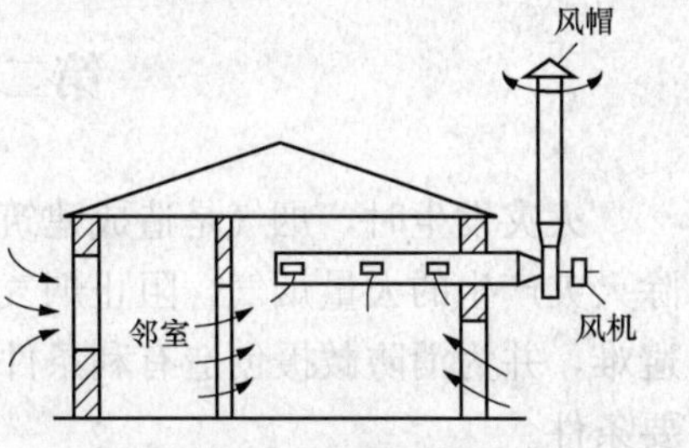

图 6-8　全面机械排风系统

实际工程中，常采用全面送风系统和全面排风系统相结合的全面机械通风系统。例如，某木工车间的通风系统由全面机械送风系统和全面机械排风系统组成，如图 6-9 所示。

4. 局部机械送风系统

局部机械送风系统是指仅向房间局部工作地点送入新鲜空气或经过处理的空气（送出的气流不得含有害物，可以进行加热或冷却处理），造成局部区域空气环境的系统，如图 6-10 所示。气流应该从人体前侧上方倾斜地吹到头、颈和胸部，必要时可从上向下送风。

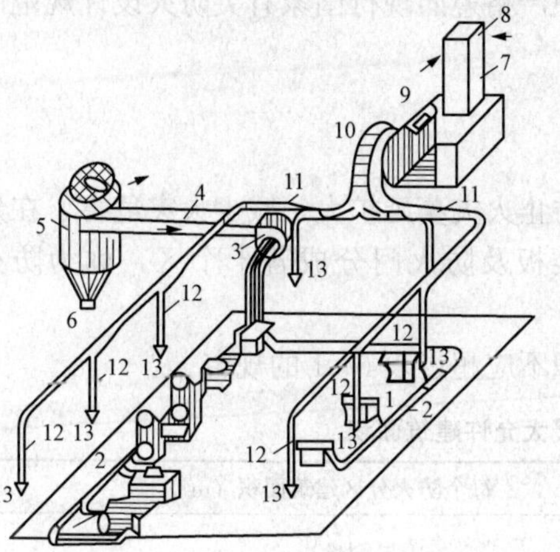

图 6-9　全面机械送、排风系统

1—排气口；2—排风管；3—排风机；4—总排风管；
5—除尘器；6—集尘箱；7—进风井；
8—百叶窗；9—进风室；10—送风机；
11—风道；12—支管；13—送风口

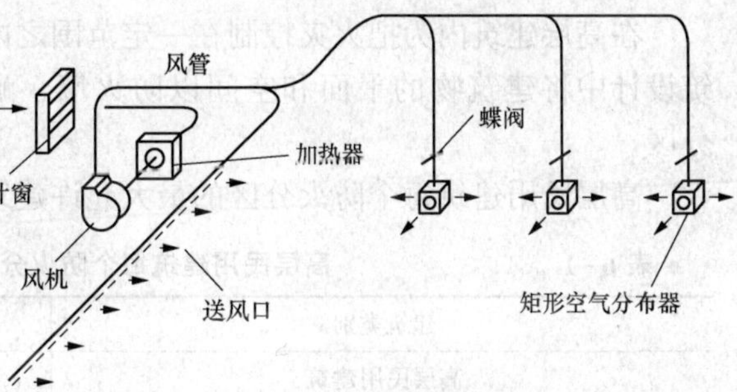

图 6-10　局部机械送风系统

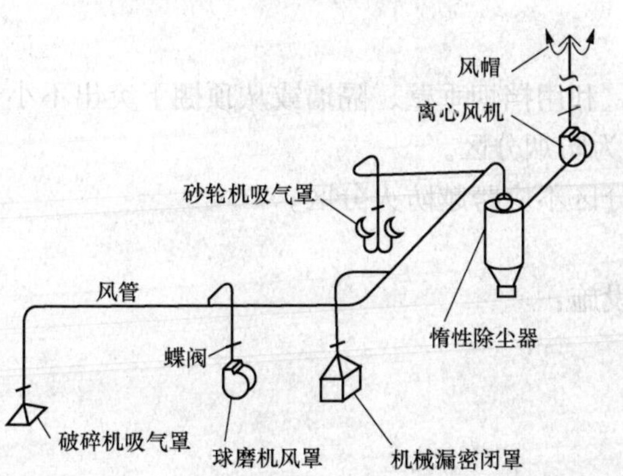

图 6-11　局部机械排风系统

5. 局部机械排风系统

该系统由局部排风罩、风管、空气净化设备、风机等主要设备组成。局部排风罩是一个重要部件，常用的有防尘密闭罩、通风柜、上部吸气罩、槽边排风罩等形式。通风管道用以输送空气。除尘器为空气净化设备，使含尘气体中的粉尘与空气分离。风机为空气流动提供动力。风帽位于系统末端，将室内气体排至室外。图 6-11 所示为局部机械排风系统。

6. 局部机械送、排风系统

局部机械送、排风是指采用既有送风又有排风的局部通风装置，在局部地点形成一道“风幕”，以防止有害气体进入室内。这样既不影响工艺操作，又比单纯排风更为有效。

第二节 高层建筑防排烟

火灾发生时，烟气是造成建筑火灾人员伤亡的主要因素，而建筑防排烟系统可以及时排除火灾产生的大量烟气，阻止烟气向防烟分区外扩散，确保建筑物内人员的顺利疏散和安全避难，并为消防救援创造有利条件。建筑内的防烟、排烟是保证建筑物内人员安全疏散的必要条件。

建筑防排烟可分为防烟和排烟。防烟的目的是将烟气封闭在一定区域内，以确保疏散线路畅通，无烟气侵入；排烟的目的是将火灾发生时产生的烟气及时排除，防止烟气向防烟分区外扩散，以确保疏散通路和疏散所需时间。为达到排烟的目的，必须在建筑物中设置周密、可靠的防排烟系统和设施。建筑防排烟设计必须严格遵照现行国家有关防火设计规范的规定。

一、高层建筑防火及防烟分区的划分

（一）高层建筑防火分区的划分

在高层建筑内为把火灾控制在一定范围之内，防止火灾蔓延扩大，减少火灾危害，在建筑设计中将建筑物的平面和空间以防火墙、耐火楼板及防火门分成若干个区，称为防火分区。

高层民用建筑每个防火分区的最大允许建筑面积不应超过表 6 - 1 的规定。

表 6 - 1　高层民用建筑每个防火分区的最大允许建筑面积

建筑类别	每个防火分区建筑面积（m^2）
高层民用建筑	1500
地下室	500

高层建筑内设有上下层相连通的走廊、敞开楼梯、自动扶梯、传送带等开口部位，以及高层建筑设有中庭等结构时其防火分区的划分必须严格遵照《建筑设计防火规范（2018 年版）》（GB 50016—2014）中的要求。

（二）高层建筑防烟分区的划分

为了着火时将烟气控制在一定的范围之内，利用挡烟垂壁、隔墙或从顶棚下突出不小于500mm 的梁在防火分区内，划分几个分区，称为防烟分区。

防烟分区是对防火分区的细分化，即防烟分区不应跨越防火分区。

二、高层建筑需要设置防排烟的部位

（1）高层建筑的下列场所部位应设置防烟设施：

1）防烟楼梯间及其前室。

2）消防电梯间前室或合用前室。

3）避难走道的前室、避难层（间）。

（2）高层民用建筑的下列场所或部位应设置排烟措施：

1）设置在一、二、三层且房间建筑面积大于 100 m^2 的歌舞娱乐放映游艺场所，设置在四层及以上楼层、地下或半地下的歌舞娱乐放映游艺场所。

2）中庭。

3）公共建筑内建筑面积大于 $100m^2$ 且经常有人停留的地上房间。

4）公共建筑内建筑面积大于 $300m^2$ 且可燃物较多的地上房间。

5）建筑内长度大于 20m 的疏散走道。

6）地下或半地下建筑（室）、地上建筑内的无窗房间，当总建筑面积大于 $200m^2$ 或一个房间建筑面积大于 $50m^2$，且经常有人停留或可燃物较多时，应设置排烟设施。

三、高层建筑防排烟方式的分类

建筑中的防烟可采用机械加压送风防烟方式或可开启外窗的自然排烟方式。

建筑中的排烟可采用机械排烟方式或可开启外窗的自然排烟方式。

（一）高层建筑防烟方式

如图 6-12 所示为机械加压送风系统图。该种方式是利用风机对疏散通道的楼梯间进行机械送风，使其压力高于防烟楼梯间或消防电梯前室，而这些部位的压力又比走道和火灾房间要高些，这种防止烟气侵入的方式，称为机械加压送风方式。送风可直接利用室外空气，不必进行任何处理。烟气则通过远离楼梯间的走道外窗或排烟竖井排至室外。建筑物内的防烟楼梯间及其前室、消防电梯间前室或合用前室在火灾发生时若无法采用自然排烟，应采用机械加压送风的防烟措施。

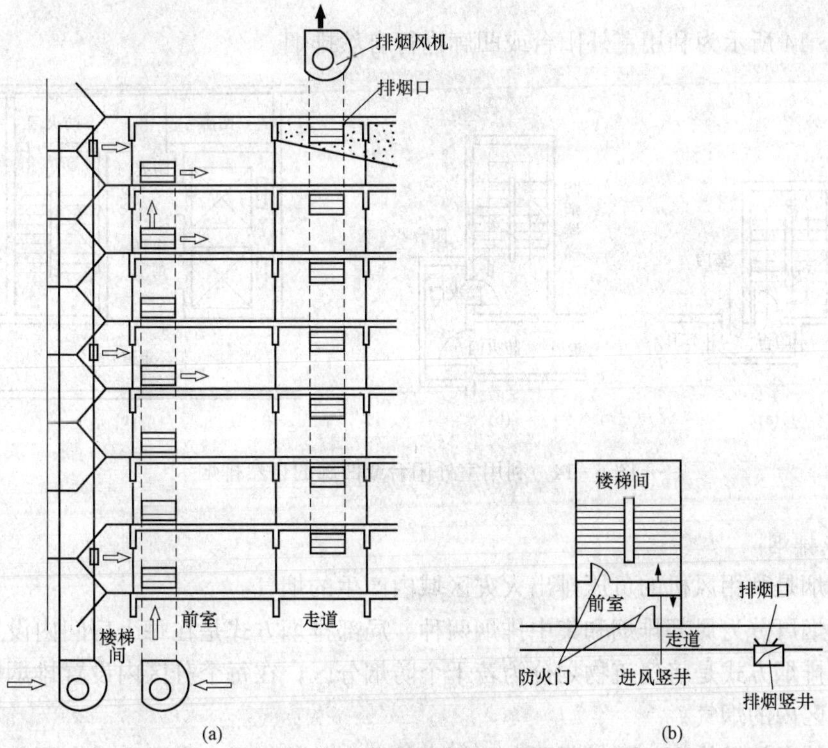

图 6-12　机械加压送风系统图

（二）高层建筑排烟方式

1. 自然排烟

自然排烟是在自然力作用下，利用可开启外窗，使室内外空气对流进行排烟，这种排烟方式经济、简单、易操作，并具有不需使用动力及专用设备的优点。但当火势猛烈时，火焰有可能从开门部位喷出，从而使火势蔓延；自然排烟还易受到室外风力的影响，当着火房间处在迎风侧时，由于受到风压的作用，烟气很难排出，因而，只有当房间处于背风侧时，烟气才能较顺利地通过排烟口流向室外。

自然排烟可分为利用可开启外窗或利用室外阳台或凹廊进行排烟的两种形式。

如图 6-13 所示为利用可开启外窗进行自然排烟。

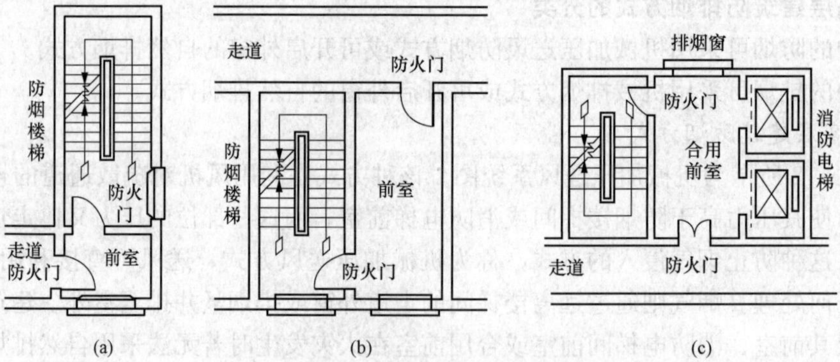

图 6-13 可开启外窗自然排烟

如图 6-14 所示为利用室外阳台或凹廊进行自然排烟。

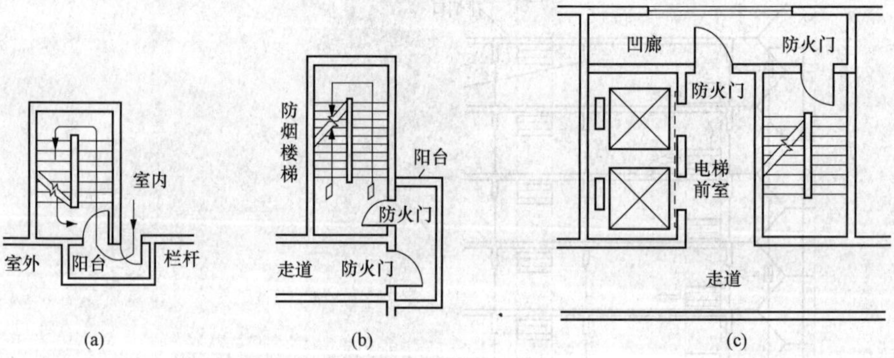

图 6-14 利用室外阳台或凹廊的自然排烟

2. 机械排烟

机械排烟是利用风机的负压排出火灾区域内产生的烟气。

机械排烟可分为局部排烟和集中排烟两种。局部排烟方式是在每个房间内设置风机直接进行；集中排烟方式是将建筑物划分为若干个防烟分区，在每个分区内设置排烟风机，通过风道排出各区内的烟气。

高层建筑在机械排烟的同时还要向房间内补充室外的新风，送风方式有两种：

（1）机械排烟，机械送风。利用设置在建筑物最顶部的排烟风机，通过设在防烟楼梯间、前室或消防电梯前室上部的排烟口及与其相连的排烟竖井排至室外，或通过房间（或走道）上部的排烟口排至室外；由室外送风机通过竖井和设于前室（或走道）下部的送风口向前室（或走道）补充室外的新风。各层的排烟口及送风口的开启与排烟风机及室外送风机相连锁，如图 6-15 所示。

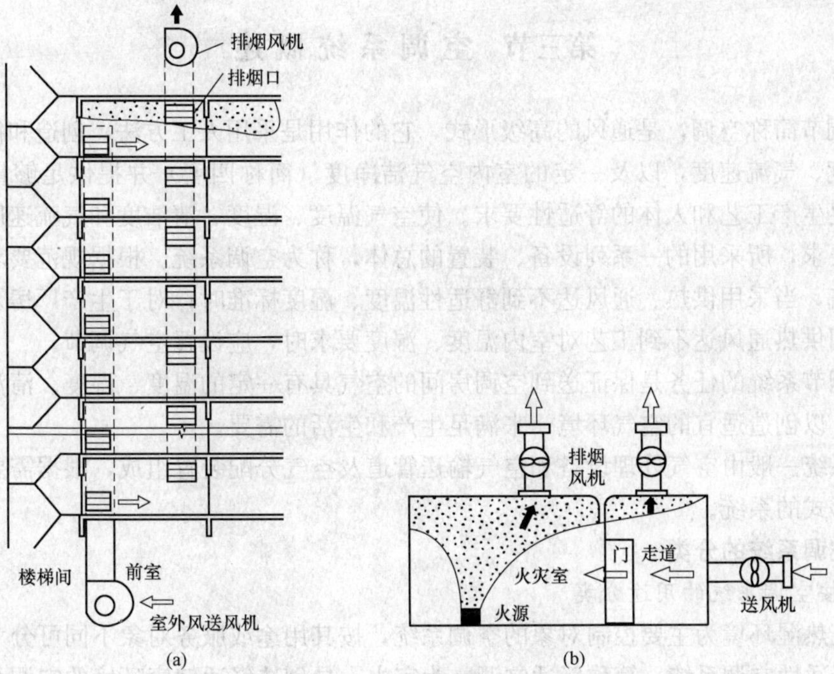

图 6-15　机械排烟、机械送风

(2) 机械排烟，自然进风。排烟系统同上，但室外风向前室（或走道）的补风并不依靠风机，而是依靠排烟风机所造成的负压，通过自然进风竖井和进风口补充到前室（或走道）内，如图 6-16 所示。

图 6-16　机械排烟、自然送风

第三节 空调系统概述

空气调节简称空调，是通风的高级形式，它的作用是采用人工方法，创造和保持一定的温度、湿度、气流速度，以及一定的室内空气洁净度（简称四度）并提供足够量的新鲜空气，以满足生产工艺和人体的舒适性要求。使空气温度、湿度、清洁度和气流速度等参数达到一定的要求，所采用的一系列设备、装置的总体，称为空调系统。根据规范要求：对于高级民用建筑，当采用供热、通风达不到舒适性温度、湿度标准时；对于生产厂房及辅助建筑物，当采用供热通风达不到工艺对室内温度、湿度要求时，应设置空气调节。

空气调节系统的任务是保证送到空调房间的空气具有一定的温度、湿度、清洁度、流速且无噪声，以创造适宜的空气环境，来满足生产和生活的需要。

空调系统一般由空气处理设备和空气输送管道及空气分配装置组成，根据需要它能组成许多不同形式的系统。

一、空调系统的分类

（一）按空调系统的用途分类

以建筑热湿环境为主要控制对象的空调系统，按其用途或服务对象不同可分为两类：

（1）舒适性空调系统，简称舒适空调，为室内人员创造舒适健康环境的空调系统。舒适健康的环境令人精神愉快，精力充沛，工作学习效率提高，有益于身心健康。办公楼、旅馆、商店、影剧院、图书馆、餐厅、体育馆、娱乐场所、候机或候车大厅等建筑中所用的空调都属于舒适空调。由于人的舒适感在一定的空气参数范围内，所以这类空调对温度和湿度波动的控制要求并不严格。

（2）工艺性空调系统，又称工业空调，为生产工艺过程或设备运行创造必要环境条件的空调系统，工作人员的舒适要求有条件时可兼顾。由于工业生产类型不同、各种高精度设备的运行条件也不同，此工艺性空调的功能、系统形式等差别很大。例如，半导体元器件生产对空气中含尘浓度极为敏感，要求有很高的空气净化程度；棉纺织布车间对相对湿度要求很严格，一般控制在70％～75％；计量室要求全年基准的温度为20℃，波动±1℃，高等级的计量室要求温度为20℃±0.2℃；抗菌素生产要求无菌条件等。

（二）按空气处理设备的集中程度分类

以建筑热湿环境为主要控制对象的空调系统，又可以按对室内空气处理设备的集中程度来分类，有以下三类：

（1）集中式系统。空气集中于机房内进行处理（冷却、去湿、加热、加湿等），而房间内只有空气分配装置。目前常用的全空气系统中大部分属于集中式系统；集中式系统中，如果采用大型带制冷机的空调机，在机房内，集中对空气进行冷却去湿或加热，这也属于集中式系统。集中式系统需要在建筑物内占用一定机房面积，控制、管理比较方便。

（2）半集中式系统。这种系统的特点是除了设有集中的空调机房外，还设有分散在各个房间的二次处理设备（又称为末端装置）来承担一部分冷热负荷。如一些宾馆中采用的风机盘管系统就是半集中式空调系统，它是把经过空调机组集中处理好的新风送入房间，新风再与经过风机盘管处理的室内空气一起来承担空调房间的热湿负荷。

（3）分散式系统。对室内进行热湿处理的设备全部分散于各房间内，如家庭中常用房间空调器、电散热器等都属于此类系统。这种系统在建筑物内不需要机房，不需要进行空气分配的风道，但维修管理不便，分散的小机组能量效率一般比较低，其中制冷压缩机、风机会给室内带来噪声。

（三）按承担室内热负荷、冷负荷和湿负荷的介质分类

以建筑热湿环境为主要控制对象的空调系统，根据承担建筑环境中的热负荷、冷负荷和湿负荷的介质不同可分为全空气系统、全水系统、空气—水系统和冷剂系统四类。

1. 全空气系统

如图 6-17 所示，该系统是指空调房间的室内负荷全部由经过处理的空气来负担的空气调节系统。全空气系统由于空气的比热容较小，需要较多的空气才能达到消除余热、余湿的目的。因此，这种系统要求有较大断面的风道，占用建筑空间较多。全空气系统又可分为定风量式系统（单风道式、双风道式）和变风量式系统。

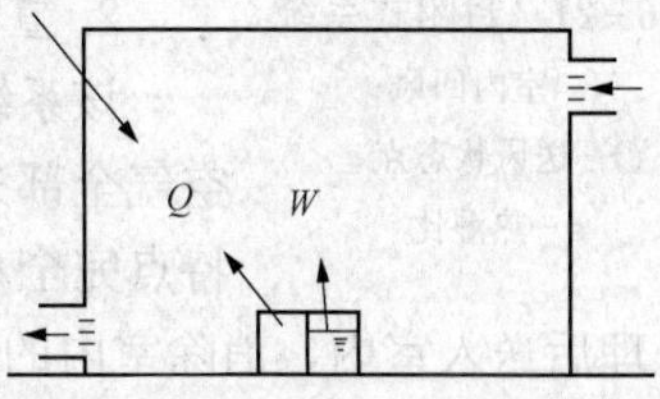

图 6-17 全空气系统简图

Q—房间余热；W—房间余湿

2. 全水系统

如图 6-18 所示，在这种系统中，空调房间的热湿负荷全部由一定温度的水来负担。由于水的比体积比空气的大得多，在相同的负荷情况下只需要较少的水量，因而输送管道占用的空间较少。但是，由于这种系统是靠水来消除空调房间的余热、余湿，无通风换气的作用，因而室内空气品质较差，使用得较少。

3. 空气—水系统

如图 6-19 所示，该系统由空气和水（作为冷热介质）来共同承担空调房间的热湿负荷。这种系统有效地解决了全空气空调系统占用建筑空间多和全水空调系统中空调房间通风换气的问题。在对空调精度要求不高和舒适性空调的场合广泛地使用该系统。诱导空调系统和带新风的风机盘管系统即属这种形式。它的优点是既可以减小全空气系统的风道断面积，又可以向空调房间提供一定的新风换气，能够改善房间的温度和空气品质。

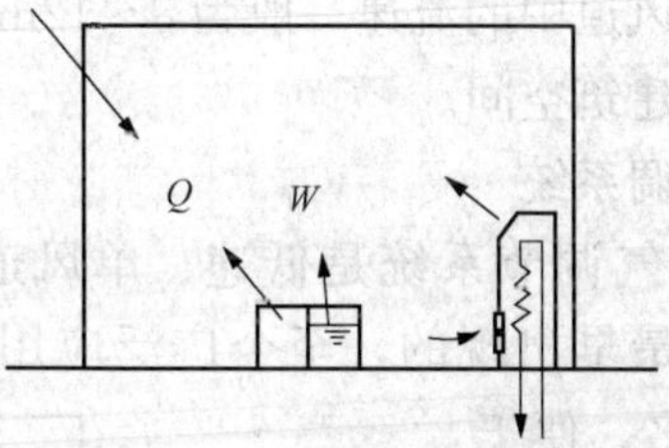

图 6-18 全水系统简图

Q—房间余热；W—房间余湿

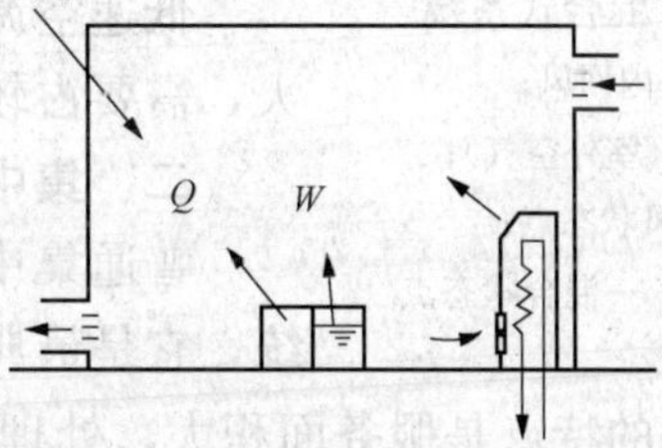

图 6-19 空气—水系统简图

Q—房间余热；W—房间余湿

4. 冷剂系统

如图 6-20 所示，制冷系统的蒸发器直接置于空调房间内来吸收余热和余湿的空调系统称为冷剂系统。这种系统的优点在于冷热源利用率高，占用建筑空间少，布置灵活，可根据不同的空调要求自由选择制冷和供热，通常用于分散安装的局部空调机组。

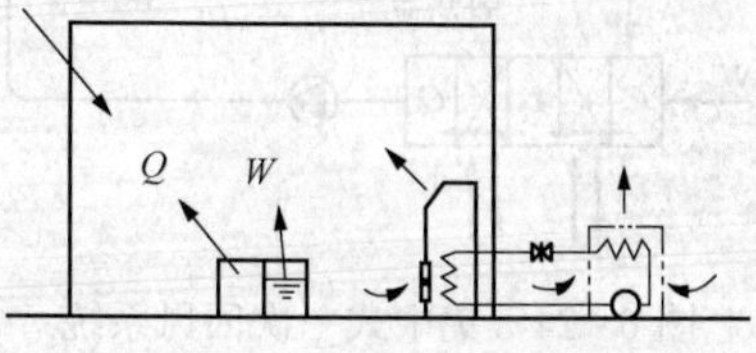

图 6-20 冷剂系统简图

Q—房间余热；W—房间余湿

（四）按所使用空气的来源分类

1. 封闭式系统

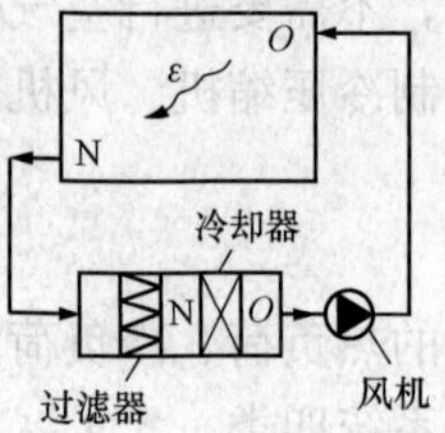

图 6-21 封闭式系统

N—室内回风；

O—送风状态点；

ε—热湿比

该系统又称为全回风式系统，经过处理的空气全部来自空调房间，没有室外空气补充，因此，空调室和空调机之间形成了一个全封闭式环路，如图 6-21 所示。这种系统冷热消耗量最节省，但卫生条件差，工作人员不宜长时间在这种环境中工作。

2. 直流式空调系统

该系统又称为全新风系统，经过处理的空气全部来自室外，与封闭式系统比较，其特点完全相反，如图 6-22 所示，室外空气经处理后送入室内，消除室内的余热、余湿后全部排至室外。这种系统适用于不允许用回风的场合，如放射性实验室、核工厂和散发大量有害物的车间等，为了回收排出空气的热量和冷量来预处理室外新风，可在系统中设置热回收装置。

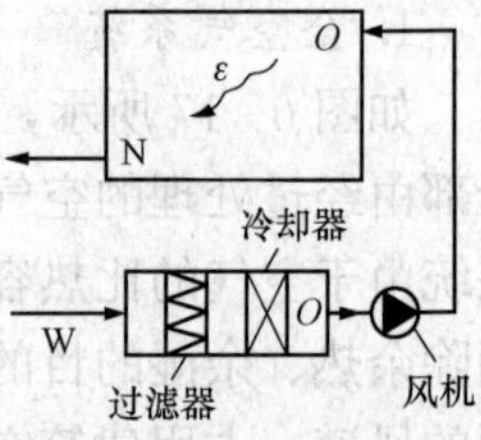

图 6-22 直流式系统

N—室内回风；

W—新风（室外空气）；

O—送风状态点；

ε—热湿比

3. 混合式系统

该系统又称为新、回风混合式系统，是采用一部分新鲜空气和室内空气（回风）混合的全空气系统，如图 6-23 所示。这种系统既可满足卫生要求，又经济合理，是应用最多的一种形式。

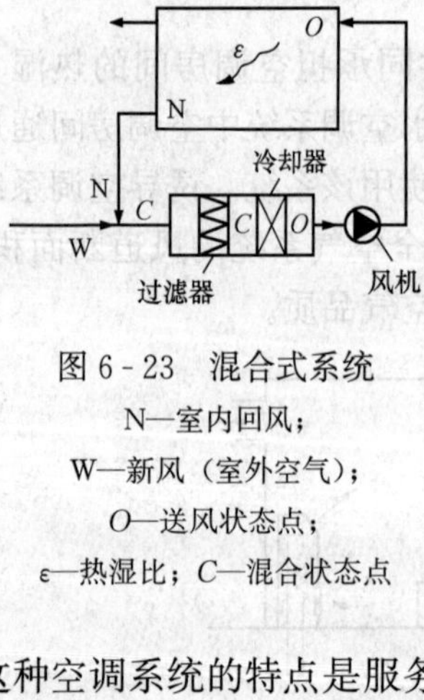

图 6-23 混合式系统

N—室内回风；

W—新风（室外空气）；

O—送风状态点；

ε—热湿比；C—混合状态点

（五）按空气流速分类

1. 高速空调系统

高速空调系统主风道中的流速可达 20～30m/s，由于风速大，风道断面可以减小许多，故可用于层高受限、布置风道困难的建筑物中。

2. 低速空调系统

低速空调系统风道中的流速一般为 8～12m/s，风道断面较大，需要占较大的建筑空间。

二、集中式空调系统

普通集中式空气调节系统是低速、单风道集中式空调系统，它是最典型、最早出现的，至今广泛应用的全空气系统。这种空调系统的特点是服务面积大，处理空气多，便于集中管理，用于工厂、大型公共建筑（体育场馆、商场、剧场）等有较大空间可设置风管的场合。

（一）一次回风系统

1. 工作原理

集中式一次回风系统是利用一部分回风与室外新风混合，再经过表面式冷却器（表冷器）处理后送入室内的空调系统，也称为一次回风系统，如图 6-24 所示。这种系统既满足卫生要求，又经济合理，是普通集中式空调系统应用最多的一种形式。

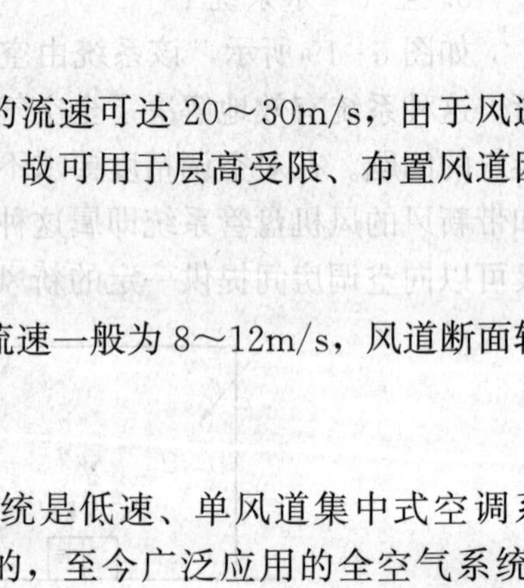

图 6-24 集中式一次回风系统

N—室内回风；W—新风（室外空气）；

C—混合状态点；O—送风状态点；L—露点

2. 新风量

空调系统的新风量是指冬、夏季设计工况下应向空调房间提供的室外新鲜空气量，空气处理过程中，大多数场合需要利用一部分回风。混入的回风量越多，使用的新风量则越少，系统运行越经济，但是系统的新风量不能无限制地减少，至少要满足以下三点要求：

（1）满足室内卫生要求。在人员长期停留的空调房间里，新鲜空气的多少直接影响人体呼吸空气的质量，因为在密闭的房间里，人们呼吸需要充足的氧气。另外，人们呼出的二氧化碳和室内的有害病菌也要及时地稀释和排出，这就需要一定量的室外新鲜空气来补充，新风量的多少一般是以稀释室内产生的 CO_2 为标准的，使室内 CO_2 浓度不超过 1000×10^{-6}（$1L/m^3$）为基础。在实际工程中，空调系统的新风量可按规范规定查取。

（2）补充局部排风量要求。空调房间内有排风柜等局部排风装置时，为了不使车间和房间产生负压，在系统中必须要有相应的新风量来补充排风量。

（3）保证空调房间的正压要求。为了防止外界环境中的空气（室外或相邻的要求较低的空调房间）渗入空调房间而干扰其温/湿度、均匀性或破坏室内洁净度，需要在空调系统中用一定量的新风来保持房间的正压（即室内空气压力大于室外环境压力）。一般情况下，普通空调室内正压值达 5～10Pa 即可满足要求，过大的正压不但没有必要，而且还降低了系统运行的经济性。

空气调节系统的新风量应不小于人员所需新风量，以及补偿排风和保持室内正压所需风量两项中的较大值。在大多数实际工程中，按照上述方法计算出的新风量过小，不足总风量的 10%时，为了确保室内空气的卫生和安全，也应按照总送风量的 10%的最小新风量计算。

（二）二次回风系统

如图 6-25 所示为集中式二次回风系统图，其中设备和部件与一次回风系统的相同。一次回风系统虽然比全新风系统节能，但仍然需要再热器加热来解决送风温差受限的问题，再热能耗造成冷热能量抵消。二次回风系统是在喷水室前后两次引入回风，以喷水室后的回风代替再热量对空气进行再加热，可节省热量和冷量，由于采用了两次回风，所以称为二次回风系统。

三、半集中式空调系统

既有集中处理又有局部处理的空调系统称为半集中式空调系统。一般的半集中式空调系统是首先对空气进行集中处理，然后按空调房间的不同要求分别进行局部处理后，送至各房间。

集中式空调系统由于具有系统大、风道粗、占用建筑面积和空间较多、系统的灵活性差等缺点，在许多民用建筑，特别是高层民用建筑的应用中受到限制。风机盘管系统就是为了克服集中式空调系统的不足而发展起来的一种半集中式空调系统。它的冷、热媒是集中供给，风可单独处理后供给，采用水作输送冷、热量的介质，具有占用建筑空间少、运行调节方便等优点，近年来在宾馆、办公楼和商业建筑中得到了广泛的应用。

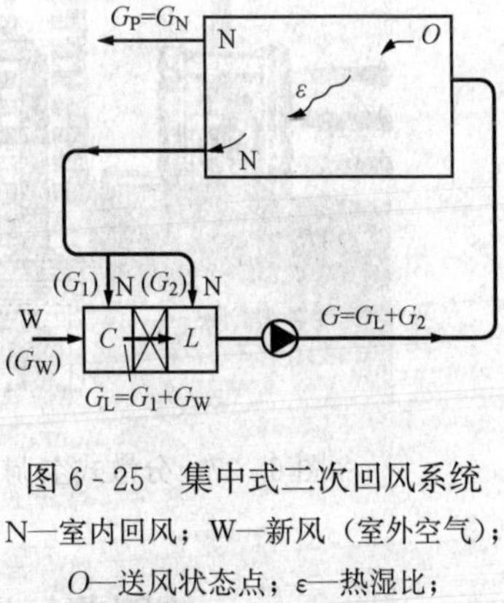

图 6-25 集中式二次回风系统

N—室内回风；W—新风（室外空气）；O—送风状态点；ε—热湿比；C—混合状态点；L—露点；G—二次混合后送风量；G_1——一次回风量；G_2—二次回风量；G_P—排风量；G_N—室内排出空气量；G_W—室外送风量

风机盘管可以独立地负担全部室内负荷，成为全水系统的空调方式。但由于这样解决不了房间的通风换气问题，通常都是和新风系统共同运行，组成空气—水系统的空调方式，如图 6-26 所示。因此，风机盘管系统是由风机盘管机组、新风系统和水系统三部分组成。此外，为了收集排放夏季工况运行时产生的凝结水，还需要设置凝结水管路系统。

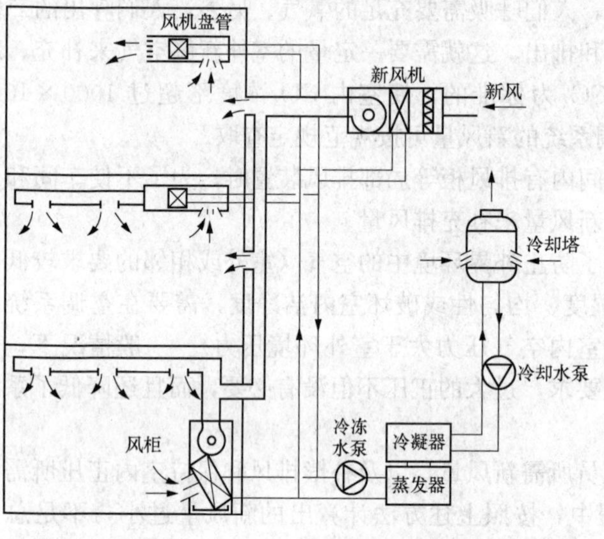

图 6-26　风机盘管加新风系统简图

四、分散式空调系统

某些建筑中空调的使用时间和冷热需求各不相同，而且空调房间少，分布又比较分散，在这种场合下使用集中式或半集中式空调系统是不经济的，这种情况适宜选择分散式空调系统，又称为局部空调系统，如图 6-27 所示。

分散式空调系统是一个小型的空调系统，空调负荷直接由制冷系统负担，制冷系统中的蒸发器或冷凝器直接从空调房间吸收（或放出）热量来完成制冷（或制热）的功能。它具有体积小，结构紧凑，不需要占用大面积的机房，小容量的空调机组可直接布置在空调房间内。如图 6-28 所示为窗式空调器，其具有施工安装方便，不需要专人操作等特点。在许多需要空调的场所，特别是舒适性空调，得到了广泛的应用。小容量的装置已成为家电产品，大批量生产。

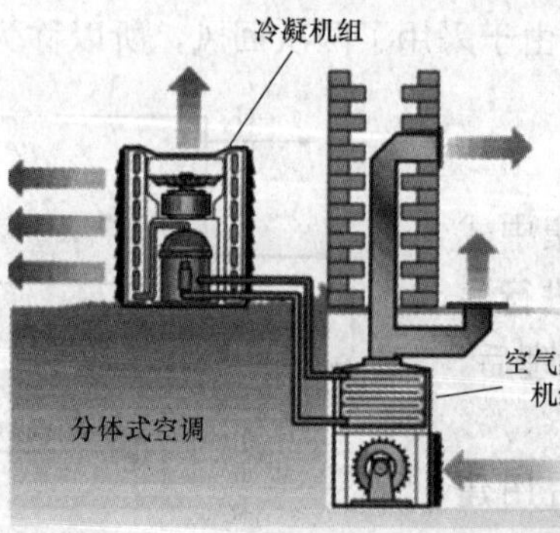

图 6-27　分散式空调系统简图

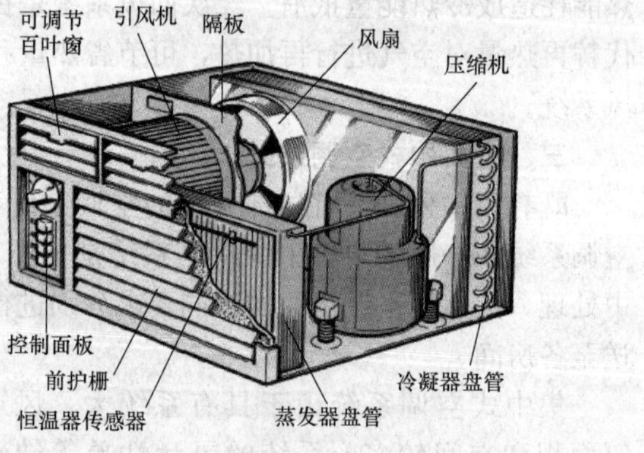

图 6-28　窗式空调器

第四节　通风与空调系统的管材、管件及部件

在通风与空调系统中，通风管道是空气输配系统的主要组成部分之一。风道的材质及其管件和部件都有特定的要求。

一、常用风道的材料、规格及连接方式

（一）常用风道的材料

管道材料要求坚固耐用、表面光滑、防腐蚀性好、易于制造和安装，且不产生表面脱落。常用的材料主要有金属薄板和非金属两大类。

1. 金属薄板

（1）普通薄钢板。普通薄钢板由碳素软钢经热轧或冷轧制成。

热轧钢板表面为蓝色发光的氧化铁薄膜，性质较硬而脆，加工时易断裂；冷轧钢板表面平整光洁、无光，性质较软，最适合通风空调工程。但其表面易生锈，应刷油漆进行防腐。

（2）镀锌薄钢板。镀锌薄钢板是用普通薄钢板表面镀锌制成，俗称“白铁皮”，常用的厚度为 0.5～15mm，其规格尺寸与普通薄钢板相同。工程中常用镀锌钢板卷材，其对风管的制作甚为方便。由于表面锌层起防腐作用，所以一般不刷油防腐，因而常用作输送不受酸雾作用的潮湿环境中的通风系统及空调系统的风管和配件。要求所有品级镀锌钢板表面光滑洁净，表层有热镀锌层特有的结晶花纹，镀锌层厚度不小于 0.02mm。

（3）塑料复合钢板。塑料复合钢板是在普通薄钢板表面上喷涂一层厚度为 0.2～0.4mm 的软质或半软质聚氯乙烯塑料膜制成，有单面覆层和双面覆层两种。其主要技术性能如下：

1）腐蚀性及耐水性能。可以耐酸、耐油及醇类侵蚀，耐水性能好，但对有机溶剂的耐腐蚀性差。

2）绝缘、耐磨性能好。

3）剥离强度及探冲性能。塑料膜与钢板间的剥离强度大于或等于 0.2MPa。

4）加工性能。具有一般碳素钢板所具有的切断、弯曲、冲洗、钻孔、铆接、咬口及折边等加工性能。加工温度以 20～40℃为最好。

5）使用温度。可在 10～60℃下长期使用，短期可耐温 120℃。

由于塑料复合钢板具有上述性能，故常用于防尘要求较高的空调系统和温度在－10～70℃下耐腐蚀通风系统的风管。

（4）不锈钢板。耐大气腐蚀的镍铬钢称为不锈钢，其具有耐锈耐酸能力，常用于化工环境中需耐酸耐腐蚀的通风系统。

（5）铝及铝合金板。使用铝板制作风管，一般以纯铝为主。铝板具有良好的导电、导热性能，并且在许多介质中有较高的稳定性。

为了改变铝的性能，在铝中加入一种或几种其他元素（如铜、镁等）制成铝合金板，其强度比铝板大幅度增加，但化学耐腐蚀性不及铝板。

由于铝及铝合金板加工性能好，耐腐蚀，摩擦时不易产生火花，常用于通风工程的防爆系统。

2. 非金属材料

（1）硬聚氯乙烯塑料板。硬聚氯乙烯塑料（UPVC）是由聚氯乙烯树脂加入稳定剂、增塑剂、填料、着色剂及润滑剂等压制（或压铸）而成。它具有表面平整光滑，耐酸碱腐蚀性强（对强氧化剂，如浓硝酸、发烟硫酸和芳香族碳氢化合物及氯化碳氢化合物是不稳定的），物理机械性能良好，易于二次加工成型等特点；但其不耐高温、不耐寒，只适用于 0～60℃的空气环境，在太阳辐射作用下易脆裂。

（2）玻璃钢（玻璃纤维增强塑料）。玻璃钢是以玻璃纤维制品（如玻璃布）为增强材料，

以树脂为粘接剂，经过一定的成型工艺制作而成的一种轻质高强度的复合材料。它具有较好的耐腐蚀性、耐火性和成型工艺简单等优点。

由于玻璃钢质轻、强度高、耐热性及耐腐蚀性优良、电绝缘性好及加工成型方便，在纺织、印染、化工等行业常用于排除腐蚀性气体的通风系统中。

（二）常用风道的规格

常用风道有矩形和圆形两种断面。圆形风道强度大、阻力小、节省材料、保温方便，但构件制较困难，不易与建筑、结构配合；矩形风道在民用建筑、低速风管系统方面应用更多些。为了避免矩形风道阻力过大，其宽高的比值宜小于4，最大不应超过10，在建筑空间允许的条件下，越接近1越好。考虑最大限度地利用板材，加强建筑安装的工厂化生产，在设计、施工中应按国家统一规格选用。而除尘系统的风管宜采用明设的圆形钢制作，其最小直径：细矿尘、木材粉尘不小于80mm；较粗粉尘、木屑不小于100mm；粗粉尘、粗刨花不小于130mm。

（三）常用风道的连接方式

按金属板材连接的目的，金属板材的连接可分为拼接、闭合接和延长接三种。拼接是指两张钢板板边连接，以增大其面积；闭合接是指将板材卷成风管或配件时对口缝的连接；延长接是指两段风管之间的连接。

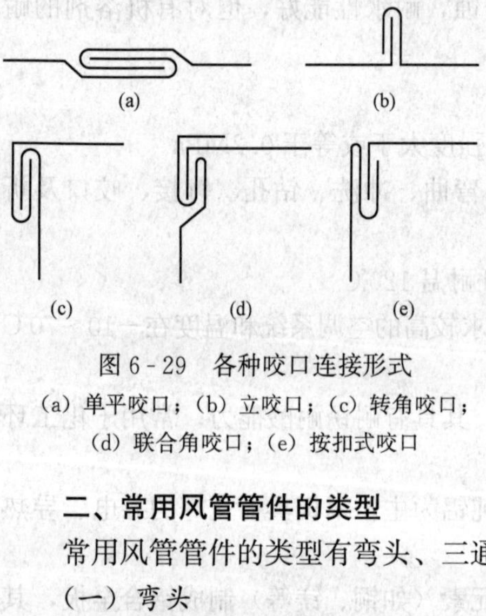

图6-29 各种咬口连接形式

（a）单平咬口；（b）立咬口；（c）转角咬口；（d）联合角咬口；（e）按扣式咬口

按金属板材连接的方法，分为咬口连接、铆接和焊接三种，其中咬接的使用范围最广。

1. 咬口连接

如图6-29所示，常用的咬口连接形式有单平咬口、立咬口、联合角咬口、转角咬口和按扣式咬口等。

2. 铆接

铆接主要用于风管与角钢法兰之间的固定连接。当管壁厚度$\delta \leqslant 1.5$mm时，采用翻边铆接。

3. 焊接

通风空调工程中使用的焊接有电焊、氩弧焊、气焊和锡焊。

二、常用风管管件的类型

常用风管管件的类型有弯头、三通、来回弯、法兰盘等。

（一）弯头

弯头是用来改变通风管道方向的配件。根据其断面形状可分为圆形弯头（如图6-30所示）和矩形弯头（如图6-31所示）。

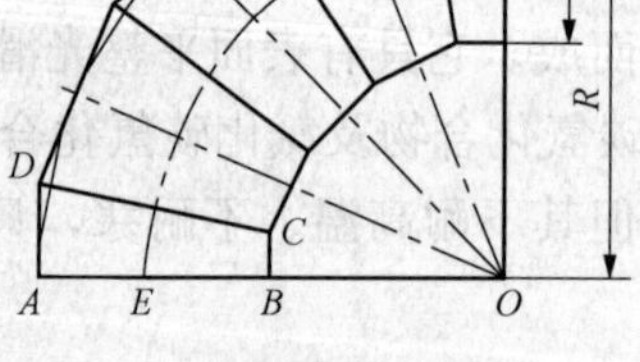

图6-30 圆形弯头侧面图

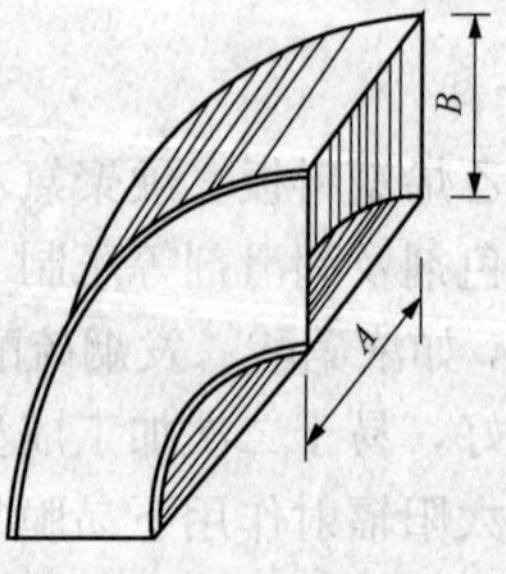

图6-31 矩形弯头示意图

（二）三通

三通是通风管道的分叉或汇集的配件。根据其断面形状可分为圆形三通（如图 6 - 32 所示）和矩形三通（如图 6 - 33 所示）。

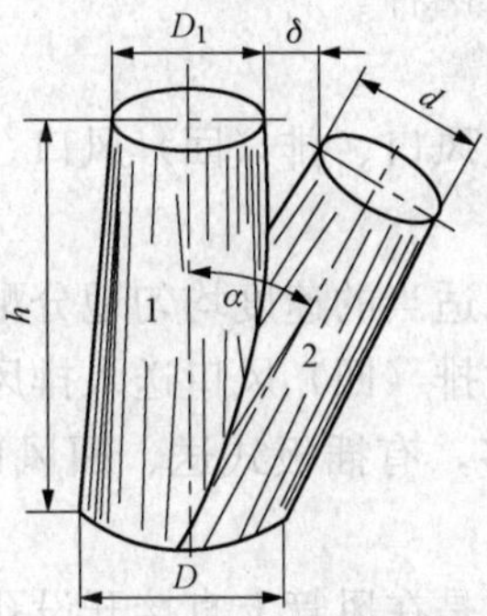

图 6 - 32　圆形三通示意图

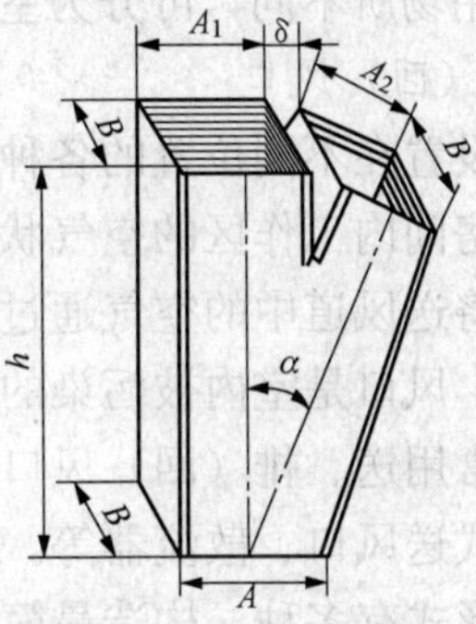

图 6 - 33　矩形三通示意图

（三）来回弯

来回弯在通风管道中用来跨越或让开其他管道及建筑构件。根据其断面形状可分为圆形来回弯（如图 6 - 34 所示）和矩形来回弯（如图 6 - 35 所示）。

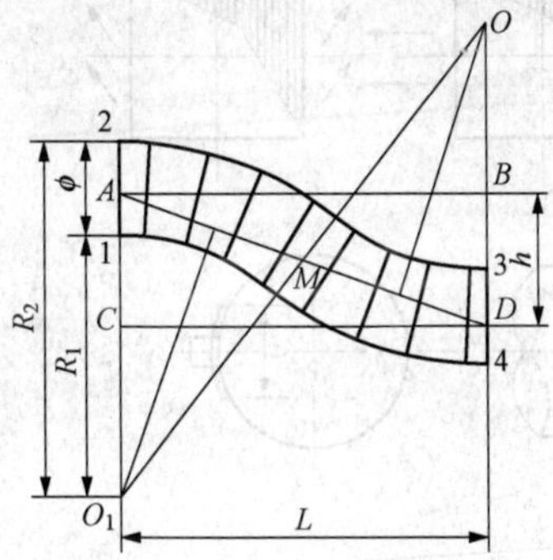

图 6 - 34　圆形来回弯侧面图

L—来回弯长度

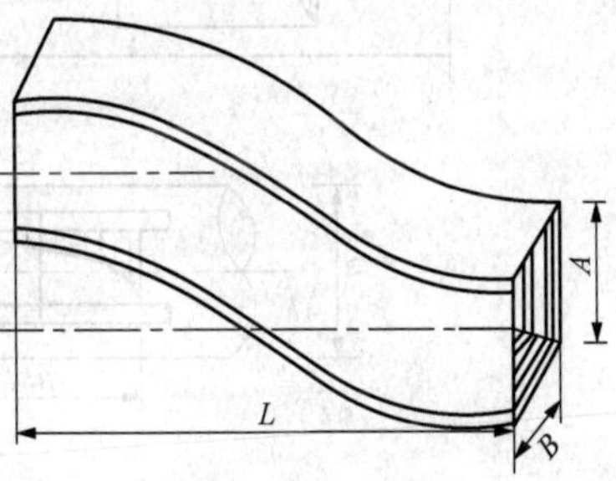

图 6 - 35　矩形来回弯示意图

L—来回弯长度

（四）法兰盘

法兰盘用于风管之间及风管与配件的延长连接，并可增加风管强度。按其断面形状可分为矩形法兰盘（如图 6 - 36 所示）和圆形法兰盘（如图 6 - 37 所示）。

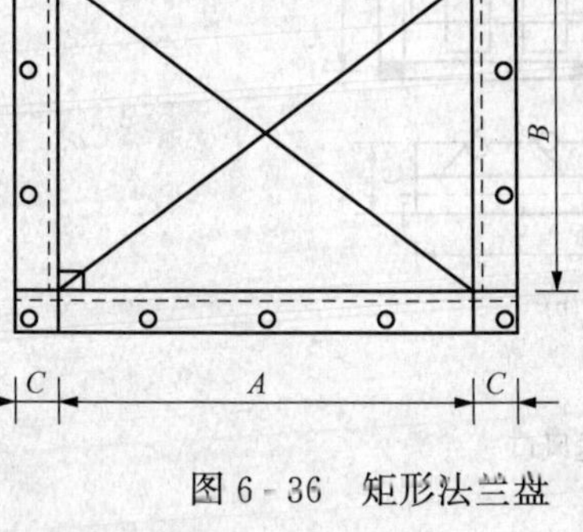

图 6 - 36　矩形法兰盘

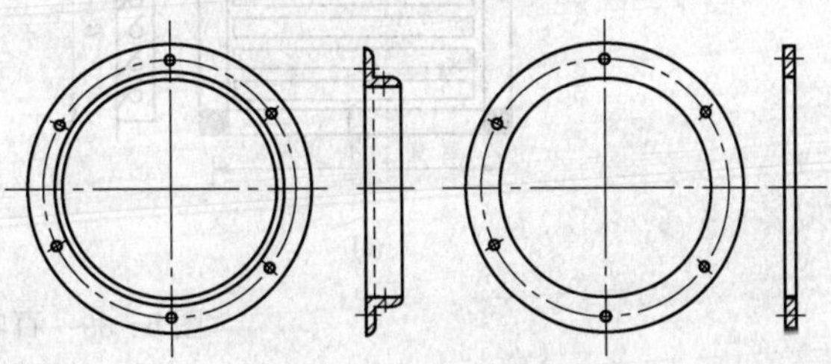

图 6 - 37　圆形法兰盘

三、常用风管部件的类型

通风与空调系统的风管中常用的部件主要包括各类风口、阀门、排气罩、风帽和仪表等。

（一）风口

风口根据其使用场所不同，可分为室内、室外两种。

1. 室内进、排（回）风口

室内风口是指设置在不同位置的各种类型的送风口、排（回）风口。其作用是合理地组织室内气流，保证房间内工作区的空气状态均匀。

室内送风口是将送风道中的空气通过送风口以适当的速度均匀地分配到各个指定的送风地点。室内排（回）风口是室内被污染的空气经过排（回）风口送入排风道后不经处理或经过处理排出室外。常用送、排（回）风口形式很多，有插板式送、回风口及旋转式送风口、矩形送风口、百叶式送风口、散流器等。

室内送风口的形式有多种，构造最简单的形式是在风管上直接开设孔口送风。根据孔口开设的位置有侧向送风口和下部送风口，如图 6-38 所示。其中图 6-38（a）为风管侧送风口，除孔口本身外，送风口无任何调节装置，无法调节送风的流量和方向；图 6-38（b）为插板式风口。

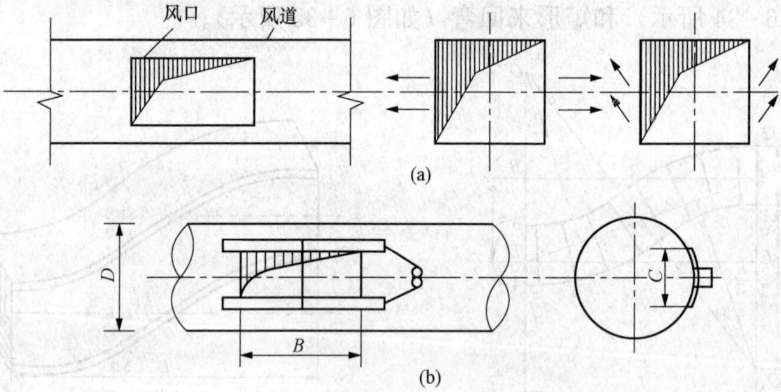

图 6-38 两种最简单的送风口

（a）风管侧送风口；（b）插板式送、引风口

百叶式送风口是性能较好的常用室内送风口，可以安装在风道、风道末端或墙上。如图 6-39所示，对于布置在墙内或暗装的风道可采用这种送风口，将其安装在风道末端或墙壁上。

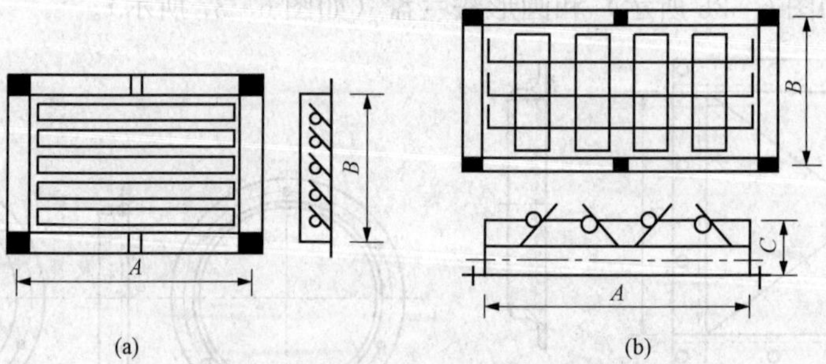

图 6-39 百叶式送风口

（a）单层百叶式送风口；（b）双层百叶式送风口

散流器送风口直接装于顶棚上，是顶送风口，可分为方形散流器和圆形散流器，如图 6-40、图 6-41 所示。

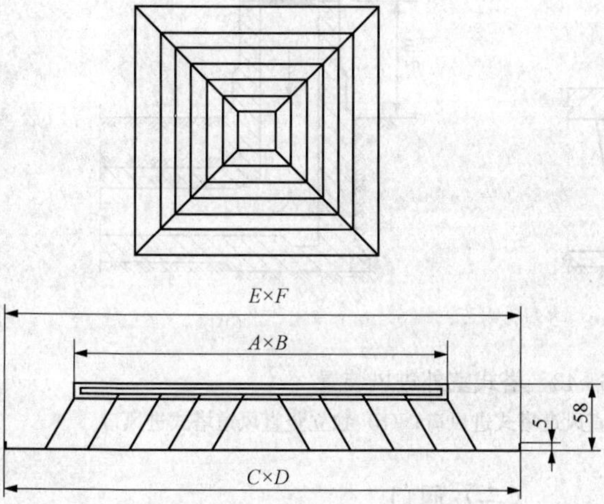

图 6-40 方形散流器

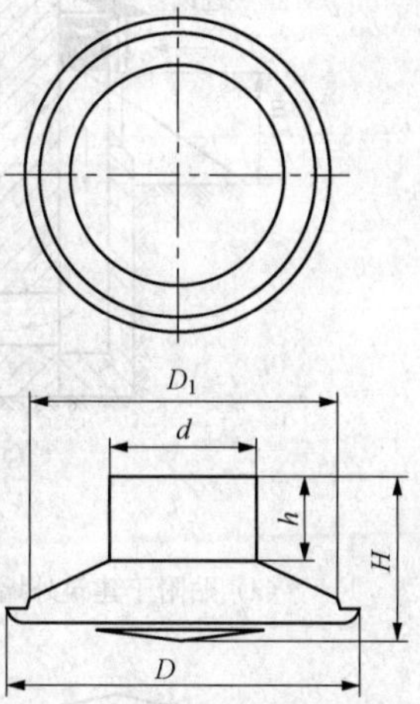

图 6-41 圆形散流器

室内排（回）风口是全面排风系统的一个组成部分，室内被污染的空气经由排（回）风口进入排风管道。排（回）风口的种类较少，通常做成百叶式，多采用单层百叶式排（回）风口，有时也采用水平排风道上开孔的孔口排风形式。

2. 室外进、排（回）风口

（1）室外进风装置。室外进风装置是室外空气送入室内的装置，室外新鲜空气由室外进风装置采集后直接送入室内通风房间或送入进风室，根据用户对送风的要求进行预处理，其应该设在室外空气较为洁净的地点，在水平和垂直方向上都应远离污染源。

根据进风室的位置不同，室外进风口可分为设在建筑物外围结构上的墙壁式或屋顶式进风口，如图 6-42 所示；也包括设置竖直风道上的塔式进风口，如图 6-43 所示。

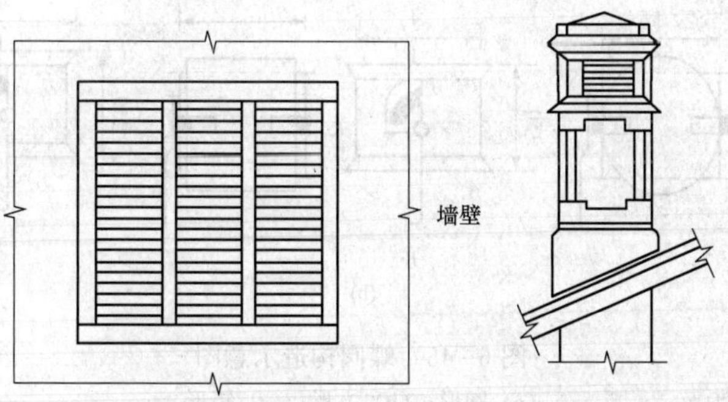

(a) (b)

图 6-42 墙壁式和屋顶式室外进风装置

（a）墙壁式；（b）屋顶式

（2）室外排风装置。室外排风系统一般从屋顶排风，以减轻对附近环境的污染。为保证排风效果，往往在排风口上加设风帽，如图 6-44 所示。

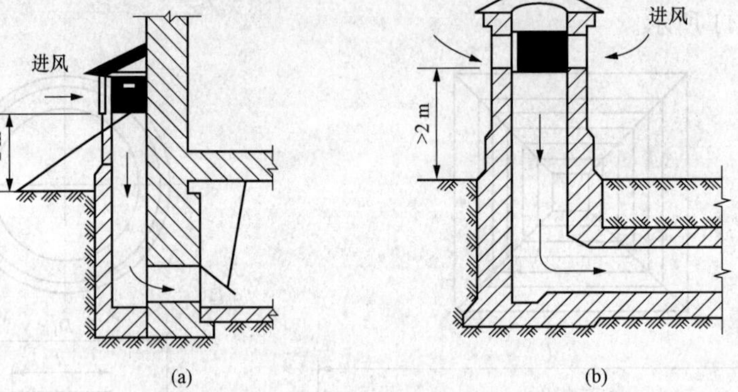

图 6-43　塔式室外进风装置

（a）贴附于建筑外墙上竖直风道塔式进风口；（b）独立竖直风道塔式进风口

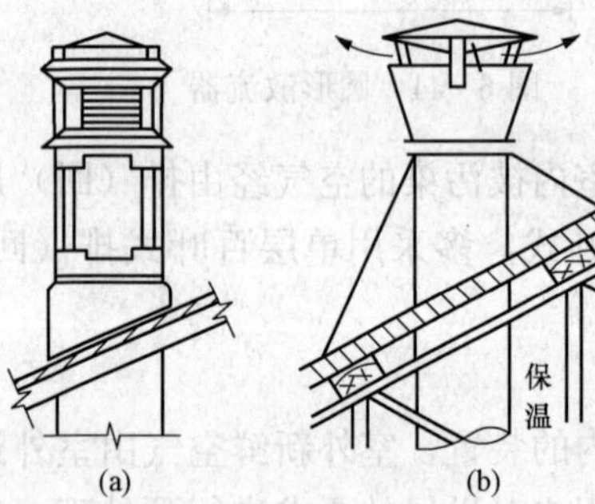

图 6-44　室外排风装置

（二）阀门

通风空调系统中的阀门主要用于启动风机，关闭风道、风口，调节管道内空气量，平衡阻力，以及在防排烟系统中控制火灾烟气等。阀门安装于风机出口的风道、主干风道、分支风道或空气分布器之前等位置。常用的阀门有蝶阀、多叶调节阀、插板阀、防火阀等。

1. 蝶阀

蝶阀多用于风道分支处或空气分布器前端，转动阀板的角度即可改变空气流量。蝶阀使用较为方便，但严密性较差。其结构如图 6-45 所示。

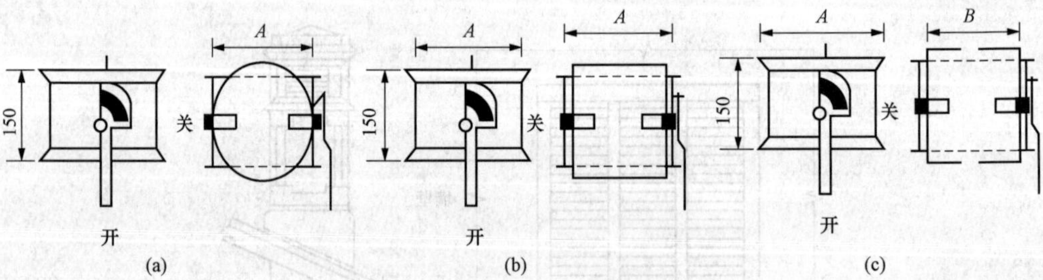

图 6-45　蝶阀构造示意图

（a）圆形；（b）方形；（c）矩形

2. 调节阀

一般用于空调、通风系统管道中，用来调节支管的风量。调节阀可分为手动和电动两种，电动调节阀可以自动控制和调节风量，与自动控制系统配套。其结构如图 6-46 所示。

3. 插板阀

插板阀多用于风机出口或主干风道处作开关，通过拉动手柄来调整插板的位置即可改变风道的空气流量，其调节效果好；但占用空间大。其结构如图 6-47 所示。

(a) (b)

图 6-46 调节阀

(a) 手动调节阀；(b) 电动调节阀

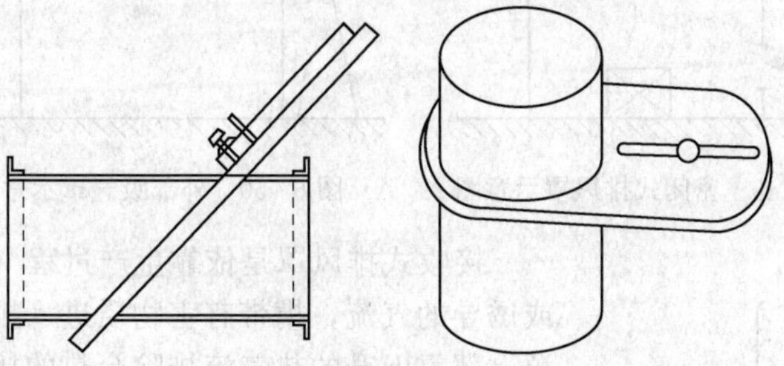

图 6-47 插板阀构造示意图

4. 防火阀

图 6-48 所示为防火阀，它是通风与空调系统中的安全装置，保证在火灾发生时能立即关闭，切断气流，避免火灾从风道中传播蔓延。防火阀的关闭方式采用温感易熔件，易熔件熔断点为 70℃。当火灾发生时，气温升高，达到熔点，易熔片熔化断开，防火阀阀板自行关闭，将系统的气流切断。

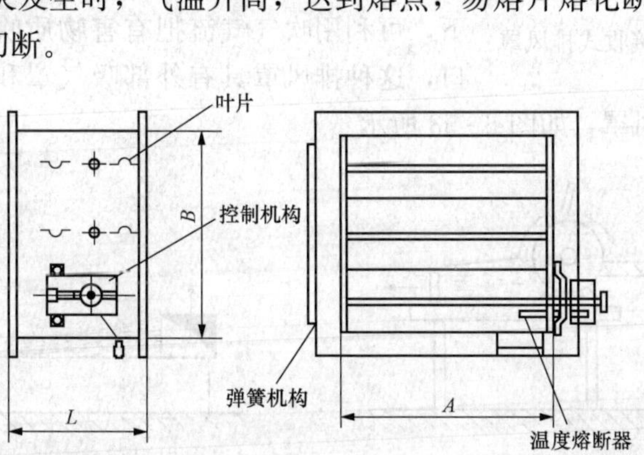

图 6-48 防火阀

(三) 排风罩

局部排风罩的作用是捕集有害物质。局部排风罩的形式很多，概括起来可分为密闭罩、外部吸气罩、接收式排风罩和吹吸式排风罩等类型。

密闭罩的主要特点是把产生有害物质的地点完全封闭起来，使有害物质被限制在很小的空间里，从而只需要很小的排风量就可以有效地控制有害物质的扩散，如图 6-49 所示。

有时由于受工作条件的限制，无法把产生有害物质的设备完全封闭起来，而只能把局部排风罩设置在有害物源附近，依靠机械排风造成的负压把产生的有害物质吸入罩内，这类局部排风罩统称为外部吸气罩。其结构如图 6-50 所示。

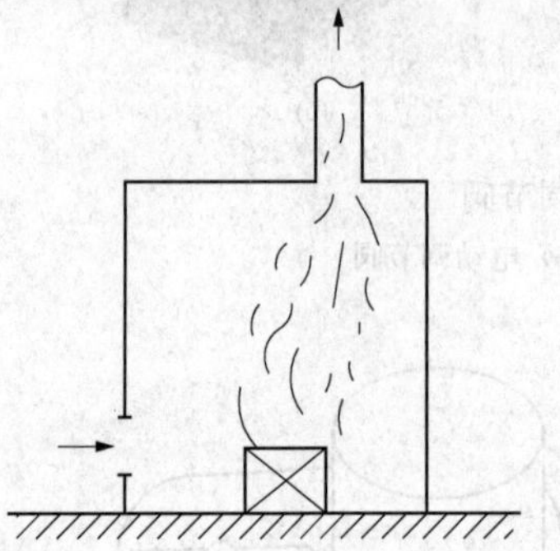
图 6-49 密闭式排风罩示意图

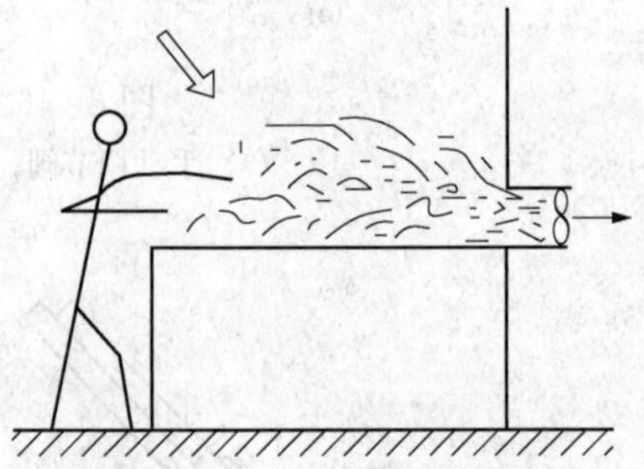
图 6-50 外部吸气罩示意图

接收式排风罩是依靠生产过程（或设备）本身产生或诱导的气流，携带有害物质进入排风罩。例如，在热源上部靠上升的热气流排除余热的接收式排风罩（如图 6-51 所示）和砂轮机旁靠砂轮旋转磨削产生的惯性物诱导的气流射入的接收式排风罩（如图 6-52 所示）等。

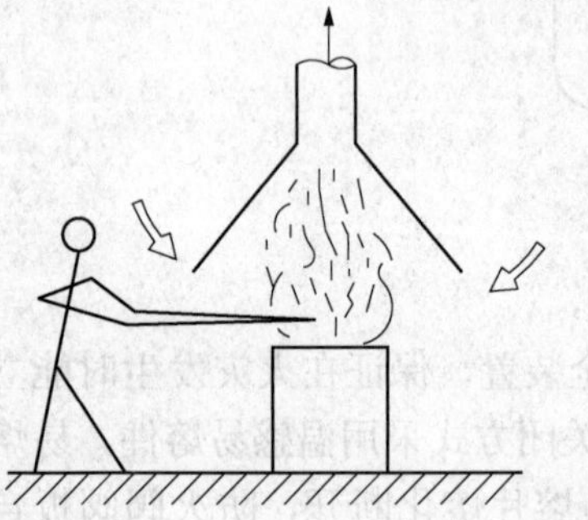
图 6-51 高温热源的接收式排风罩

外部吸气罩在距离有害物源较远时，要在有害物产生地点造成一定的空气流动是比较困难的。在这种情况下，可利用吹气气流把有害物质吹向外部吸气罩的吸气口，这种排风罩具有外部吸气罩和接收式排风罩的双重功能，称为吹吸式排风罩，如图 6-53 所示。

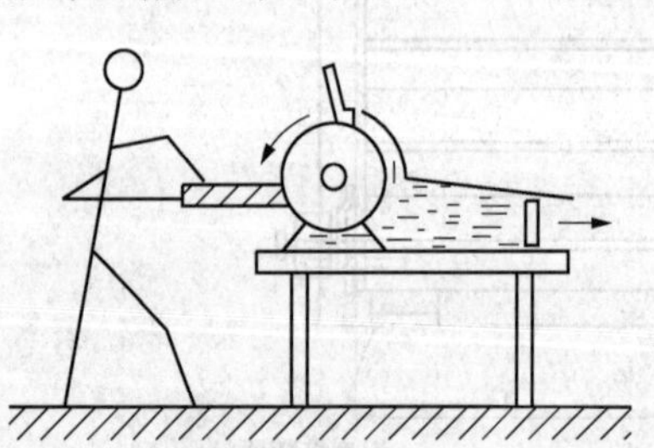
图 6-52 砂轮机磨削的接收式排风罩

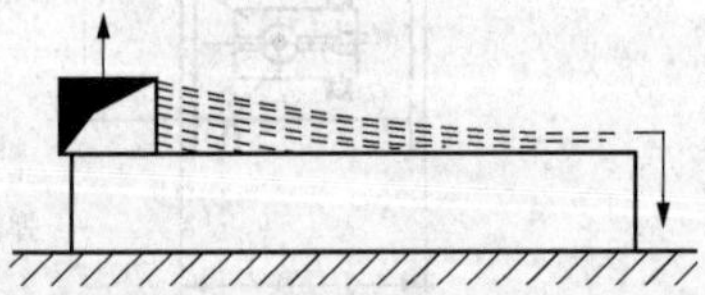
图 6-53 吹吸式排风罩示意图

（四）风帽

图 6-54 所示为风帽，它是装在排风管末端和需要加强全面通风的车间的屋顶上，充分利用风压的作用加强自然通风排风能力的一种装置。图 6-55 所示为利用避风风帽自然通风示意图。

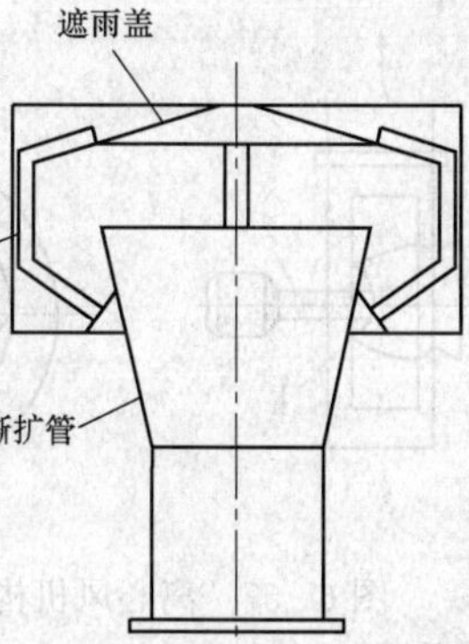

图 6-54 避风风帽构造示意图

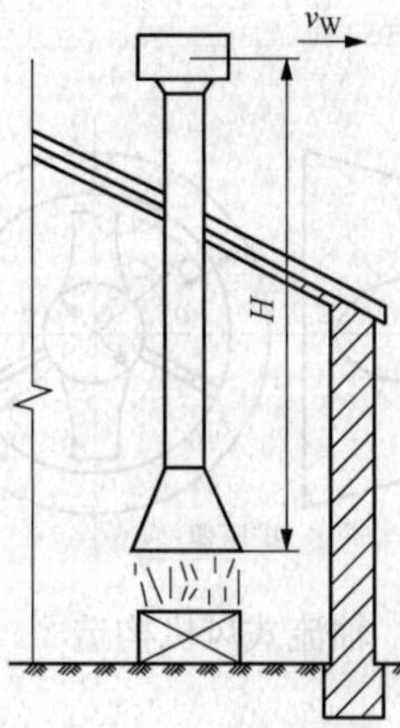

图 6-55 利用避风风帽自然通风示意图

(五) 主要仪表

在通风与空调系统中常用温度计测量空气温度，用皮托管、微压计测量空气压力。空调系统需要控制的参数有室内外空气的温、湿度，一、二次风回风温度，喷水室、表冷器进、出口空气温度，加热器进、出口空气温度，送、回风温度，以及空气过滤器进、出口的静压差等。

在系统的调试与控制中，还用到测量风速的仪器，如杯形风速仪等。测量空气温度时可以用普通的干、湿球温度计及通风干、湿球温度计等。

第五节 通风与空调系统设备

通风与空调系统中主要的设备包括通风机、除尘设备、空气过滤设备、空气热湿处理设备、风机盘管、冷却塔等。

一、通风机

通风机是通风系统中推动空气流动的机械。通风机是通风与空调系统的主要设备，根据构造原理可分为轴流式通风机和离心式通风机两类。按照通风机的用途又可分为一般用途通风机、排尘通风机、高温通风机、防爆通风机、防腐通风机、防排烟通风机、屋顶通风机和射流通风机。

(一) 轴流式通风机

轴流式通风机简称轴流风机，如图 6-56 所示，叶轮安装在圆筒形外壳中，叶轮由轮毂和铆接在其上的叶片组成，叶片与轮毂平面安装成一定的角度。

轴流风机自身体积小、占地少，可以在低压下输送大流量空气，噪声大，允许调节范围很小等。轴流风机一般多用于无须设置管道及风道阻力较小的通风系统。

(二) 离心式通风机

离心式通风机简称离心风机，其构造如图 6-57 所示，与离心式水泵相类似，主要借助于叶轮旋转产生的离心力而使气体获得机械能。风机的主要性能参数有风量、全压、功率和效率等。它是由叶轮、机轴、机壳、集流器（吸风口）、电动机等部分组成。

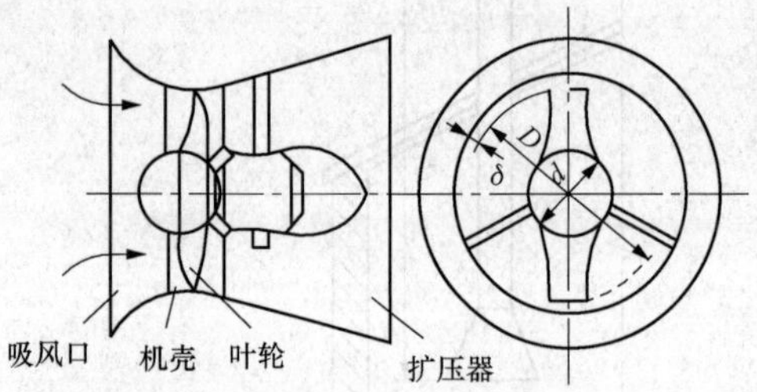

图 6-56 轴流式风机构造

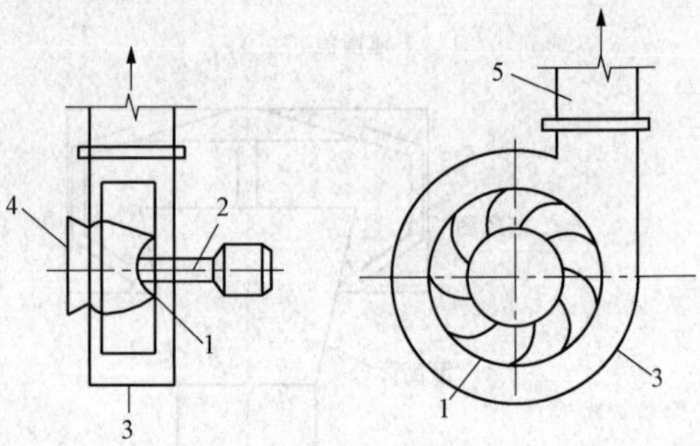

图 6-57 离心风机构造示意图

1—叶轮；2—机轴；3—机壳；4—吸气口；5—排气口

不同用途的风机在制作材料及构造上有所不同。一般通风换气的普通风机，常采用钢板制作，小型风机也可以用铝板制作；除尘风机要求耐磨和防止堵塞，因此钢板较厚，叶片较少，呈流线型；防腐风机一般用硬聚氯乙烯板或不锈钢板制作；防爆风机的机壳和叶轮均用铝、铜等有色金属制作，或机壳用钢板而叶轮用有色金属制作。

轴流风机与离心风机相比较，在性能上最主要的差别是：轴流风机产生全压较小，离心风机产生的全压较大。轴流风机自身体积小、占地少，可以在低压下输送大流量空气，噪声大，允许调节范围很小等。轴流风机一般多用于无须设置管道及风道阻力较小的通风系统，离心风机则用于阻力较大的系统中。

二、除尘设备

（一）重力除尘器

重力除尘器也称为重力沉降室，是通过重力作用使尘粒从气流中沉降分离的除尘装置，其结构如图 6-58 所示。含尘气流进入重力沉降室后，由于突然扩大了流动截面面积，气流速度迅速下降，此时气流处于层流状态或在接近层流状态下运动，使较重尘粒在重力作用下缓慢向灰斗沉降。

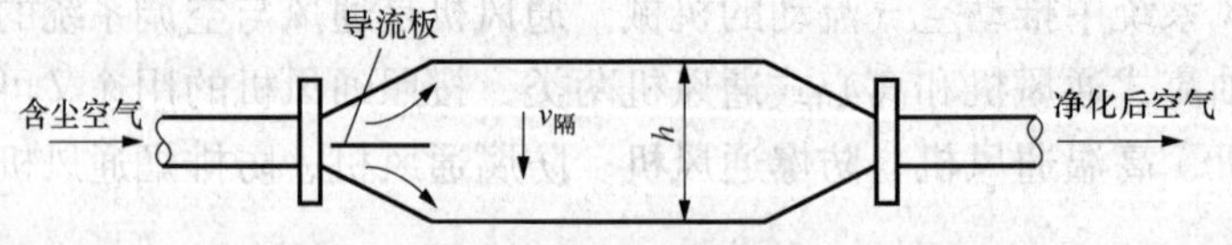

图 6-58 重力沉降室

（二）惯性除尘器

惯性除尘器是指含尘气流冲击在挡板上，使气流方向发生急剧转变，利用尘粒本身的惯性力作用使其与气流分离，并与挡板发生碰撞而被捕集的装置，它是低效除尘器。

惯性除尘装置的构造较简单，除尘效率略高于重力沉降室。目前工程上用的双涡旋除尘器，如图 6-59 所示，就是靠离心力和惯性力的双重作用固定叶片，含尘空气通过叶片时，要急剧改变方向，其中的尘粒由于惯性力的作用碰撞在叶片上被反弹出来，仍回到旋转气流中，空气则经过固定叶片由排气口排出。

（三）旋风除尘器

旋风除尘器是利用气流旋转过程中产生的离心力，使尘粒从气流中分离的装置。其优点有：结构简单，造价低；无运动部件，操作维护方便；耐高温、高压，可用各种材料制造；压力损失中等，动力消耗不大，除尘效率较高等。工程实际中一般用来捕集 5～15μm 的粉尘，作为多级除尘中的第一级。

图 6-60 所示为一个普通的旋风除尘器的示意图，它是由内筒、外筒和锥体三部分所组成。这种除尘器较多用于锅炉房内烟气的除尘，其结构简单、体积小、维修方便、除尘效率较高。

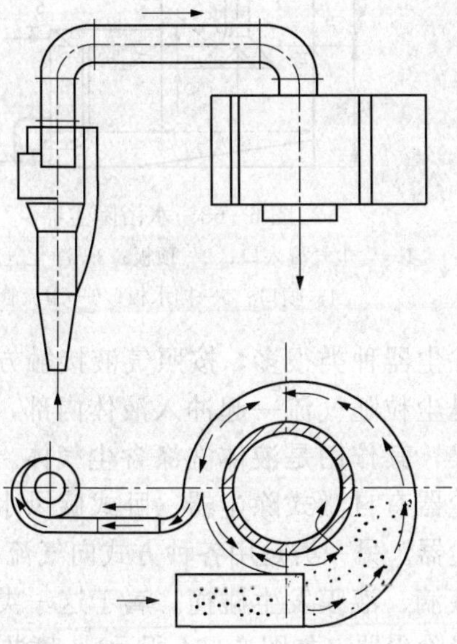

图 6-59　双涡旋除尘器

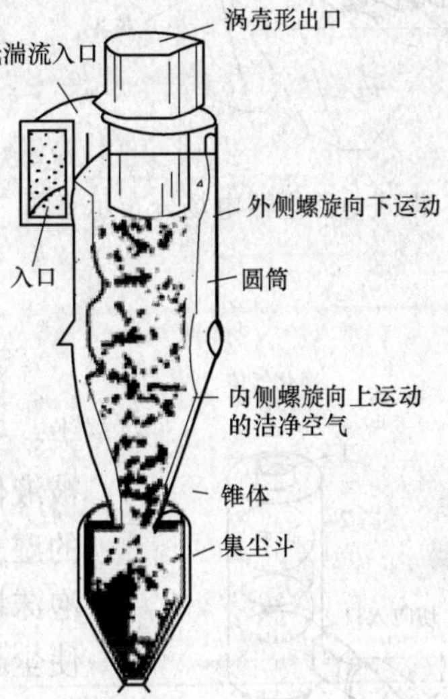

图 6-60　旋风除尘器

（四）袋式除尘器

图 6-61 所示为袋式除尘器，是利用棉布或其他织物的过滤作用进行除尘的，它对 5μm 以下的细小粉尘颗粒也具有较高的除尘效率。

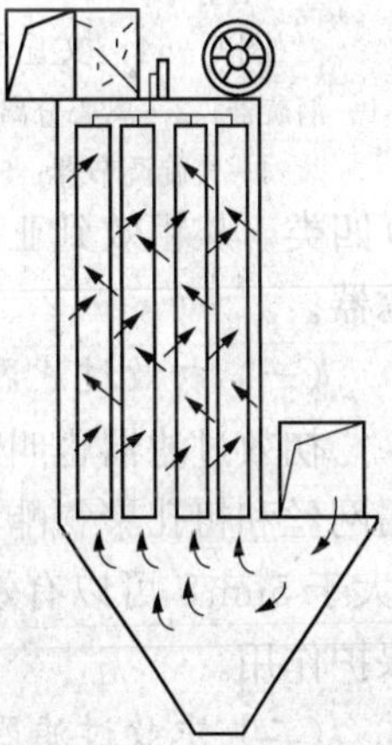

图 6-61　袋式除尘器

（五）电除尘器

电除尘器是指含尘气体在通过高压电场进行电离的过程中使尘粒荷电，并在电场力的作用下使尘粒沉积在集尘极上，将尘粒从含尘气体中分离出来的一种除尘设备。

电除尘过程与其他除尘过程的根本区别在于，分离力（主要是静电力）直接作用在粒子上，而不是作用在整个气流上，这就决定了它具有分离粒子耗能小、气流阻力小的特点。由于作用在粒子上的静电力相对较大，所以对亚微米级粒子也能有效捕集。电除尘器结构如图 6-62 所示。

（六）湿式除尘器

湿式除尘器是通过含尘气体与液滴或液膜的接触使尘粒从气流中分离出来，它适宜处理有爆炸危险或同时含有多种有害气体的粉尘。其优点是结构简单，投资低，占地面积小，除尘效率高，同时进行有害气体的净化；其缺点是有用物料不能干法回收，泥浆需要处理，有时要设置专门的废水处理设备，而且高温烟气洗涤后温度下降，会影响烟气在大气中的扩散。湿式除尘器结构如图 6-63 所示。

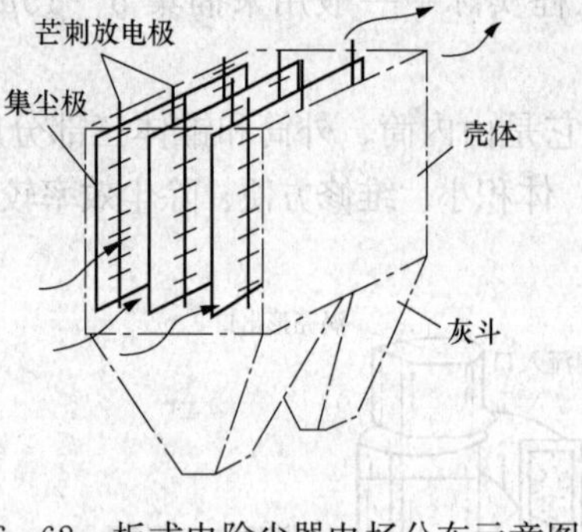

图 6-62　板式电除尘器电场分布示意图

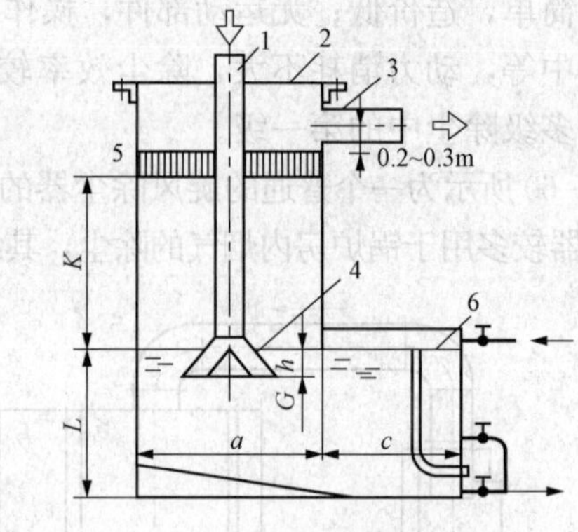

图 6-63　水浴除尘器

1—含尘气流入口；2—顶板；3—净化气流出口；4—喷口；5—挡水板；6—溢流管

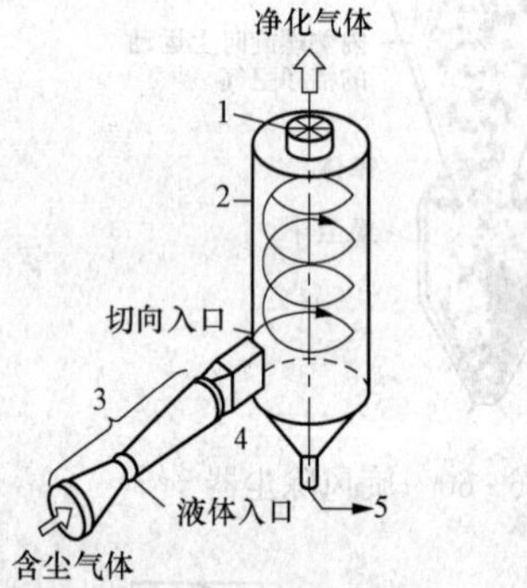

图 6-64　文丘里除尘器

1—消旋器；2—离心分离器；3—文氏管；4—气旋调节器；5—排液口

湿式除尘器种类很多，按照气液接触方式分为两大类：一类是尘粒随气流一起冲入液体内部，尘粒加湿后被液体捕集，其作用是液体洗涤含尘气体。属于这一类的湿式除尘器有自激式除尘器、卧式旋风水膜除尘器和泡沫塔除尘器。另一类是用各种方式向气流中喷入水雾，使尘粒与液滴、液膜发生碰撞。属于这一类的湿式除尘器有文丘里除尘器（如图 6-64 所示）、喷淋塔除尘器等。

三、空气过滤设备

空气过滤器是用来对空气进行净化处理的设备，空气过滤器按其过滤效率可分为粗效、初效、中效、亚高效和高效五种类型，中高效过滤器又细分为 A、B、C、D 四类。从粗效到亚高效统称为一般空气过滤器。工程中常见的有粗效、中效和高效过滤器。

（一）初效过滤器

初效过滤器也叫粗效过滤器，如图 6-65 所示，其滤料多采用玻璃纤维、人造纤维、金属网丝和粗孔聚氨酯泡沫塑料等。初效过滤器适用于一般的空调系统，对尘粒较大的灰尘（大于 5μm）可以有效过滤；在空气净化系统中，一般作为高效过滤器的预滤，起到一定的保护作用。

（二）中效过滤器

中效过滤器的主要滤料是玻璃纤维（比粗效过滤器的玻璃纤维直径小，约 10μm）、人造纤维（涤纶、丙纶、腈纶等）合成的无纺布和中细孔聚乙烯泡沫塑料等。中效过滤器用无纺布和泡沫塑料作滤料时可以清洗后再次使用，而纤维过滤器则只能更换。中效过滤器主要用于过滤粒径大于或等于 1.0μm 中等粒子的灰尘，在空气净化系统中用于高效过滤器的前级保护，在一些要求较高的空调系统中也使用，其结构如图 6-66 所示。

（三）高效过滤器

高效过滤器的滤料一般是用超细玻璃纤维或合成纤维加工制成的滤纸。空气穿过滤纸的速度极慢（通常为每秒几厘米），因而为了增大过滤面积常将滤纸做成折叠状。高效过滤器

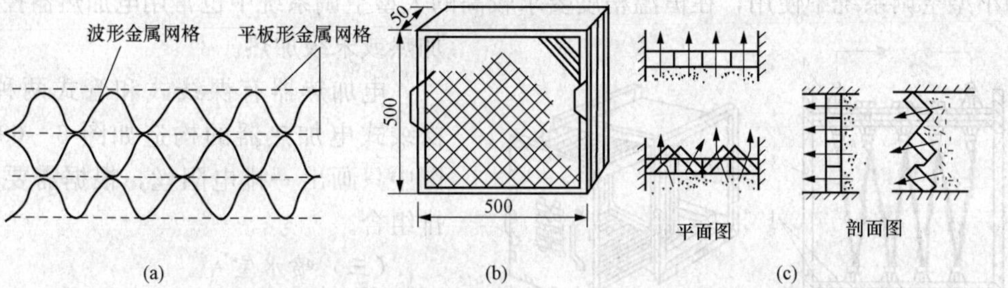

图 6-65　初效过滤器

(a) 金属网格滤网；(b) 过滤器外形；(c) 过滤器安装方式

可过滤 0.5～1.0μm 的微粒子灰尘，同时还能有效地滤除细菌，用于超净和无菌净化。高效过滤器在净化系统中作为三级过滤的末级过滤器，其结构如图 6-67 所示。

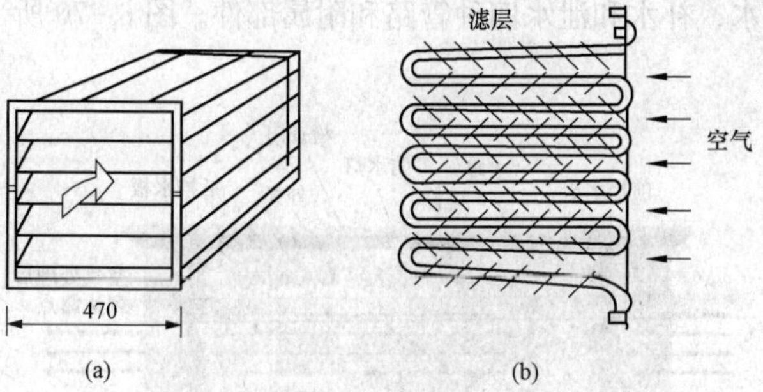

图 6-66　抽屉式过滤器

(a) 外形；(b) 断面形状

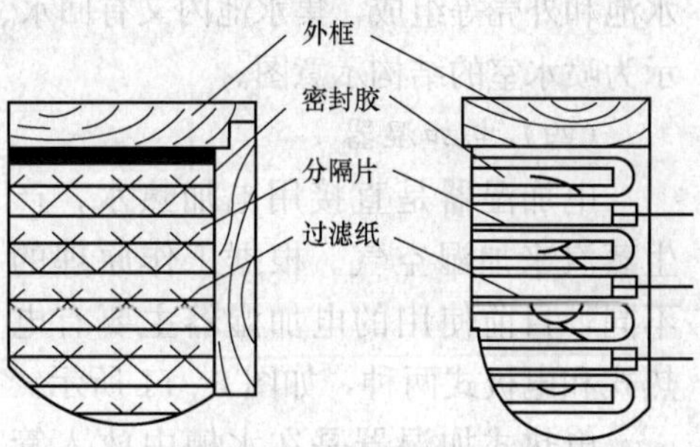

图 6-67　高效过滤器

四、空气热湿处理设备

空气热湿处理设备是对空气进行加热加湿等处理的主要设备，如表面式换热器、喷水室、电加热器、电加湿器等。

目前广泛使用的加热设备有表面式空气加热器和电加热器两种类型，前者用于集中式空调系统的空气处理室和半集中式空调系统的末端装置中，后者主要用在各空调房间的送风支管上作为精密设备及用于空调机组中。

（一）表面式换热器

表面式换热器是一些金属管的组合体，管中通有与空气进行热湿交换的热媒或冷媒，通过金属的外表面与空气进行热湿交换。为提高能量交换效率，通常在光滑的盘管表面加上肋片来增加换热面积，如图 6-68 所示。

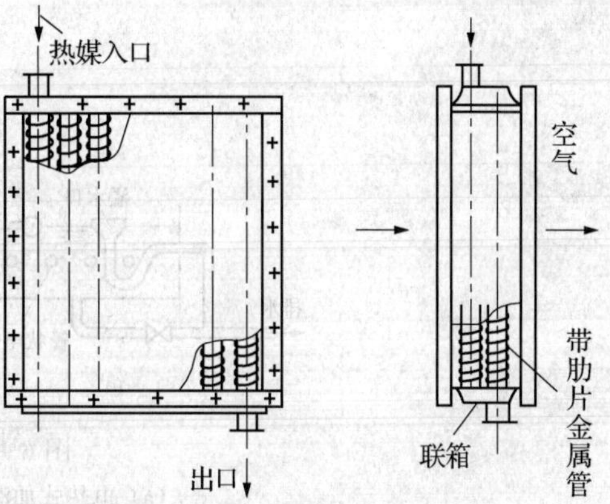

图 6-68　表面式空气加热器

（二）电加热器

电加热器是让电流通过电阻丝发热而加热空气的设备。它具有结构紧凑、加热均匀、热量稳定、控制方便等优点。但是，电加热器利用的是高品位的热能，它只宜在一部分空调机组和小型空调系统中使用，在恒温精度要求较高的大型空调系统中也常用电加热器控制局部加热或末级加热。

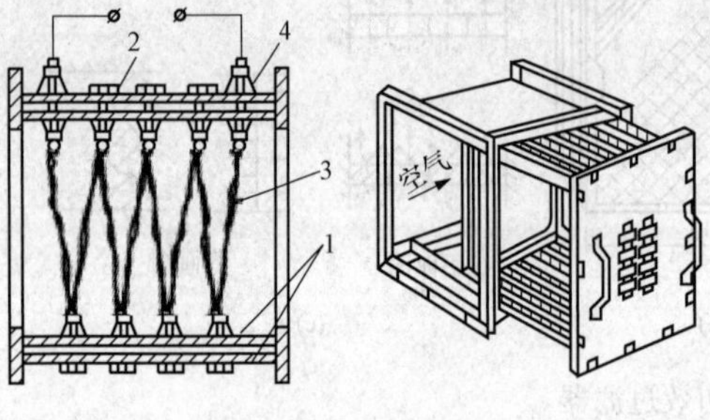

(a) (b)

图 6-69 电加热器

(a) 裸线式电加热器；(b) 抽屉式电加热器；

1—钢板；2—隔热层；3—电阻丝；4—瓷绝缘子

电加热器有裸线式和管式两种结构。裸线式电加热器的构造如图 6-69 所示，图中只画出一排电阻丝，根据需要可以多排组合。

（三）喷水室

喷水室主要用于空调系统中夏季对空气冷却除湿、冬季对空气加湿的设备，它是通过水直接与被处理的空气接触来进行热、湿交换。

喷水室由喷嘴、喷水管路、挡水板、集水池和外壳等组成，集水池内又有回水、溢水、补水和泄水四种管路和附属部件。图 6-70 所示为喷水室的结构示意图。

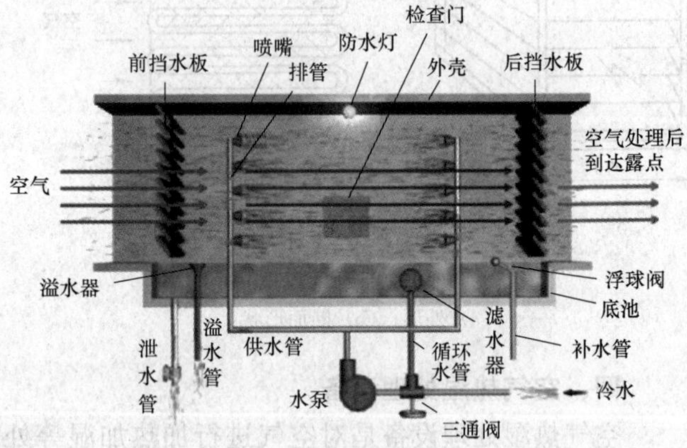

图 6-70 喷水室的结构示意图

（四）电加湿器

电加湿器是直接用电加热水，产生蒸汽来加湿空气。根据工作原理的不同，目前使用的电加湿器主要有电热式和电极式两种，如图 6-71 所示。

电热式加湿器是在水槽中放入管状电热元件，元件通电后将水加热产生蒸汽。补水靠浮球阀自动控制，以免发生断水空烧现象。电极式加湿器结构紧凑，其加湿量易于控制，但耗电量较大，电极上易产生水垢和腐蚀，因此适用于小型空调系统。

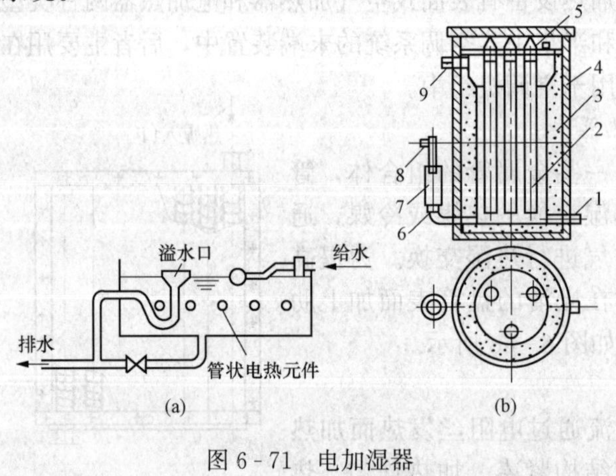

(a) (b)

图 6-71 电加湿器

(a) 电热式加湿器；(b) 电极式加湿器

1—进水管；2—电极；3—保温层；4—外壳；5—接线柱；6—溢水管；7—橡皮短管；8—溢水嘴；9—蒸汽出口

有：结构简单，造价低；无运动部件，操作维护方便；耐高温、高压，可用各种材料制造；压力损失中等，动力消耗不大，除尘效率较高等。工程实际中一般用来捕集 5～15μm 的粉尘，作为多级除尘中的第一级。

图 6-60 所示为一个普通的旋风除尘器的示意图，它是由内筒、外筒和锥体三部分所组成。这种除尘器较多用于锅炉房内烟气的除尘，其结构简单、体积小、维修方便、除尘效率较高。

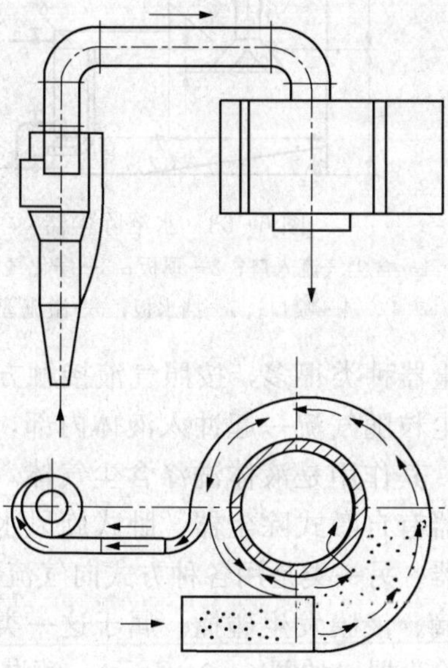

图 6-59　双涡旋除尘器

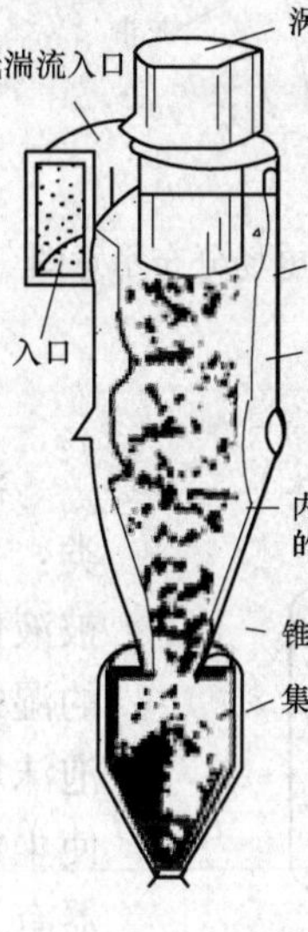

图 6-60　旋风除尘器

（四）袋式除尘器

图 6-61 所示为袋式除尘器，是利用棉布或其他织物的过滤作用进行除尘的，它对 5μm 以下的细小粉尘颗粒也具有较高的除尘效率。

（五）电除尘器

电除尘器是指含尘气体在通过高压电场进行电离的过程中使尘粒荷电，并在电场力的作用下使尘粒沉积在集尘极上，将尘粒从含尘气体中分离出来的一种除尘设备。

电除尘过程与其他除尘过程的根本区别在于，分离力（主要是静电力）直接作用在粒子上，而不是作用在整个气流上，这就决定了它具有分离粒子耗能小、气流阻力小的特点。由于作用在粒子上的静电力相对较大，所以对亚微米级粒子也能有效捕集。电除尘器结构如图 6-62 所示。

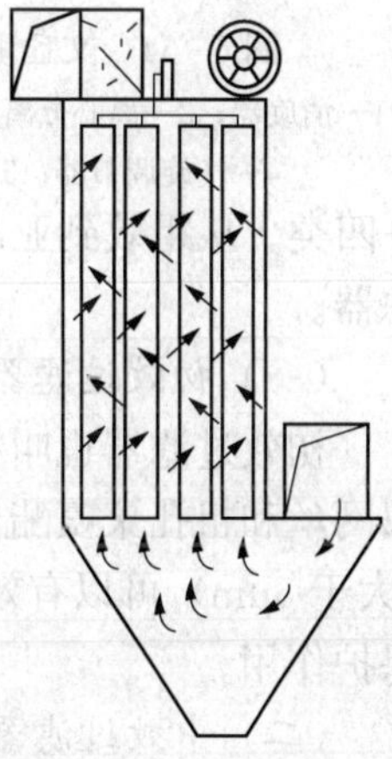

图 6-61　袋式除尘器

（六）湿式除尘器

湿式除尘器是通过含尘气体与液滴或液膜的接触使尘粒从气流中分离出来，它适宜处理有爆炸危险或同时含有多种有害气体的粉尘。其优点是结构简单，投资低，占地面积小，除尘效率高，同时进行有害气体的净化；其缺点是有用物料不能干法回收，泥浆需要处理，有时要设置专门的废水处理设备，而且高温烟气洗涤后温度下降，会影响烟气在大气中的扩散。湿式除尘器结构如图 6-63 所示。

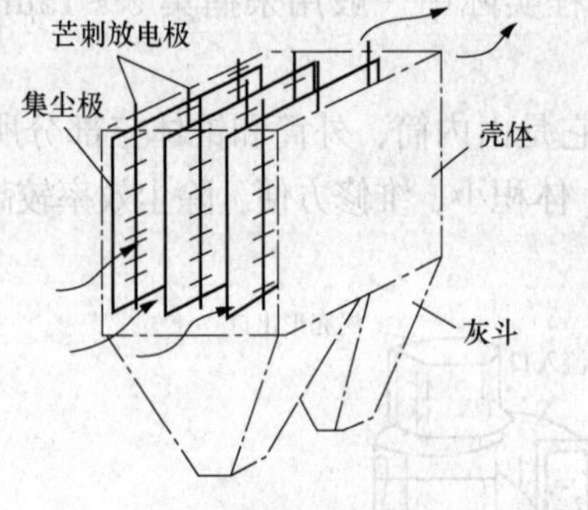

图 6-62　板式电除尘器电场分布示意图

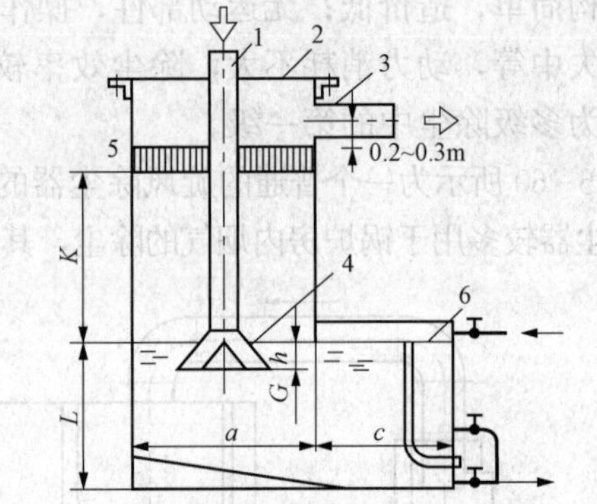

图 6-63　水浴除尘器

1—含尘气流入口；2—顶板；3—净化气流出口；4—喷口；5—挡水板；6—溢流管

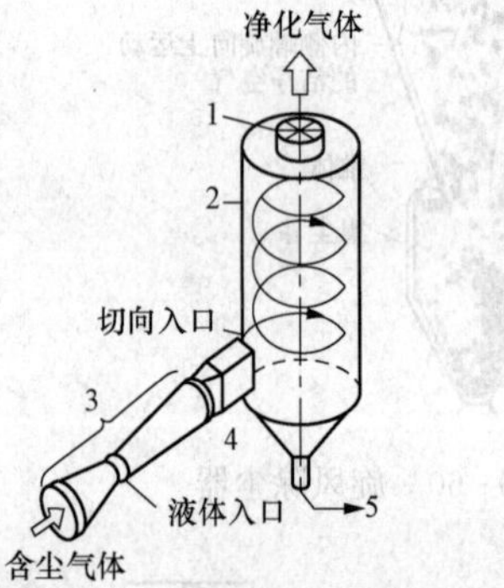

图 6-64　文丘里除尘器

1—消旋器；2—离心分离器；3—文氏管；4—气旋调节器；5—排液口

湿式除尘器种类很多，按照气液接触方式分为两大类：一类是尘粒随气流一起冲入液体内部，尘粒加湿后被液体捕集，其作用是液体洗涤含尘气体。属于这一类的湿式除尘器有自激式除尘器、卧式旋风水膜除尘器和泡沫塔除尘器。另一类是用各种方式向气流中喷入水雾，使尘粒与液滴、液膜发生碰撞。属于这一类的湿式除尘器有文丘里除尘器（如图 6-64 所示）、喷淋塔除尘器等。

三、空气过滤设备

空气过滤器是用来对空气进行净化处理的设备，空气过滤器按其过滤效率可分为粗效、初效、中效、亚高效和高效五种类型，中高效过滤器又细分为 A、B、C、D 四类。从粗效到亚高效统称为一般空气过滤器。工程中常见的有粗效、中效和高效过滤器。

（一）初效过滤器

初效过滤器也叫粗效过滤器，如图 6-65 所示，其滤料多采用玻璃纤维、人造纤维、金属网丝和粗孔聚氨酯泡沫塑料等。初效过滤器适用于一般的空调系统，对尘粒较大的灰尘（大于 5μm）可以有效过滤；在空气净化系统中，一般作为高效过滤器的预滤，起到一定的保护作用。

（二）中效过滤器

中效过滤器的主要滤料是玻璃纤维（比粗效过滤器的玻璃纤维直径小，约 10μm）、人造纤维（涤纶、丙纶、腈纶等）合成的无纺布和中细孔聚乙烯泡沫塑料等。中效过滤器用无纺布和泡沫塑料作滤料时可以清洗后再次使用，而纤维过滤器则只能更换。中效过滤器主要用于过滤粒径大于或等于 1.0μm 中等粒子的灰尘，在空气净化系统中用于高效过滤器的前级保护，在一些要求较高的空调系统中也使用，其结构如图 6-66 所示。

（三）高效过滤器

高效过滤器的滤料一般是用超细玻璃纤维或合成纤维加工制成的滤纸。空气穿过滤纸的速度极慢（通常为每秒几厘米），因而为了增大过滤面积常将滤纸做成折叠状。高效过滤器

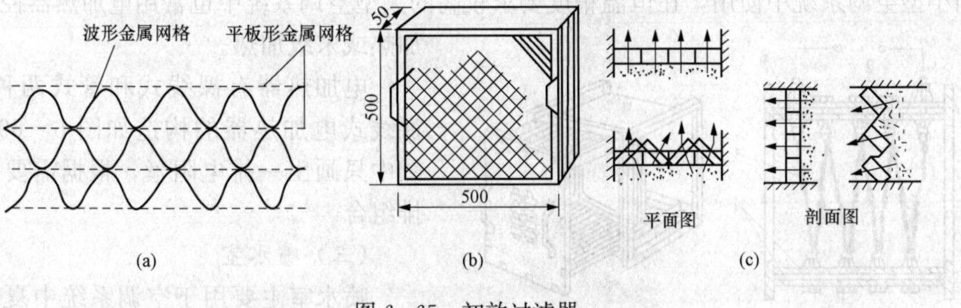

图 6-65　初效过滤器

(a) 金属网格滤网；(b) 过滤器外形；(c) 过滤器安装方式

可过滤 0.5～1.0μm 的微粒子灰尘，同时还能有效地滤除细菌，用于超净和无菌净化。高效过滤器在净化系统中作为三级过滤的末级过滤器，其结构如图 6-67 所示。

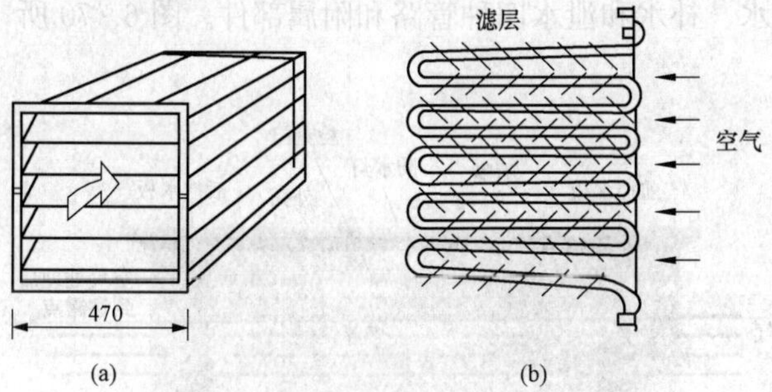

图 6-66　抽屉式过滤器

(a) 外形；(b) 断面形状

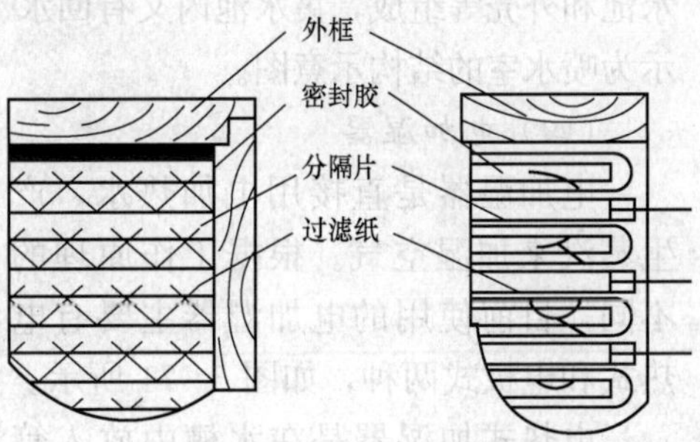

图 6-67　高效过滤器

四、空气热湿处理设备

空气热湿处理设备是对空气进行加热加湿等处理的主要设备，如表面式换热器、喷水室、电加热器、电加湿器等。

目前广泛使用的加热设备有表面式空气加热器和电加热器两种类型，前者用于集中式空调系统的空气处理室和半集中式空调系统的末端装置中，后者主要用在各空调房间的送风支管上作为精密设备及用于空调机组中。

（一）表面式换热器

表面式换热器是一些金属管的组合体，管中通有与空气进行热湿交换的热媒或冷媒，通过金属的外表面与空气进行热湿交换。为提高能量交换效率，通常在光滑的盘管表面加上肋片来增加换热面积，如图 6-68 所示。

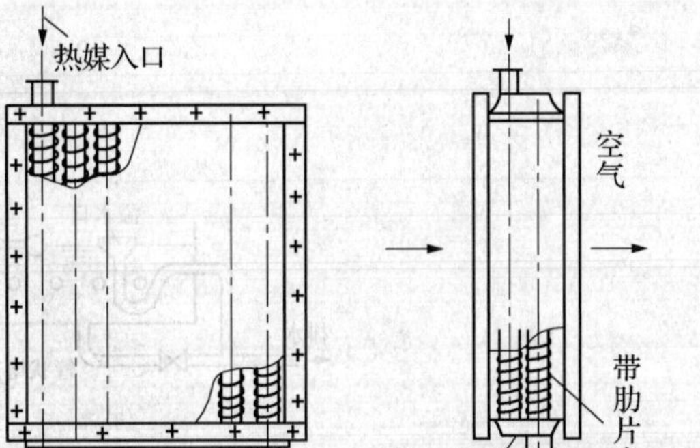

图 6-68　表面式空气加热器

（二）电加热器

电加热器是让电流通过电阻丝发热而加热空气的设备。它具有结构紧凑、加热均匀、热量稳定、控制方便等优点。但是，电加热器利用的是高品位的热能，它只宜在一部分空调机组和小型空调系统中使用，在恒温精度要求较高的大型空调系统中也常用电加热器控制局部加热或末级加热。

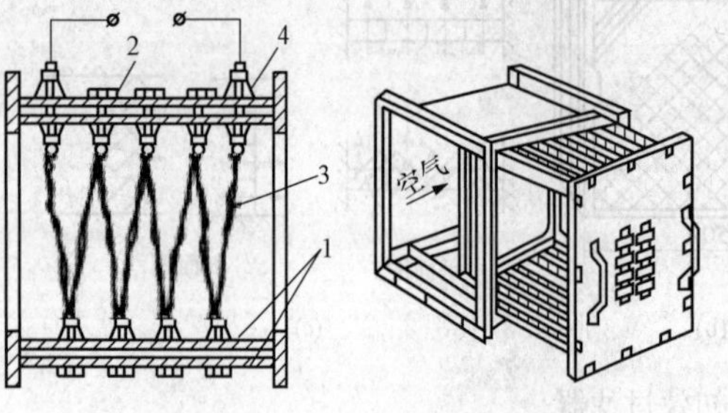

(a) (b)

图 6 - 69　电加热器

（a）裸线式电加热器；（b）抽屉式电加热器；

1—钢板；2—隔热层；3—电阻丝；4—瓷绝缘子

电加热器有裸线式和管式两种结构。裸线式电加热器的构造如图 6 - 69 所示，图中只画出一排电阻丝，根据需要可以多排组合。

（三）喷水室

喷水室主要用于空调系统中夏季对空气冷却除湿、冬季对空气加湿的设备，它是通过水直接与被处理的空气接触来进行热、湿交换。

喷水室由喷嘴、喷水管路、挡水板、集水池和外壳等组成，集水池内又有回水、溢水、补水和泄水四种管路和附属部件。图 6 - 70 所示为喷水室的结构示意图。

（四）电加湿器

电加湿器是直接用电加热水，产生蒸汽来加湿空气。根据工作原理的不同，目前使用的电加湿器主要有电热式和电极式两种，如图 6 - 71 所示。

电热式加湿器是在水槽中放入管状电热元件，元件通电后将水加热产生蒸汽。补水靠浮球阀自动控制，以免发生断水空烧现象。电极式加湿器结构紧凑，其加湿量易于控制，但耗电量较大，电极上易产生水垢和腐蚀，因此适用于小型空调系统。

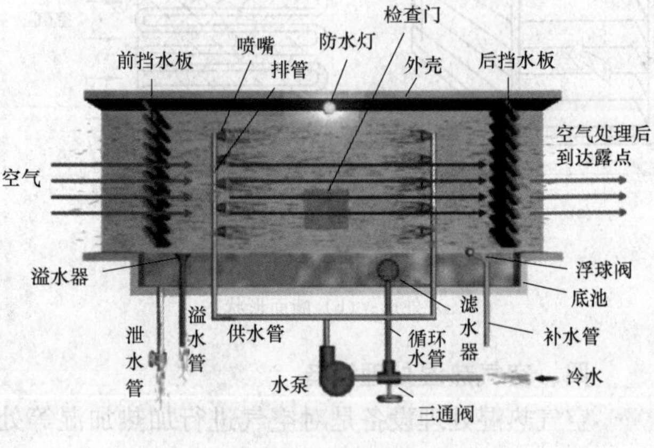

图 6 - 70　喷水室的结构示意图

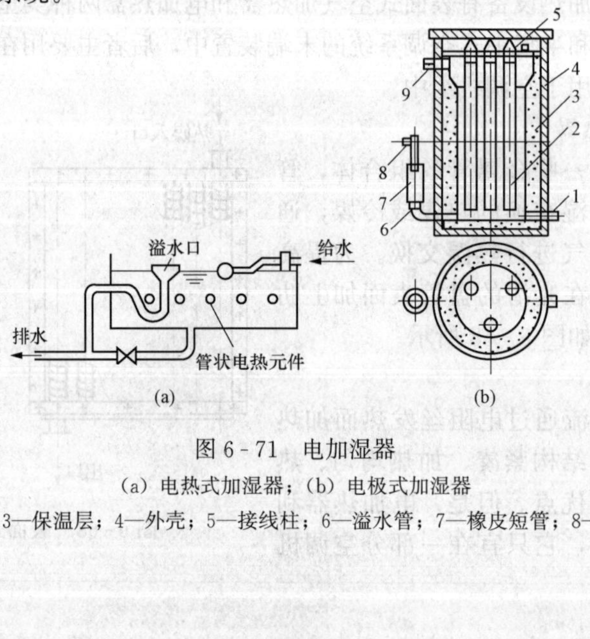

(a) (b)

图 6 - 71　电加湿器

（a）电热式加湿器；（b）电极式加湿器

1—进水管；2—电极；3—保温层；4—外壳；5—接线柱；6—溢水管；7—橡皮短管；8—溢水嘴；9—蒸汽出口

（五）除湿机

除湿机是一种对空气进行减湿处理的设备，常用于对湿度要求低的生产工艺、产品储存及产湿量大的地下建筑等场所的除湿。

除湿机实际上是一个小型的制冷系统，由制冷系统和风机等组成，其工作原理如图 6-72 所示。

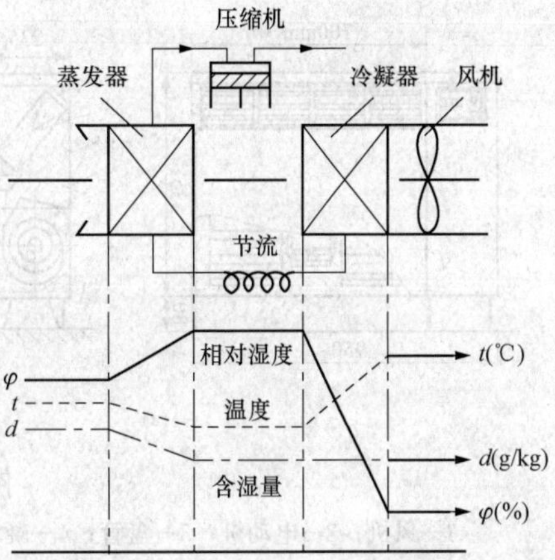

图 6-72 制冷除湿机流程

五、空调机组

空调机组也称为组合式空调箱，通常是指能够将引入的空气进行热湿处理后再送出去的装置。可以按设计图纸在施工现场组合装配，其外壳多为砖制或钢筋混凝土结构；也可以选用工厂制造的定型产品，外壳由钢板或玻璃钢制成。其实，将前面提到的各种空气处理装置（如过滤、加热、加湿、冷却和减湿等），根据设计的需要选取并排列组合在箱体内就组成了一个空调机组。如图 6-73 所示是一个装配式金属空调箱的示意图。

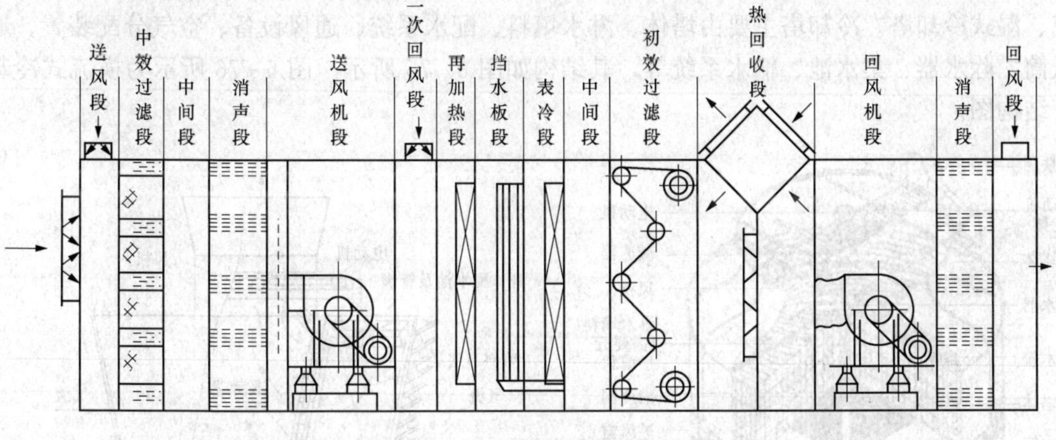

图 6-73 空调机组示意图

六、风机盘管

风机盘管是空气处理系统的一个末端设备，由风机、盘管（换热面）、凝水盘、空气过滤器、送风口、回风口和箱体组成，有立式和卧式两种形式，可根据室内装修的需要明装或暗装，如图 6-74 所示。风机由电动机驱动，通常有高、中、低三种速度，由电器开关控制。盘管是换热设备承担房间冷、热负荷，凝水盘用以承接凝结水。

风机盘管空调系统的主要优点是布置灵活，节省建空间，各房间可独立地通过风量、水量（或水温）的调节，改变室内的温、湿度。此外，当房间无人时可关闭风机盘管机组而不会影响其他房间，节省运行费用。

风机盘管空调系统的主要缺点是对机组制作有较高的质量要求，否则将带来大量的维修工作量。此外，在噪声要求严格的地方，由于风机转速不能过高，风机余压较小，使气流分布受到限制，一般只适用于进深小于 6m 的场合。在没有新风系统的加湿设备配合时，冬季

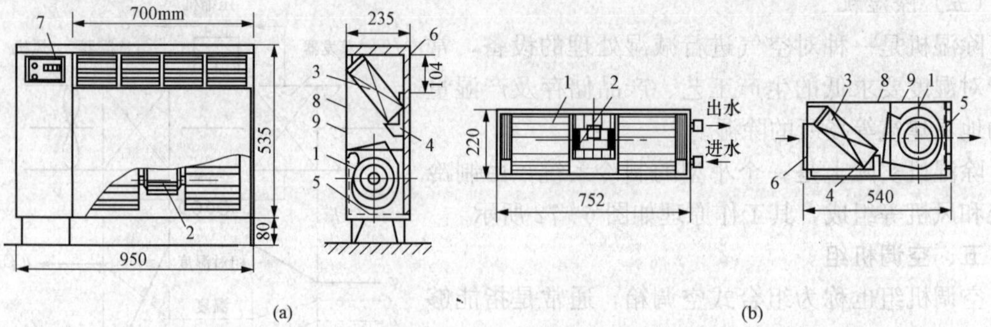

图 6-74　风机盘管

1—风机；2—电动机；3—盘管；4—凝水盘；5—循环风进口及过滤器；6—出风格栅；7—控制器；8—吸声材料；9—箱体

室内相对湿度偏低，对空气的净化（过滤）能力较差。

七、冷却塔

冷却塔是中央空调冷却水系统的主要设备，其利用水和空气的充分接触，通过蒸发作用来散去制冷空调中产生废热的一种设备。冷却塔的类型较多，常用的有开式、机械通风、逆流、湿式冷却塔。冷却塔主要由塔体、淋水填料、配水系统、通风设备、空气分配装置、通风筒、除水器、集水池、输水系统等，其结构如图 6-75 所示。图 6-76 所示为横流式冷却塔结构图。

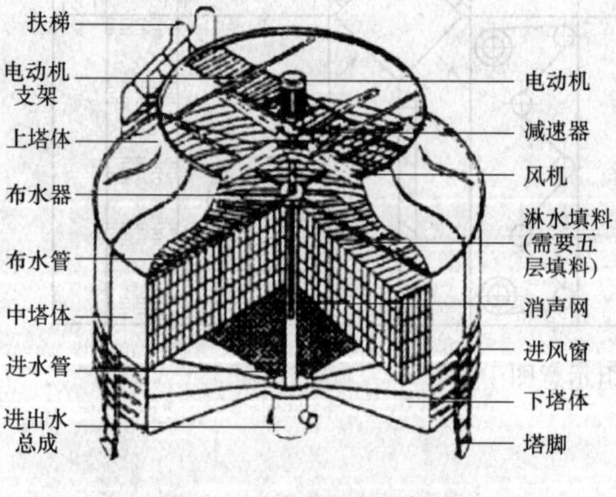

图 6-75　逆流式冷却塔

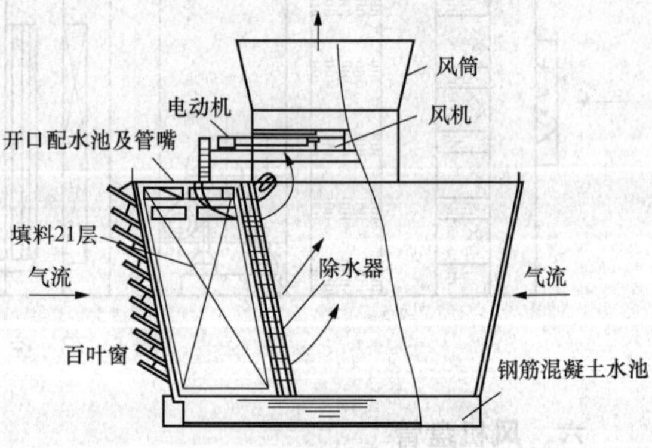

图 6-76　横流式冷却塔

八、消声静压箱

在风机出口处或在空气分布器前设置静压箱并贴以吸声材料，既可起到稳定气流的作用，又可以起到消声器的作用。其通流截面及容积较大，使汇流的风在此处降低风速，并充分均匀地混合后流出。其内部贴上消声材料后，又兼有消声功能。其有定型产品，设计者也可根据需要自行设计。

第六节　通风与空调系统施工图识读案例

施工图是采用规定的图例、符号、绘制规则、统一的文字标注来表示工程实际管路的空间走向和设备的空间位置。

通风与空调系统施工图是通风与空调工程设计方案的图形化表示，它表达了设计人员的设计意图，是进行通风与空调系统安装施工的依据，也是编制施工图预算的重要依据之一。

一、通风与空调系统施工图的组成

通风与空调系统施工图由图文和图纸两部分组成，其中图文部分包括图纸目录、设计施工说明、设备材料明细表。图纸部分包括通风与空调系统平面图、系统图（轴测图）、原理图、剖面图、详图等。

（一）图文部分

1. 图纸目录

设计人员对已完成的施工图进行命名和编号，将其编成图纸目录以便进行查阅。通过图纸目录可以了解整套图纸的大致内容，即图纸编号及图纸名称等。

2. 设计施工说明

通风与空调系统施工图的设计说明包括建筑概况、设计标准、系统划分及施工、验收、调试、运行等有关事项。

设计说明主要表达的是施工图纸中无法表达清楚，而在施工中必须清楚的相关要求，其无法用图的形式表达，只能以文字形式表述。

3. 设备材料明细表

由于系统所用的设备及材料众多，所以在设备材料明细表中明确表示所选设备的名称、型号、数量、性能参数等相关信息；而所使用材料的材质、规格及强度要求等也明确列出。

（二）图纸部分

1. 平面图

平面图表示各层和各个房间的通风（包括防排烟）与空调系统的风道、水管、阀门、风口和设备的布置情况，并确定给出它们的平面位置，包括通风与空调系统平面图、冷冻机房平面图、空调机房平面图等。在平面图中，一般风管用双线绘制，水、汽管用单线绘制。

2. 系统图（轴测图）

系统轴测图是以轴测投影绘出的管路系统单线条的立体图。在图面上直接反映管线的分布情况，可以完整地将管线、部件及附属设备之间的相对位置的空间关系表达出来。系统轴测图还注明管线、部件及附属设备的标高和有关尺寸。系统轴测图一般按正等测或斜等测绘制。水、汽管道及通风、空调管道的系统图均可用单线绘制。

3. 原理图

系统原理图（流程图）是综合性的示意图，用示意性的图形表示出所有设备的外形轮廓，用粗实线表示管线。从图中可以了解系统的工作原理、介质的运行方向，同时也可以对设备的编号、建（构）筑物的名称及整个系统的仪表控制点（温度、压力、流量及分析的测点）有一个全面的了解。此外，通过了解系统的工作原理，还可以在施工过程中协调各个环节的进度，安排好各个环节的试运行和调试的程序。

4. 剖面图

剖面图主要表示设备和管道的高度变化情况，并确定设备和管道的标高、距地面的高度、管道和设备相互间的垂直间距，识读时应与平面图上标注的断面剖切线相互对应。

5. 详图

通常可采用国家或地区的标准图。因上述图中未能反映清楚，国家或地区又无标准图，则由设计人员用详图进行表示。

例如，同一平面图中多管线交叉安装，须用节点详图表达清楚各管在平面和高度上的位置关系。

二、通风与空调系统施工图的一般规定

（一）图纸比例

由于通风与空调系统施工图属于特殊专业的图纸，常用的图纸比例见表 6-2。

表 6-2 图纸比例

图名	比例
总平面图	1∶500、1∶1000、1∶2000
平面图	1∶50、1∶100、1∶150、1∶200
详图（大样图）	1∶1、1∶2、1∶5、1∶10、1∶20、1∶50
系统图和工艺流程图	无比例

（二）管道代号

通风与空调系统管道中输送的介质通常为空气、蒸汽和水。如果同一张施工图中有多种管道，则需要使用不同的代号表示。管道代号详见表 6-3。

表 6-3 管道代号

代号	名称	代号	名称
K	空调风管	H	回风管
S	送风管	P	排风管
X	新风管	PY	排烟管或排风、排烟共用管道
N	凝结水管	P	膨胀水管
G	补给水管	Y	溢水管
L_1	空调供水管	L_2	空调回水管
LG_1	冷却供水管	LG_2	冷却回水管
RH	软化水管	P	平衡管

（三）常用图例

施工图中的管道及部件多采用国家标准规定的图例来表示。这些简单的图样并不完全反映实物的形象，仅仅是示意性地表示具体设备、管道、部件及配件。各个专业施工图都有各自不同的图例，且有些图例还互相通用。暖通空调专业常用图例见表 6-4。

表 6-4 暖通空调专业常用图例

序号	名称	图例	附注
		风管	
1	送风管、新（进）风管	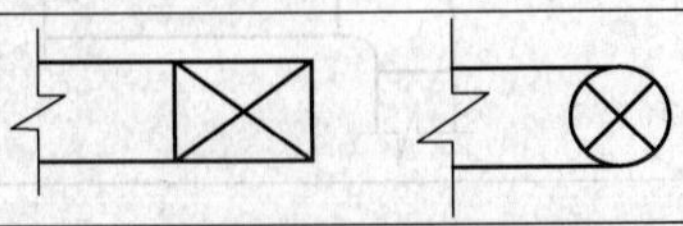 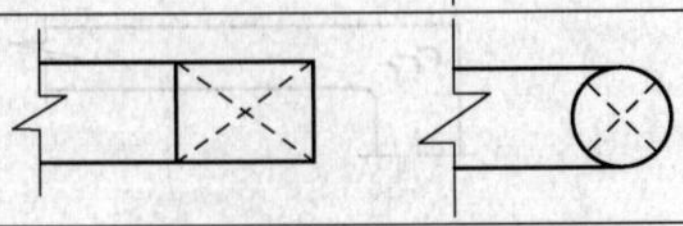	
2	回风管、排风管	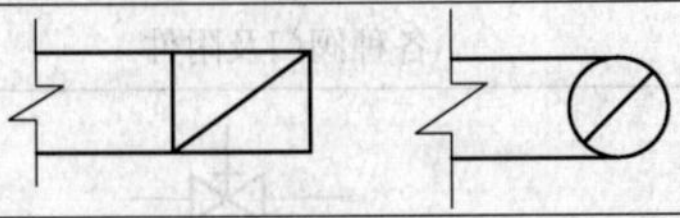 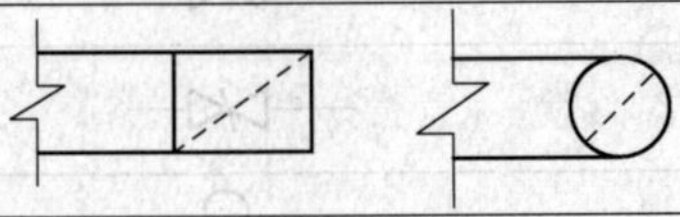	
3	混凝土或砖砌风管	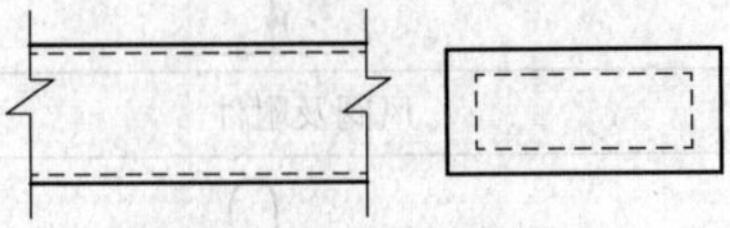	
4	异径风管	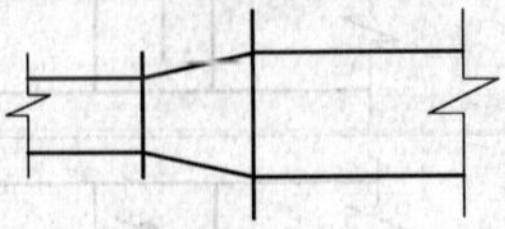	
5	天圆地方	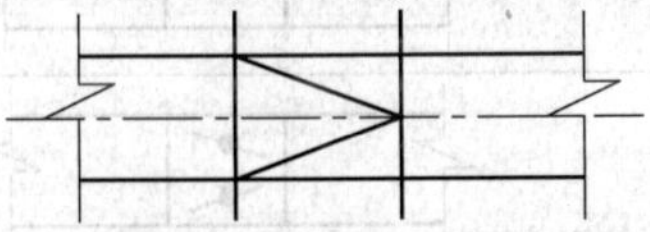	
6	柔性风管	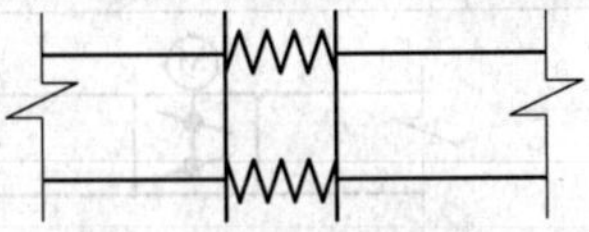	
7	风管检查孔	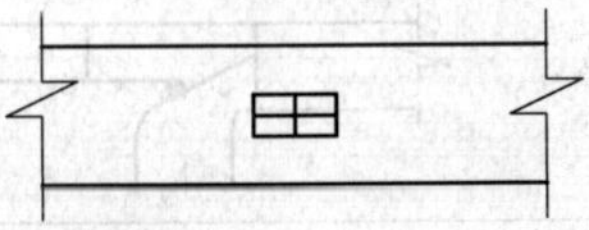	
8	风管测定孔	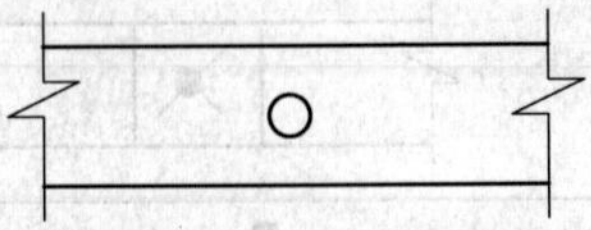	
9	矩形三通	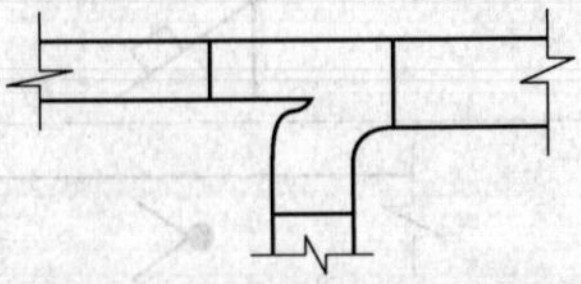	
10	圆形三通	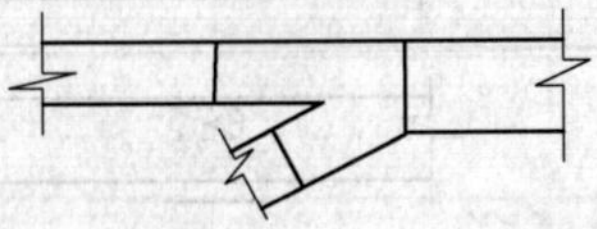	

续表

序号	名称	图例	附注
11	弯头	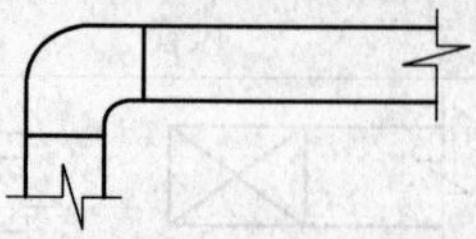	
12	带导流片弯头	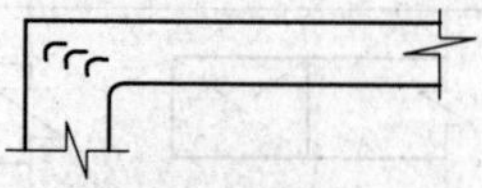	
		各种阀门及附件	
1	安全阀		
2	蝶阀		
3	手动排气阀		
		风阀及附件	
1	插板阀	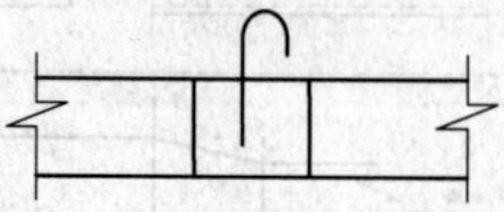	
2	蝶阀	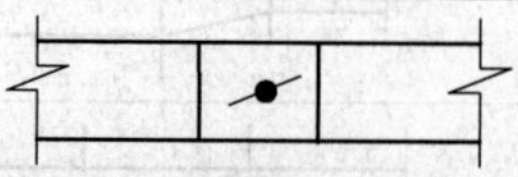	
3	手动对开式 多叶调节阀	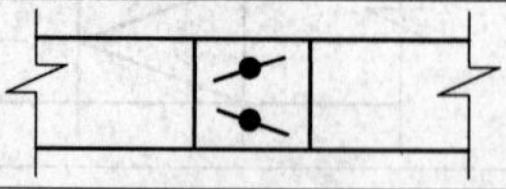	
4	电动对开式 多叶调节阀	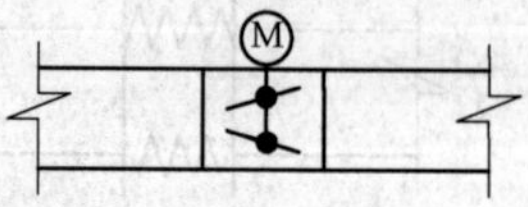	
5	三通调节阀	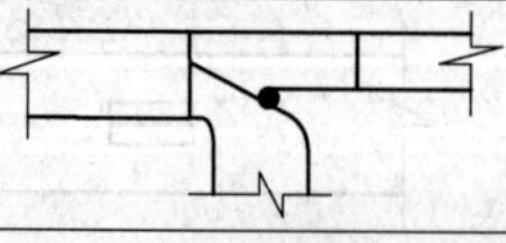	
6	防火（调节阀）	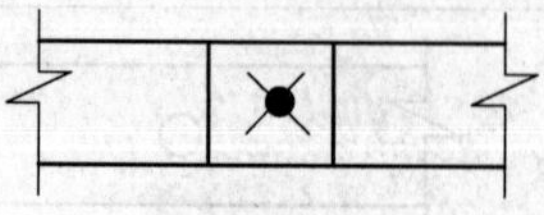	
7	余压阀		
8	止回阀	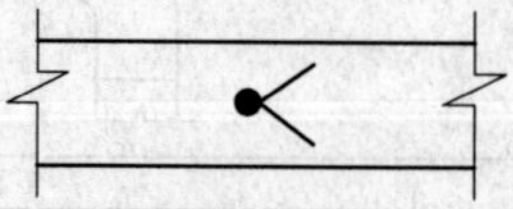	
9	送风口	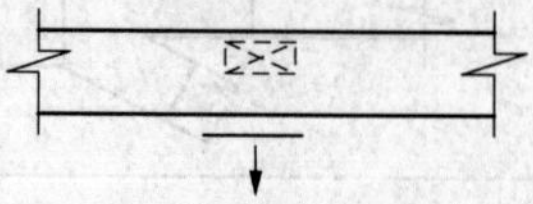	

续表

序号	名称	图例	附注
10	回风口	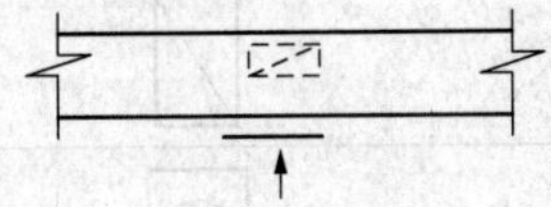	
11	方形散流器	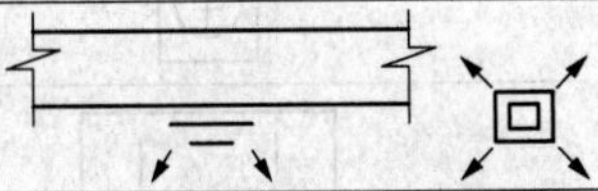	
12	圆形散流器		
13	伞形风帽	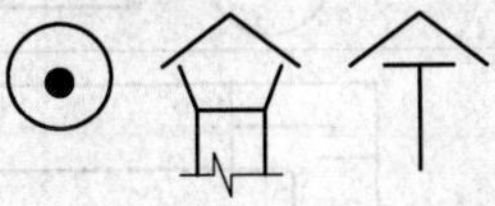	
14	锥形风帽		
15	筒形风帽	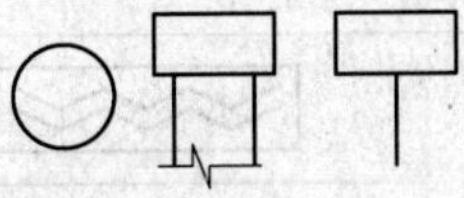	
		通风、空调、制冷设备	
1	离心式通风机	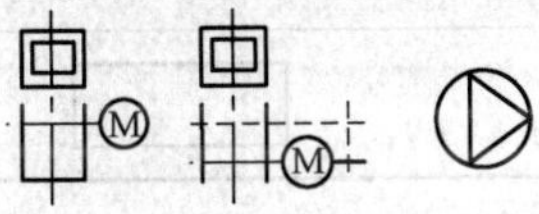	
2	轴流式通风机	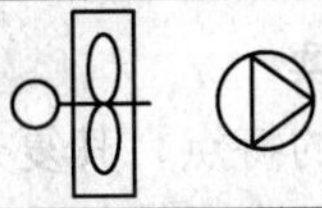	
3	离心式水泵	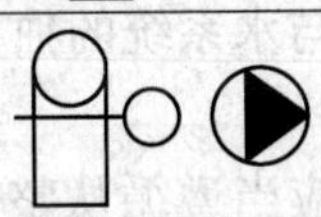	
4	制冷压缩机		
5	水冷机组	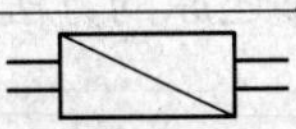	
6	空气过滤器	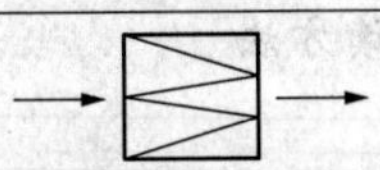	
7	空气加热器		
8	空气冷却器		
9	空气加湿器	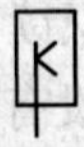	

续表

序号	名称	图例	附注
10	窗式空调器	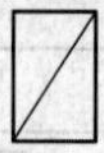	
11	风机盘管		
12	消声器		
13	减振器	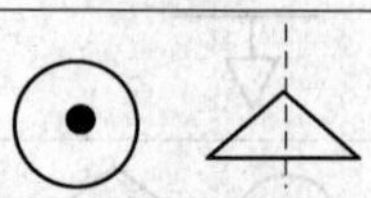	
14	消声弯头	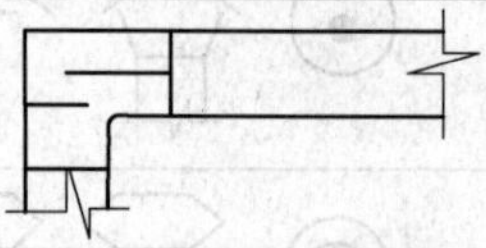	
15	喷雾排管	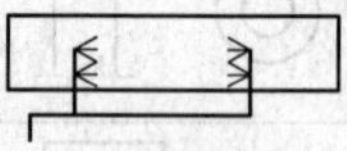	
16	挡水板		
17	水过滤器	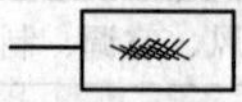	
18	通风空调设备		

三、通风与空调系统施工图的识读

通风与空调系统施工图有其自身的特点，其复杂性要比给排水系统施工图大，识读时要切实掌握各图例的含义，把握风系统与水系统的独立性和完整性。识读时要搞清系统，摸清环路，分系统阅读。

通风与空调系统施工图的识读，应当遵循从整体到局部、从大到小、从粗到细的原则，同时要将图样与文字互相对照看，各种图样对照看，达到逐步深入与细化。看图的过程是一个从平面到空间的过程，还要利用投影还原的方法，再现图纸上各种图线图例所表示的管件与设备空间位置及管路的走向。

（一）通风与空调系统施工图识读方法

（1）认真识读图纸目录。

（2）识读设计说明。根据设计说明了解工程概况，包括通风与空调系统的形式、划分及主要设备布置等信息，在此基础上，确定哪些图纸代表工程的特点、是图纸中的典型或重要部分，图纸的识读就从这些重要图纸开始。

（3）识读有代表性的图纸。在通风与空调系统施工图中，有代表性的图纸基本上都是空调系统布置、空调机房布置、冷冻机房布置的平面图，因此空调通风施工图的识读基本上是从平面图开始的，先识读总平面图，然后识读其他部分的平面图。

（4）识读相关辅助图纸。对于平面图上没有表达清楚的地方，就要根据平面图上的提示（如剖面位置）和图纸目录找出该平面图的辅助图纸进行识读，包括立面图、侧立面图、剖面图等。

对于整个系统，可配合系统轴测图识读。在识读图纸过程中，各图像相互配合进行识读。

(5) 识读施工图其他图纸。经过上述识图过程，在对整个通风与空调系统施工图读懂的情况下，继续识读设备明细及材料表，了解整个系统的安装情况，参考大样图及详图，从而完全掌握图纸的全部内容。

(二) 通风与空调系统施工图的识读内容

1. 平面图识读内容

(1) 了解建筑物的朝向、基本构造、轴线及有关尺寸。

(2) 了解设备的名称、位号（编号）、平面定位尺寸、接管方向及标高。

(3) 掌握各条管线的编号、平面位置、介质名称、管道及配件、部件的规格、型号及数量。

2. 工艺流程图识读内容

(1) 了解管路中介质的流向。

(2) 掌握设备的种类、名称、位号（编号）及型号。

(3) 对于配有自动控制仪表装置的管路系统还要掌握控制点的分布状况。

3. 剖面图识读内容

(1) 了解建筑物的竖向构造、层次分布、尺寸及标高。

(2) 了解设备的立面布置情况，查明位号（编号）、型号、接管要求、尺寸及标高。

(3) 掌握各条管线的立面布置情况、尺寸和标高。

4. 系统图识读内容

(1) 掌握管路系统的空间走向，弄清楚管路标高，出、入口的组成。

(2) 了解干管、立管及支管的连接方式，掌握管道及配件、部件的规格、型号及数量。

(3) 了解管路与设备的连接方式、连接方向及要求。

(三) 通风与空调系统施工图的识图案例

1. 通风及防排烟施工图识图案例

[案例 6-1] 图 6-77 所示为某地下车库的通风平面图，相关的设计施工说明如下：

(1) 设计内容包括平战结合的人防地下室通风设计。该工程平时作为汽车库使用。

(2) 设计依据：《人民防空工程设计规范》(GB 50225　2005)、《人民防空工程防化设计规范》(RFJ 013—2010)、《汽车库、修车库、停车场设计防火规范》(GB 50067—2014)、建筑专业提供的建筑平面。

(3) 平时消防通风。

1) 该地下室工程汽车库总建筑面积为 5590m²，平时停放机动车 138 辆，共 3 个防火分区（图 6-77 是其中第二个防火分区部分），汽车库设 3 个防烟分区，顶棚下凸出不小于 0.50m 的梁作为分界，防烟分区面积小于 2000m²，排烟量按换气次数不小于 6 次/h 计算。排烟系统平时承担车库通风任务。车库防火分区消防的补风均通过车道出入口自然补风。

2) 火灾发生时，接到消防控制中心信号，相应排烟风机转入排烟状态，同时开启补风机（无补风机采用车道补风），当排烟温度达到 280℃时，排烟防火阀熔断关闭，并联锁排烟风机关闭。排烟口距离最远点不超过 30m。

(4) 该工程通风管均采用复合通风管道制作，导热系数小，不燃，材料堆密度不大于 380kg/m³，各风管均采用吊架支承，间隔 2m，各风口均为铝合金风口。

(5) 该工程的非镀锌钢板及所有铁制件除锈后，内外壁均刷铁红底漆两道，外壁复刷灰

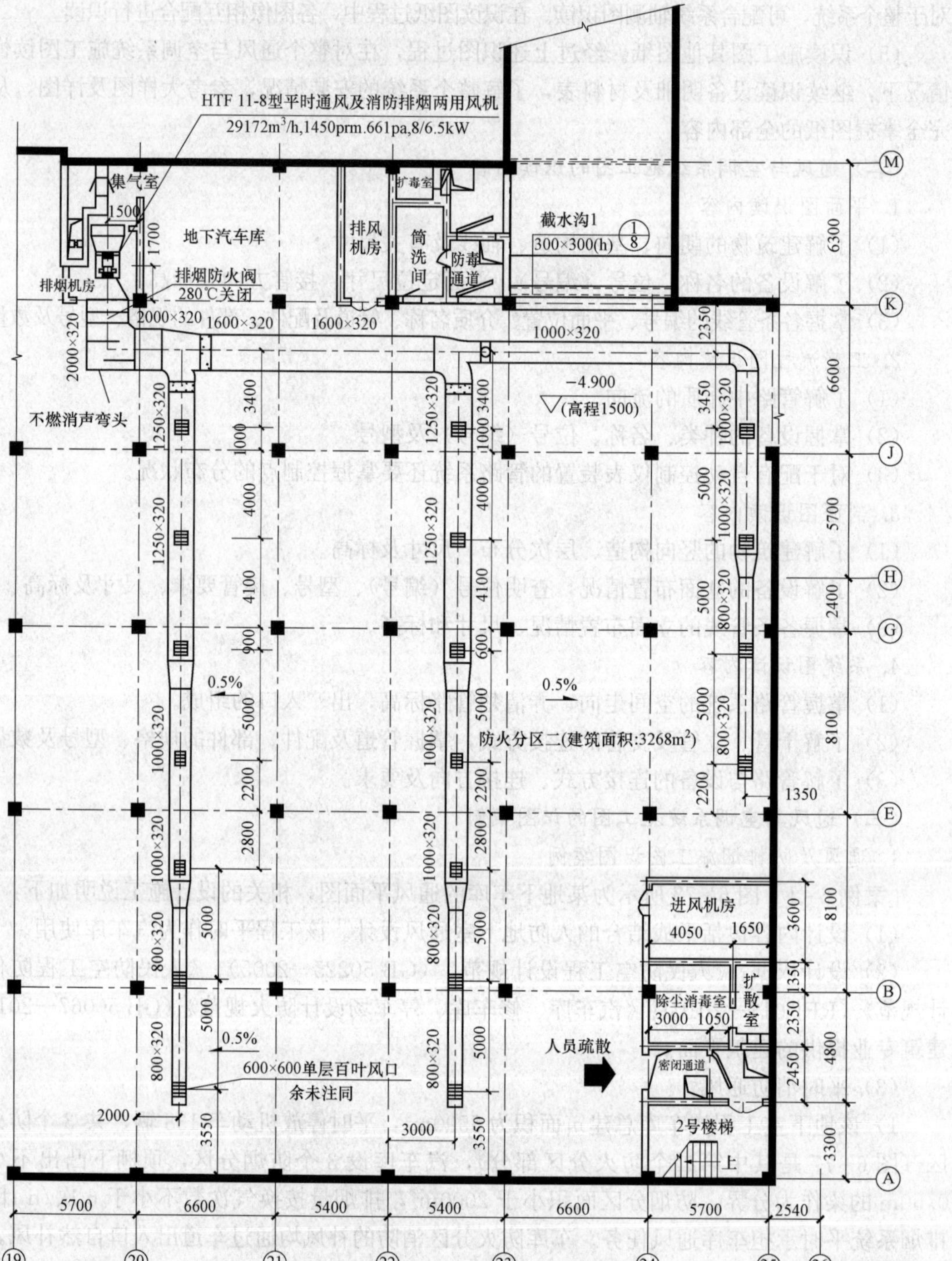

图 6-77　某地下车库的通风平面图

色调和漆两道。

（6）图 6-77 中所注风管标高，方管为相对地面的管顶标高，圆管为中心标高。未标注标高的风管都贴于梁底安装。风管与排水管相碰处，水管翻高贴板底安装。

识图方法：对照图 6-77 平面图，首先初步了解建筑物内的各房间与结构的平面布置情况，再了解风管系统在建筑物内的平面布置位置。图 6-77 中 19～20 轴、M～K 轴之间为排烟机房，内置 HTF-Ⅱ-8 型平时通风及消防排烟两用风机一台，其风量为 29172m^3/h，转速为 1450r/min，风压为 661Pa，功率为 8/6.5kW。

排烟风管穿出风机房后，设置排烟防火阀，再经不燃消声弯头后，分三路进入地下汽车库，每个三通出口处均设置了对开多叶调节阀。

所有送风口采用 600mm×600mm 单层百叶风口，风口间距为 5m，风管尺寸见图 6-77 中标注。

2. 空调系统施工图识图案例

［案例 6-2］以某饭店空调系统为例。

（1）设计说明。

1）本工程为某饭店，主要功能有多功能厅、客房、餐厅及服务大厅。

2）设计依据。

《建筑设计防火规范（2018 年版）》（GB 50016—2014）；

《民用建筑供暖通风与空气调节设计规范》（GB 50736—2012）；

《汽车库、修车库、停车场设计防火规范》（GB 50067—2014）；

《公共建筑节能设计标准》（GB 50189—2015）；

《民用建筑热工设计规范》（GB 50176—2016）；

《通风与空调工程施工质量验收规范》（GB 50243—2016）。

3）通风空调设计计算参数。

a. 室外通风空调计算参数如下：

空调室外计算干球温度：夏季为 34.8℃；冬季为－10℃。

夏季空调室外计算湿球温度：26.7℃。

冬季空调室外计算相对湿度：54％。

大气压力：夏季为 998.5mbar；冬季为 1020.2mbar（1bar＝10^5Pa）。

b. 室内空调设计参数如下：

干球温度：夏季为 26～28℃；冬季为 18～20℃。

相对湿度：夏季为小于 65％。

新风量：30m^3/h。

4）空调系统设计说明。

a. 空调负荷。该工程空调设计冷负荷为 1178kW；热负荷约为 1008kW。

b. 系统划分。大厅及多功能厅等采用全空气调节系统。客房、办公室采用风机盘管加新风系统。

c. 水系统设计。空调水系统主干管采用双管异、同程结合方式。

d. 所有空调风管、新风管采用镀锌钢板制作。

e. 管材。空调水系统冷热水管道采用无缝钢管。冷凝水管采用 PVC 塑料管。

f. 保温。空调的冷热水管、凝结水管、空调风管、新风管均保温，保温材料为橡塑材料。

（2）图纸。由于篇幅限制，选择部分图纸，分别为多功能厅空调系统平面图（见图 6-78）、多功能厅空调系统剖面图（见图 6-79）、多功能厅空调系统轴测图（见图 6-80）、顶层客房

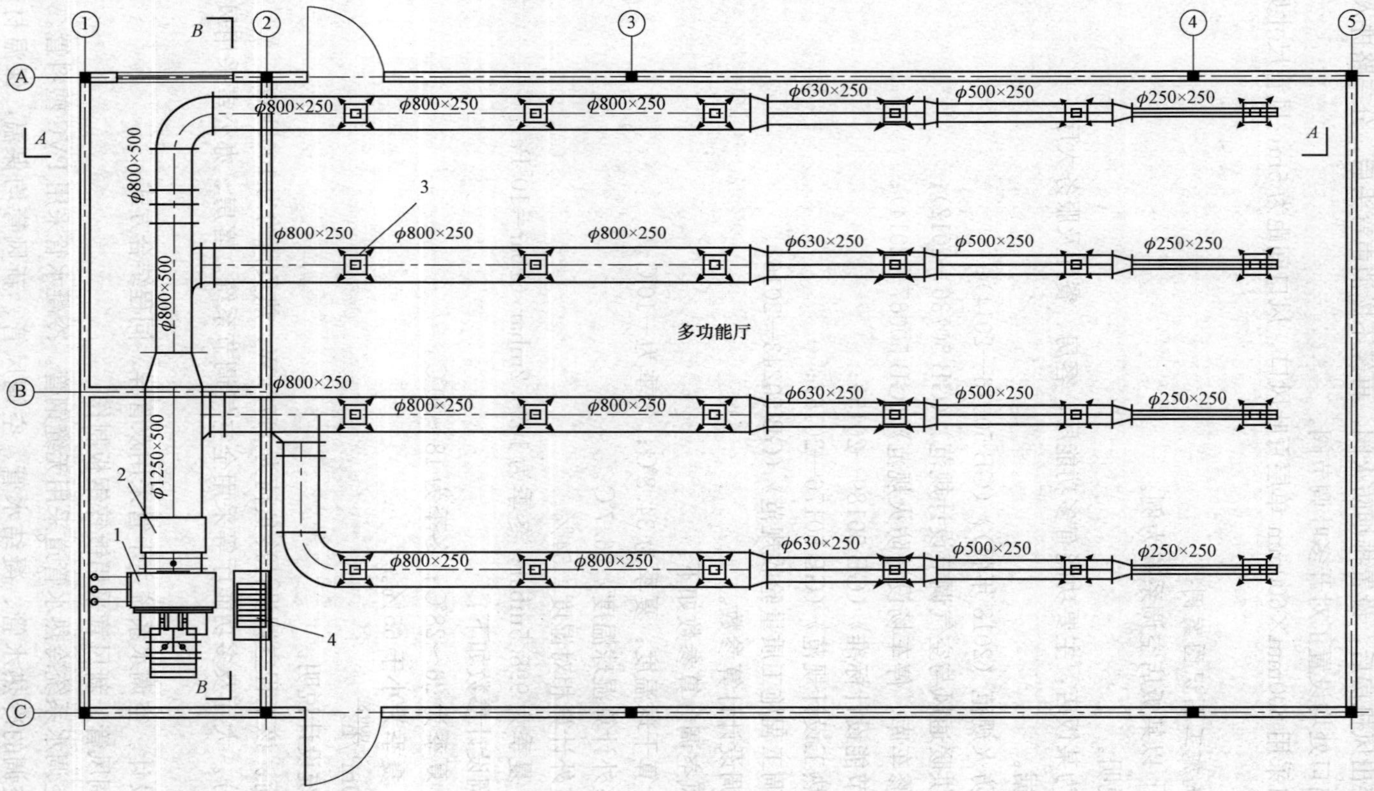

图 6-78 多功能厅空调系统平面图

1—变风量空调箱 BFP×18，风量为 18 000m^3/h，冷量为 150kW，余压为 400Pa，电动机功率为 4.4kW；2—微穿孔板消声器 1250×500；3—铝合金方形散流器 240×240，共 24 只；4—阻抗复合式消声器 1600×800，回风口风机盘管新风系统平面布置图（见图 6-81）、顶层客房风机盘管水系统平面布置图（见图 6-82）、顶层客房风机盘管新风系统轴测图（见图 6-83）、顶层客房风机盘管水系统轴测图（见图 6-84）、风机盘管大样图（见图 6-85）。

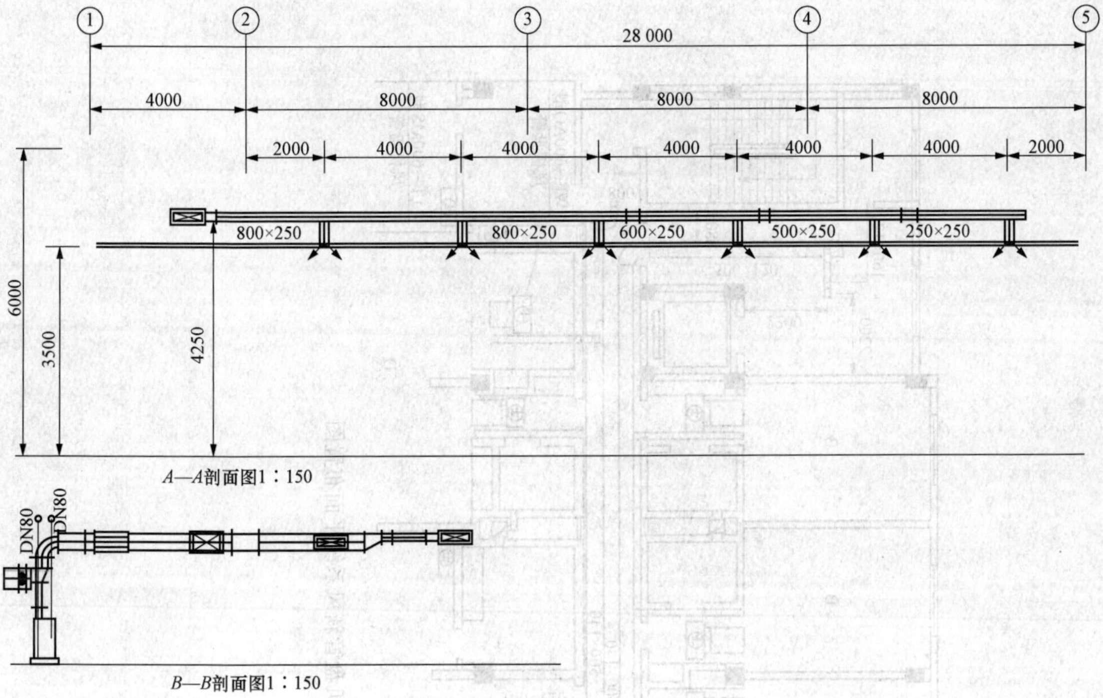

图 6-79 多功能厅空调系统剖面图

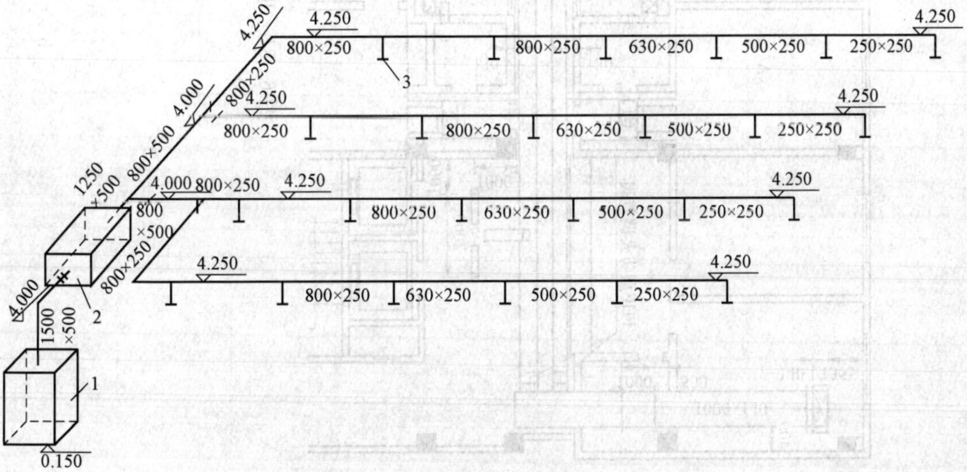

图 6-80 多功能厅空调系统轴测图

1—变风量空调箱 BFP×18，风量为 18 000m^3/h，冷量为 150kW，余压为 400Pa，电动机功率为 4.4kW；2—微穿孔板消声器 1250×500；3—铝合金方形散流器 240×240，共 24 只

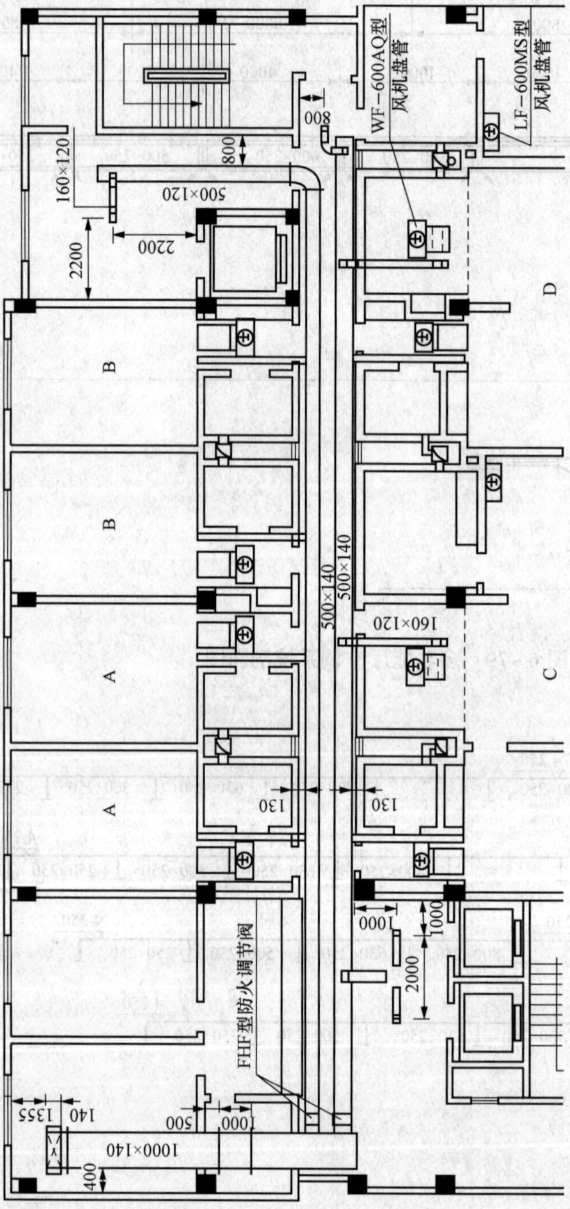

图 6-81 顶层客房风机盘管新风系统平面布置图

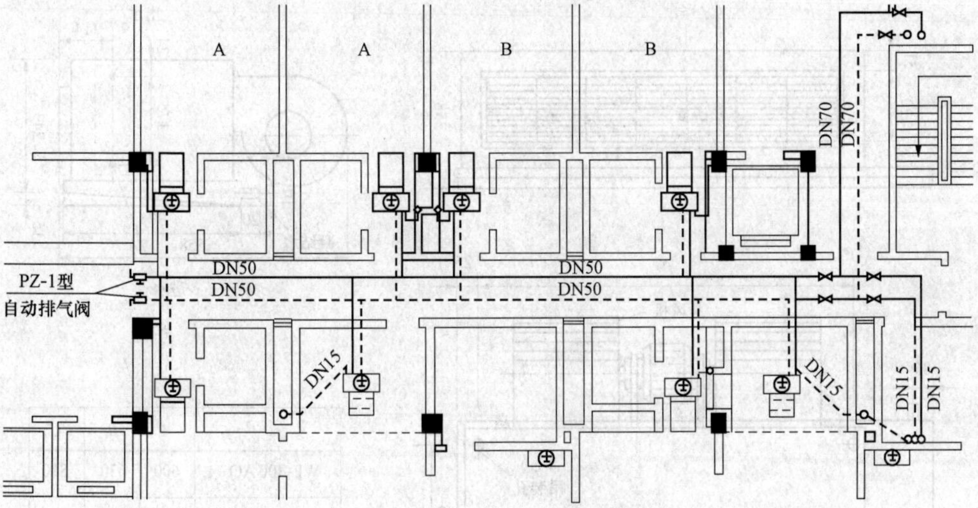

图 6-82 顶层客房风机盘管水系统平面布置图

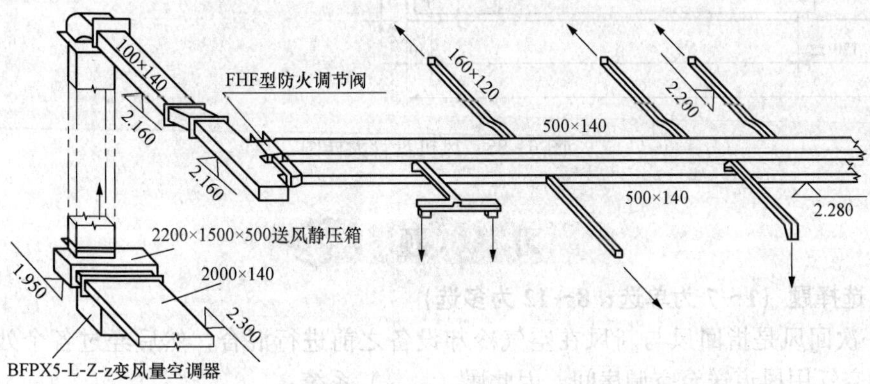

图 6-83 顶层客房风机盘管新风系统轴测图

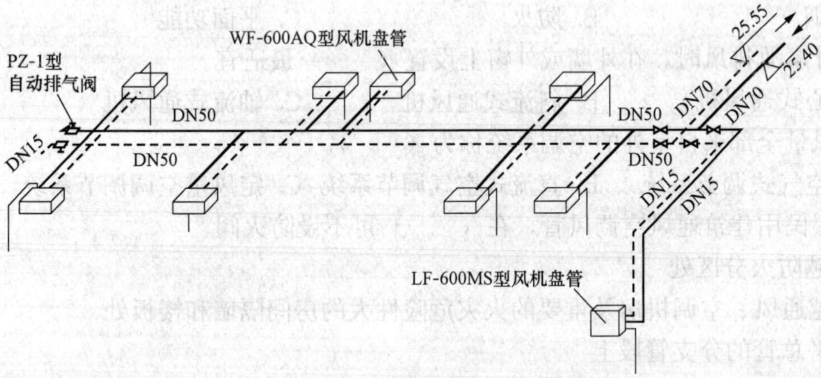

图 6-84 顶层客房风机盘管水系统轴测图

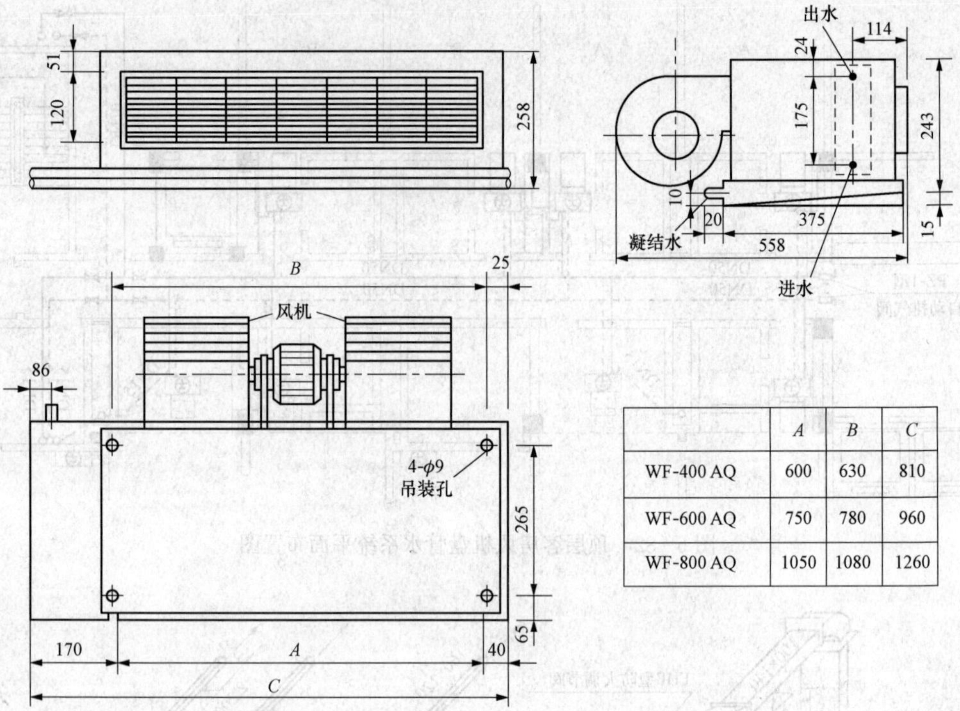

	A	B	C
WF-400 AQ	600	630	810
WF-600 AQ	750	780	960
WF-800 AQ	1050	1080	1260

图 6-85　风机盘管大样图

习　题

一、选择题（1～7 为单选；8～12 为多选）

1. 一次回风是指回风与新风在空气冷却设备之前进行混合，然后经过各个处理设备，处理后的空气用风道送至空调房间，因此属（　　）系统。

A. 单管系统　　B. 双管系统　　C. 水平系统

2. 多层和高层建筑的机械送排风系统的风管横向设置应按（　　）分区。

A. 防烟　　B. 防火　　C. 平面功能

3. 设计事故排风时，在外墙或外窗上设置（　　）最适宜。

A. 离心式通风机　　B. 斜流式通风机　　C. 轴流式通风机

4. 新风量全部来自室外的空调系统称为（　　）。

A. 全空气式调节系统　　B. 直流式空气调节系统　C. 定风量空调调节系统

5. 高层民用建筑通风空调风管，在（　　）可不设防火阀。

A. 穿越防火分区处

B. 穿越通风、空调机房及重要的火灾危险性大的房间隔墙和楼板处

C. 水平总管的分支管段上

6. 作为高效过滤器的预滤，起到一定保护作用的过滤设备是（　　）。

A. 高效过滤器　　B. 初效过滤器　　C. 亚高效过滤器

7. 用于空调系统中夏季对空气冷却除湿、冬季对空气加湿的设备是（　　）。

A. 表面式换热器　　B. 除湿机　　C. 喷水室

8. 通风与空调系统施工图包括（　　）两部分。

A. 图文部分　　B. 图纸部分　　C. 平面图部分

9. 通风系统按动力的不同可划分为（　　）。

A. 事故通风　　B. 机械通风　　C. 自然通风

10. 高层建筑的下列场所部位应设置防烟设施（　　）。

A. 防烟楼梯间及其前室

B. 消防电梯间前室或合用前室

C. 避难走道的前室、避难层（间）

11. 按空气处理设备的集中程度空调系统可以分为（　　）。

A. 集中式系统　　B. 半集中式系统　　C. 分散式系统

12. 以下各项属于通风与空调系统管件的是（　　）。

A. 三通　　B. 法兰盘　　C. 排风罩

二、简答题

1. 什么情况下应设置事故通风？事故排风的排风口设置有哪些要求？

2. 什么是自然排烟？自然排烟可分为哪几种形式？

3. 空调系统的新风量应满足哪些要求？

4. 防火阀的作用及动作过程是什么？

5. 风机盘管空调系统的优缺点各是什么？

参考文献

[1] 白桦．流体力学泵与风机．2 版．北京：中国建筑工业出版社，2016.
[2] 余宁．热工学基础．北京：中国建筑工业出版社，2016.
[3] 谭翠萍．建筑设备安装工艺与识图．哈尔滨：哈尔滨工业大学出版社，2017.
[4] 吴振旺．房屋卫生设备．武汉：武汉理工大学出版社，2007.
[5] 高绍远．房屋卫生设备．北京：中国建筑工业出版社，2006.
[6] 王丽．建筑设备安装．大连：大连理工大学出版社，2014.
[7] 杨世铭，陶文铨．传热学．北京：高等教育出版社，1998.
[8] 段常贵．燃气输配．北京：中国建筑出版社，2011.
[9] 马志彪，贾永康．建筑卫生设备．内蒙古：内蒙古人民出版社，2009.
[10] 胡红英．建筑设备．北京：机械工业出版社，2011.
[11] 尚玉琴．工程热力学．北京：中国电力出版社，2007.
[12] 李亚峰，邵宗义 李英姿．建筑设备工程．北京：机械工业出版社，2009.
[13] 郎嘉辉．建筑给水排水工程．重庆：重庆大学出版社，2001.
[14] 郭卫琳，黄奕沄，张宇．建筑设备．北京：机械工业出版社，2013.
[15] 赵丙峰，侯根然．建筑设备．北京：中国水利水电出版社，2011.
[16] 刘强，李亚峰，蒋白懿．给水排水工程识图．北京：化学工业出版社，2008.
[17] 谢兵．建筑给水排水工程．北京：中国建筑工业出版社，2016.
[18] 周玲．建筑设备安装识图与施工工艺．西安：西安交通大学出版社，2012.
[19] 贺平，孙刚等．供热工程．北京：中国建筑工业出版社，2009.
[20] 张萍，王非．建筑设备工程．北京：北京邮电大学出版社，2013.
[21] 王增长．建筑给水排水工程．7 版．北京：中国建筑工业出版社，2016.
[22] 程文义．建筑给排水工程．3 版．北京：中国电力出版社，2017.
[23] 王鹏．建筑设备．北京：北京理工大学出版社，2014.
[24] 伍培，李仕友．建筑给排水与消防工程．武汉：华中科技大学出版社，2017.
[25] 蒋志良．供热工程．3 版．北京：中国建筑工业出版社，2015.
[26] 马仲元．供热工程．2 版．北京：中国电力出版社，2016.
[27] 蒋英．建筑设备．北京：北京理工大学出版社，2011.
[28] 王长永．建筑设备概论（上）．武汉：武汉理工大学出版社，2008.
[29] 王新泉．通风工程学．北京：机械工业出版社，2014.
[30] 杨婉．通风与空调工程（MOOC 版）．北京：中国建筑工业出版社，2018.
[31] 鲍东杰，李静．建筑设备工程．北京：中国电力出版社，2015.